强脉冲X射线诱导结构响应模拟实验技术

毛勇建　王军评　周　擎　黄海莹　邓宏见　著

科学出版社

北　京

内容简介

本书主要针对强脉冲X射线诱导结构响应的实验模拟问题，系统介绍相关知识和最新研究成果，主要包括以下内容：研究背景与国内外发展概况；强脉冲X射线的热-力学效应及其实验方法概述；强脉冲X射线诱导结构响应的几种模拟实验技术，包括炸药条模拟技术、柔爆索模拟技术、光敏炸药模拟技术；炸药条加载实验的数值模拟方法，包括流固耦合方法、解耦分析方法、快速分析方法（旋转叠加法）；炸药条加载实验的模拟等效性分析方法与实例；模拟实验中的测试分析技术，包括应变、加速度、位移、压力、高速摄影与速度测试等；炸药条、柔爆索加载实验的安全管理与技术等。

本书适合航天工程与科学技术、兵器科学与技术、装备环境工程、仪器仪表技术、核科学技术、物理学、力学等学科领域的科学研究和工程技术人员使用，也可供相关学科高年级本科生、研究生和教师参考。

图书在版编目(CIP)数据

强脉冲X射线诱导结构响应模拟实验技术/毛勇建等著. —北京：科学出版社，2019.9

ISBN 978-7-03-060705-8

Ⅰ.①强… Ⅱ.①毛… Ⅲ.①X射线激光武器-模拟实验-研究 Ⅳ.①TJ958

中国版本图书馆CIP数据核字（2019）第040918号

责任编辑：张 展 雷 蕾 / 责任校对：彭 映
责任印制：罗 科 / 封面设计：墨创文化

科学出版社 出版
北京东黄城根北街16号
邮政编码：100717
http://www.sciencep.com

成都锦瑞印刷有限责任公司印刷
科学出版社发行 各地新华书店经销

*

2019年9月第 一 版 开本：B5（720×1000）
2019年9月第一次印刷 印张：13 3/4
字数：277 000

定价：148.00元

（如有印装质量问题，我社负责调换）

序

强脉冲X射线，即具有足够强度的、短持续时间的X射线。它与物质之间的相互作用非常复杂，产生的效应可分为热效应和力学效应，亦可统称为热-力学效应。其中，热效应包括温升、熔化、汽化等，力学效应包括材料响应和结构响应。这些效应对航天器的结构和功能可能造成影响甚至破坏，因此受到了各大国相关科研机构的高度重视。

国外自上世纪60年代开始研究强脉冲X射线辐照效应及其加固技术；我国起步较晚，几十年来，国内多家单位取得了大量的研究成果，为我国的装备建设与航天技术发展作出了重要贡献。记录这些研究成果的论文和专著中，涉及热效应和材料响应的较多，涉及结构响应的较少，特别是对结构响应的模拟实验技术更是缺乏系统的梳理和总结。本书的出版，正好弥补了上述缺憾。

中国工程物理研究院总体工程研究所是我国抗辐射加固技术领域的重要研究力量，特别是在大尺寸结构的X射线结构响应模拟实验技术研究和应用方面开展了大量工作。在这些技术的快速发展阶段，我因工作原因曾多次参加他们的交流和研讨，也曾到过他们的实验现场，与本书的几位作者曾有过多次接触，他们工作踏实、思想活跃，对事业具有强烈的责任心和使命感。在他们多年的持续努力下，相关实验技术研究取得了重要进展，并逐渐走向了系统化和实用化。这本专著，正是对他们的研究和应用成果的系统总结。

本书具有系统性、实用性、创新性，并且充分发挥了数值模拟的指导作用，特别是对炸药条加载实验技术进行了大量的定量分析，为理解其模拟等效性提供了较清晰的规律认识。

中国科学院院士 吕敏

2019年4月，北京

前　言

我国的抗辐射加固技术是在程开甲院士、吕敏院士、乔登江院士等老一辈杰出科学家的倡导、规划和推动下发展起来的，是我国航天与国防科技事业快速发展的重要支撑和不可或缺的重要组成部分。抗 X 射线加固技术作为抗辐射加固技术领域的重要分支，对推动装备工程技术及相关基础学科的发展具有重要意义。

20 世纪 90 年代末，笔者有幸加入了抗 X 射线加固技术研究的行列，与其他团队成员一起，在 X 射线诱导结构响应的实验技术方面开展了长期艰苦的研究工作。那是一段激情燃烧的岁月。大山深处，夏天日晒虫叮，冬天手冰脚凉，大家为了实验早出晚归，披星戴月；科研大楼，办公室的孤灯与窗外的黑夜为伴，敲击键盘和点击鼠标的声音与院子里的虫鸣为侣，我们孤独，但不寂寞。我们有排除干扰信号时的喜形于色，有实验加载成功时的雀跃欢呼，有计算结果得到验证时的心花怒放，更有新算法调试成功时的拍案叫绝；也有遇到困难时的焦头烂额，遇到分歧时的面红耳赤，遇到质疑时的唇枪舌剑，更有遭遇失败时的黯然泪下……我们好似绿茵场上的战斗团队，尽情地挥洒着激情与力量，无拘地释放着喜乐与哀愁。

梅花香自苦寒来。多年的潜心研究，终于取得了一系列的创新成果，更得到了一系列的成功应用。这些研究成果是具有特色的，例如，针对 X 射线诱导结构响应的炸药条加载模拟，发展了系统实用的实验技术，建立了高效率的数值模拟与等效性分析方法，得到了全面系统的等效性规律认识，同时也在测试技术方面取得了一定的创新成果和应用经验。

然而，这些成果都分散在一些零散的科研报告和学术论文中，对知识的传承、交流和推广应用都十分不利。为此，笔者在 2014 年春节期间就开始着手梳理之前的成果，打算出版一本关于 X 射线诱导结构响应实验技术的专著。2014 年 4 月，当初稿大概准备一半的时候，笔者却因组织调动到机关工作。新的岗位有新的职责，因此不得不中断了书稿的准备，全身心地投入到了新的工作中。其间，科学出版社编辑雷蕾老师通过文献调研，以《高压物理学报》上的三篇连载文章为主要线索联系到笔者，希望能够合作出版一本专著，虽不谋而合，但也只能无奈谢绝。2017 年 8 月，笔者调回以前的科研部门工作，从岗位性质讲，具备了重启这项工作的客观条件；真所谓“无巧不成书”，雷蕾老师再次与笔者联系，在她的再三鼓励下，笔者在 2018 年初再次下定决心，与几位合作者一起，策划并继续准备书稿。然而，此时的工作节奏与繁忙程度，与四年前已不可同日而语，书稿的准备只能利用业余时间进行，其间，大家付出的心力可想而知。

本书是团队通力合作的结晶。其中，第 1 章、第 3～5 章由毛勇建撰写，第 2 章由周擎、王军评撰写，第 6 章由邓宏见、王军评撰写，第 7 章由王军评、毛勇建撰写，第 8 章由黄海莹、王军评撰写，第 9 章由王军评、毛勇建、周擎撰写；全书由毛勇建统稿，王军评在书稿的整理、编排、校对等具体工作中付出了很多心血。

必须指出，本书所述相关原创成果和应用经验，是笔者所在团队和单位共同努力取得的。多位专家领导参与了研究工作的策划、管理和指导，为相关成果的取得付出了心血和智慧；很多同志参与了实验技术研究或实验实施相关工作，为实验的顺利开展作出了贡献；笔者所在单位在该领域的长期坚持和支持，为相关课题的开展提供了良好的软硬件条件。

相关研究成果的取得和本书的出版，与良好的外部条件也密不可分。各级管理机关和咨询专家对相关课题的开展给予了长期支持。部分研究工作得到了国家自然科学基金(编号：11102196)等相关课题的资助。相关工作的开展也离不开有关单位的长期友好合作。得益于各级评审专家和成果管理部门的认可和支持，本书相关成果曾获 4 项省部级科技进步奖，两次在全国性的成果交流会上获得“优秀论文”奖。笔者在攻读博士学位期间，本书涉及的部分研究工作也得到了恩师李玉龙教授的悉心指导。承蒙《高压物理学报》审稿专家和编辑的抬爱，笔者有幸在该刊上发表了三篇介绍炸药条加载实验数值模拟研究成果的连载文章，正是这三篇连载，客观上促成了笔者与科学出版社之间的首次合作。本书能得以如期顺利出版，离不开邱勇研究员等专家领导的真切关怀和热心帮助，离不开科学出版社成都有限责任公司工程技术编辑室黄嘉主任、雷蕾编辑、黄明冀编辑的大力支持和敬业工作。

借此机会，向所有对本书相关工作及笔者提供支持和帮助的单位和个人表示真诚感谢。

相关研究工作的开展以及本书的编著出版，大家都付出了大量的业余时间，牺牲了很多照顾家人、享受家庭生活的机会。没有家人长期默默无闻的理解和支持，这些工作都是无法顺利完成的。在此向笔者本人和其他团队成员的家人们表示衷心感谢。

谨以此书献给两位值得尊敬的中学教师。笔者的初中物理老师杨国华先生，曾主动提供实验室钥匙，允许笔者自由进入摆弄实验仪器，让出身乡野的笔者第一次感受到了科学的奥妙。高中物理老师徐百为女士，也曾提供实验条件，使笔者有机会完成人生第一篇稚嫩的小论文，并出人意料一字未改地在《中学生物理》上发表。也许两位老师只是不经意所为，抑或是出于职业素养对可信可教的学生的一种奖赏或引导，但却实实在在地激发了笔者对科学的浓厚兴趣，他们的启蒙对笔者的学业和职业生涯都产生了深远的影响。在此谨向那些默默奉献在基础教育战线上的老师们致敬！

最后，笔者要代表作者团队，特别向吕敏院士致以最诚挚的谢意和最崇高的敬意。先生为我国科技事业操劳至耄耋之年，对后辈的指导和提携仍不停息。此次先生欣然为本书作序，让晚生倍感鼓舞，给了大家继续前进的不竭动力。

本书引用了一些国内外公开文献以及本单位技术资料，在此向相关作者一并致谢；除此之外，本书还有一些文献资料未能一一列出，在此向相关作者和出版者致以谢忱，并请谅解。

由于作者团队工作繁忙，成书时间仓促，加之能力有限，书中不妥之处在所难免，望广大读者批评指正。

毛勇建

2019年5月

目　录

第 1 章　绪论 …… 1
1.1　问题的提出 …… 1
1.2　研究的方法 …… 2
1.2.1　基本方法 …… 2
1.2.2　模拟实验技术 …… 2
1.3　本书的主要内容与特点 …… 2
参考文献 …… 3
第 2 章　强脉冲 X 射线的热–力学效应及其实验方法概述 …… 5
2.1　X 射线的基本知识 …… 5
2.2　强脉冲 X 射线的特征 …… 6
2.2.1　时间谱 …… 6
2.2.2　能谱 …… 7
2.2.3　能注量(曝辐射能)的空间分布 …… 7
2.3　强脉冲 X 射线与物质的相互作用 …… 8
2.3.1　光电效应 …… 9
2.3.2　康普顿散射效应 …… 11
2.4　强脉冲 X 射线的能量沉积 …… 12
2.5　强脉冲 X 射线的热–力学效应 …… 13
2.5.1　材料响应与喷射冲量 …… 14
2.5.2　结构响应 …… 15
2.5.3　破坏效应 …… 17
2.6　强脉冲 X 射线热–力学效应的实验方法 …… 17
2.6.1　适用于材料响应或小实验件结构响应的实验方法 …… 17
2.6.2　适用于大尺寸实验件结构响应的实验方法 …… 18
参考文献 …… 20
第 3 章　炸药条加载模拟实验技术 …… 22
3.1　模拟实验的基本原理 …… 22
3.2　模拟实验的基本流程 …… 23
3.3　片炸药的基本参数确定 …… 25

3.3.1 最小稳定传爆尺寸与搭接方式确定 …… 25
3.3.2 比冲量测试(标定) …… 26
3.4 炸药条分布设计方法 …… 32
3.4.1 基本设计方法 …… 32
3.4.2 快速设计方法 …… 33
3.5 炸药条传爆方式 …… 34
3.5.1 整段加载时的基本传爆方式 …… 34
3.5.2 分段加载时的段间衔接 …… 36
3.5.3 有关炸药条引爆、传爆的注意事项 …… 37
3.6 实验布局 …… 37
3.7 加载总冲量校核 …… 38
3.7.1 基于高速摄影的校核方法 …… 38
3.7.2 基于激光测速的校核方法 …… 44
3.8 实验结果应用与结构响应规律小结 …… 44
3.8.1 实验结果的应用 …… 44
3.8.2 结构响应规律小结 …… 45
参考文献 …… 45
第4章 炸药条加载实验的数值模拟方法 …… 47
4.1 爆炸与冲击问题数值模拟的基本方法 …… 47
4.1.1 控制方程组 …… 47
4.1.2 空间有限元离散 …… 50
4.1.3 高斯积分与沙漏问题 …… 52
4.1.4 时间积分和时间步长控制 …… 54
4.1.5 应力计算 …… 55
4.1.6 冲击波与人工体积黏性 …… 56
4.1.7 滑移算法和接触算法 …… 57
4.1.8 流固耦合处理 …… 58
4.2 炸药条加载实验的流固耦合数值模拟方法 …… 58
4.2.1 材料模型 …… 59
4.2.2 数值建模方法 …… 63
4.2.3 计算实例 …… 65
4.3 炸药条加载实验的解耦分析方法 …… 74
4.3.1 单炸药条载荷模型 …… 75
4.3.2 解耦分析的数值建模方法 …… 78
4.3.3 二维解耦分析实例 …… 79
4.3.4 三维解耦分析实例与实验验证 …… 80

4.4 旋转相似载荷下轴对称结构弹性响应的快速算法——旋转叠加法 …… 82
4.4.1 旋转相似载荷的定义 …… 83
4.4.2 旋转叠加法的推导 …… 84
4.4.3 旋转叠加法的应用及验证 …… 85
4.4.4 几点讨论 …… 99
参考文献 …… 100
第5章 炸药条加载实验的模拟等效性分析方法与实例 …… 102
5.1 模拟等效性的概念与研究思路 …… 103
5.1.1 模拟等效性的概念 …… 103
5.1.2 模拟等效性的研究思路 …… 103
5.2 模拟等效性的评价与表征方法 …… 104
5.2.1 模拟等效性的评价指标定义 …… 104
5.2.2 模拟等效性表征方法及其物理意义 …… 105
5.3 圆柱壳分析实例 …… 107
5.3.1 计算模型 …… 107
5.3.2 计算结果与分析 …… 108
5.4 圆锥壳分析实例 …… 116
5.4.1 计算模型 …… 116
5.4.2 计算结果与分析 …… 117
5.5 进一步讨论 …… 123
5.5.1 载荷脉宽对等效性的影响 …… 123
5.5.2 滑移载荷对等效性的影响 …… 125
参考文献 …… 127
第6章 柔爆索加载模拟实验技术 …… 128
6.1 基本原理与实验流程 …… 128
6.2 柔爆索的爆炸特性及其测量方法 …… 129
6.2.1 爆速 …… 129
6.2.2 碎片的粒度 …… 129
6.2.3 碎片飞散角度与速度 …… 130
6.2.4 线动量 …… 130
6.3 柔爆索的排布设计方法 …… 133
6.3.1 针对圆柱壳的二维排布设计方法 …… 133
6.3.2 针对圆锥壳的三维排布设计方法 …… 134
6.4 柔爆索的排布与引爆技术 …… 140
6.5 应用实例与讨论 …… 142
6.5.1 圆柱壳加载实例 …… 142

6.5.2 圆锥壳加载实例……145
6.5.3 讨论……147
参考文献……148
第 7 章 光敏炸药加载模拟实验技术……149
7.1 基本原理与实验流程……149
7.2 光敏炸药性能及比冲量标定……150
7.2.1 光敏炸药及其性能……150
7.2.2 比冲量标定……152
7.3 光敏炸药喷涂与载荷分布校核技术……153
7.3.1 光敏炸药喷涂技术……153
7.3.2 局部载荷分布校核技术……155
7.4 光敏炸药的引爆技术……158
7.5 光敏炸药与其他加载技术的比较与发展趋势讨论……159
7.5.1 三种模拟实验技术的比较……159
7.5.2 模拟实验技术的发展趋势……160
参考文献……161
第 8 章 模拟实验中的测试分析技术……162
8.1 动态应变测试与分析技术……162
8.1.1 测试原理……163
8.1.2 测试系统搭建……164
8.1.3 干扰抑制与冲击防护……164
8.1.4 测试数据的降噪处理……170
8.1.5 等效应力分析……172
8.2 动态加速度测试与分析技术……172
8.2.1 测试原理……173
8.2.2 测试系统搭建……174
8.2.3 传感器安装方式对频响特性的影响……174
8.2.4 冲击响应谱分析……177
8.3 电涡流式动态位移测试技术……182
8.3.1 测试原理……182
8.3.2 测试系统搭建……183
8.3.3 电涡流位移测试要求……184
8.4 PVDF 动态压力测试与分析技术……186
8.4.1 测试原理……186
8.4.2 测量结果修正……188
8.4.3 应用实例……188

8.5 高速摄影与分析技术 …… 189
8.5.1 测试原理与设备 …… 189
8.5.2 图像处理与关键参数的提取 …… 190
8.6 LDV 速度测试与分析技术 …… 191
8.6.1 测试原理 …… 191
8.6.2 数据分析方法 …… 191
8.7 测试分析技术发展趋势 …… 193
参考文献 …… 194
第 9 章 炸药条、柔爆索加载实验安全管理与技术 …… 196
9.1 实验安全的重要性 …… 196
9.2 爆炸加载实验相关安全生产法律法规要求 …… 197
9.3 炸药条、柔爆索加载实验安全技术要点 …… 198
9.3.1 炸药条安全切割技术 …… 198
9.3.2 柔爆索安全切割技术 …… 198
9.3.3 电雷管安全使用技术 …… 199
9.4 炸药条、柔爆索加载实验安全操作规程要点 …… 199
9.4.1 人员和场地要求 …… 199
9.4.2 炸药片/柔爆索的取用和运输 …… 199
9.4.3 炸药条/柔爆索切割 …… 200
9.4.4 炸药条粘贴/柔爆索安装 …… 200
9.4.5 雷管安装与点火电缆连接 …… 201
9.4.6 起爆加载 …… 201
9.4.7 实验后检查和处理 …… 201
参考文献 …… 202
结束语 …… 203
索引 …… 205

第1章 绪 论

1.1 问题的提出

X射线是一种波长很短、介于紫外线和γ射线之间的电磁辐射。对于强脉冲X射线，“强”是指能流密度(能注量)很大，比如，每平方厘米数百焦耳；“脉冲”是指持续时间很短，通常在几十到上百纳秒。

在高空，由于空气稀薄，X射线在介质中的消耗和能量转换较少，因此其特点之一就是大部分能量都以X射线的形式传播。当然，随着传播距离的增加，X射线的能量会在介质中不断损耗，转化为其他传播方式。

强脉冲X射线辐照到物体表面时，其能量会被物体的表层物质瞬时大量吸收并转化成热能，致使物体表层温度急剧升高。这个过程称为X射线的能量沉积。由于时间非常短，在物体表层产生的热量来不及向周围传播，当温度升高到一定程度时，物质会出现熔化、汽化甚至升华，并因为伴随着很高的压力(通常在GPa量级)而向外喷射(blow-off)，由此给物体一个反向的冲量载荷，即喷射冲量载荷。在此过程中，材料内部会产生高强度热激波并在材料厚度方向来回传播和反射，从而可能引发材料的层裂、脱胶等破坏，这种效应称为强脉冲X射线引起的材料响应，其时间尺度在μs量级。进一步地，结构将在喷射冲量载荷作用下出现瞬态响应，如动应变、动应力、动态加速度等，从而可能造成结构的破坏(如动态断裂、动屈曲、塑性变形等)或者内部功能系统的失效，这种效应称为强脉冲X射线引起(或称诱导)的结构响应，其时间尺度在ms量级。

研究强脉冲X射线热-力学效应对航天器的抗辐射性能研究和加固设计具有重要意义，同时，该问题属于极端环境下的物理和力学问题，在研究过程中需要解决大量的科学技术问题，从而可以带动高能物理和冲击动力学学科的发展，也能为其他强流脉冲束(如电子束、激光等)的辐照效应研究提供借鉴。

本书主要针对强脉冲X射线诱导的结构响应问题展开讨论。

1.2 研究的方法

1.2.1 基本方法

在实验室中，由于很难获得足够光斑尺寸、合适能谱的 X 射线源，研究只能采用一些更加间接的方式。

由于问题的复杂性和实验模拟的难度，近年来，该问题的研究通常都采用数值模拟与实验模拟相结合的方法。通过实验模拟不断修正数值模型，提高数值模拟的置信水平，再用于装备的抗 X 射线能力研究和评估。

显然，在这个问题的研究过程中，实验模拟占据了重要的位置，没有实验结果对计算模型的修正，数值模拟只能成为空中楼阁。因此，强脉冲 X 射线诱导结构响应的实验技术受到了相关领域的高度重视。

1.2.2 模拟实验技术

对强脉冲 X 射线诱导的结构响应，主要的模拟实验技术包括[1]：

(1) 脉冲束辐照模拟实验技术。

(2) 高速撞击模拟实验技术。

(3) 瞬态载荷模拟实验技术。

(4) 片炸药加载模拟实验技术。

(5) 炸药条加载模拟实验技术。

(6) 柔爆索加载模拟实验技术。

(7) 光敏炸药加载模拟实验技术。

其中，前三种主要用于小尺寸实验件的结构响应模拟实验研究，也可以用于材料响应研究；第(4)～(7)种主要用于大尺寸实验件的结构响应模拟实验研究。本书后续章节将对上述后三种应用较为广泛的模拟实验技术进行介绍。

1.3 本书的主要内容与特点

近二十年来，国内在强脉冲 X 射线热-力学效应研究方面较为活跃，相关的专著已经出版多部[2-4]。这些专著的重点主要是在相关物理和力学机理、规律、数值与实验方法等方面。其中，对实验方法的介绍主要侧重于 X 射线的能量沉积、喷射冲量和热激波等物理过程和材料响应，而对后期的结构响应，尤其是结构响应的模拟实验技术涉及较少。

本书是国内首部系统总结和介绍强脉冲 X 射线诱导结构响应模拟实验技术的科技专著。

全书共分 9 章。第 1 章为绪论，主要介绍背景和基本研究方法，简要总结相关模拟实验技术，概括本书的主要内容与特点。第 2 章对相关的背景知识进行进一步阐述，包括 X 射线的基本知识、强脉冲 X 射线的特征、与物质的相互作用、能量沉积、热-力学效应等。在此基础上，概括性地总结国内外对强脉冲 X 射线热-力学效应的各种实验方法。第 3～5 章较为系统地介绍作者及所在团队在炸药条加载模拟实验技术方面的研究成果。其中，第 3 章主要立足实验设计与实施层面介绍炸药条加载模拟实验技术，包括模拟实验的基本原理和流程、片炸药的基本参数确定、炸药条分布设计方法、炸药条传爆方式、实验布局、加载总冲量校核以及实验结果应用等。第 4 章主要针对实验状态的数值模拟，首先结合相关文献介绍爆炸与冲击问题数值模拟的基本方法，在此基础上介绍作者在长期数值模拟研究中建立的几种特殊方法，包括炸药条加载实验的流固耦合数值模拟方法和解耦分析方法，以及适用于多因素数值实验的快速算法(即旋转叠加法)。第 5 章介绍炸药条加载模拟 X 射线结构响应等效性分析的数值模拟研究方法与实例，主要包括相关概念和思路、等效性表征方法以及针对圆柱壳、圆锥壳的分析实例等。第 6 章主要在作者及所在团队研究成果基础上，结合国内外文献介绍柔爆索加载模拟实验技术，主要内容包括基本原理与实验流程、柔爆索的爆炸特性及测量方法、排布设计与引爆技术、应用实例等。第 7 章主要通过参考国外文献，对光敏炸药加载模拟实验技术进行简要介绍，包括基本原理与实验流程、光敏炸药性能、喷涂和引爆技术等，并就前述三种模拟实验技术的优缺点及发展趋势进行了简要讨论。第 8 章针对 X 射线结构响应模拟实验中的测试技术，介绍动态应变、加速度、位移、压力以及光学测试的相关原理、系统配置、数据分析与处理等方面的知识和经验。第 9 章介绍炸药条、柔爆索加载实验的安全管理与技术，目的在于提升读者的安全意识与技术能力，确保相关实验的安全实施，保护实验人员的生命健康安全。

本书作者团队长期从事强脉冲 X 射线结构响应的模拟实验研究工作，积累了较为丰富的研究成果和应用经验，同时对国内外研究现状也有相当的了解。全书内容大部分为作者团队的研究成果和经验总结。在撰写过程中，作者尽量引用经典文献资料，并力求做到概念清楚，推导严密，以期形成一套集理论、实验和数值模拟为一体的完备知识体系，供相关领域的科学研究人员、工程技术人员以及大专院校师生参考。

参考文献

[1] 毛勇建, 邓宏见, 何荣建. 强脉冲软 X 光喷射冲量的几种模拟加载技术. 强度与环境, 2003, 30(2): 55-64.

[2] 周南, 乔登江. 脉冲束辐照材料动力学. 北京: 国防工业出版社, 2002.

[3] 乔登江. 脉冲 X 射线热-力学效应及加固技术基础. 北京: 国防工业出版社, 2012.

[4] 王道荣, 刘佳琪, 汤文辉, 等. 强脉冲 X 光热-力学效应研究方法概论. 北京: 中国宇航出版社, 2013.

第2章　强脉冲X射线的热-力学效应及其实验方法概述

2.1　X射线的基本知识

X射线是由德国物理学家伦琴(W. K. Röntgen，1845～1923)于1895年发现的，故又称伦琴射线。伦琴发现X射线是世界科学史上最典型的科学励志故事之一[1-3]。1895年的一个晚上，伦琴在暗室中准备阴极射线管气体放电实验时，为避免可见光和紫外线的影响，他用黑色硬纸将阴极射线管包起来。当他给阴极射线管通电时意外发现，在1m以外涂有一种叫铂氰化钡的荧光材料的屏上发出了微弱的荧光。他抓住这一反常现象，不断探索和研究，最终确认自己发现了这种穿透能力很强的新射线，并命名为X射线。X射线的发现，以及接踵而来的放射性和电子的发现，被称为19世纪物理学三项伟大发现[4]。后来，X射线不仅广泛应用于医学、工业检测等领域，同时还在现代科学研究中起到了非常重要的作用。据不完全统计，借助X射线分析取得重大成就并获诺贝尔奖的科学家多达数十人，这些成果包括前述与其并称19世纪物理学三项伟大发现的放射性的发现(贝克勒尔、居里夫妇)和电子的发现(汤姆生)。伦琴也因X射线的发现而获得1901年首届诺贝尔物理学奖。

X射线本质上与可见光、红外线、紫外线等都属于电磁辐射，具有波动性和粒子性；波长越长，波动性越显著，波长越短，粒子性越显著。总体上讲，X射线的特点是波长短，光子能量大；频率范围为10^{16}～10^{20}Hz，其下限频率与紫外线重叠，上限频率与γ射线重叠。

X射线的产生机制有两种[5]。一种是伴随原子的内层电子跃迁产生的电磁辐射，即原子中电子的重新排列跃迁至低能状态，是由能量转换放射出来的。原子内层电子跃迁产生的X射线特征表现为线状谱，其频率依赖于靶材的原子序数，原子序数越高，频率越高。另一种是韧致辐射，即高速带电粒子轰击靶材时慢化产生的电磁辐射。这种X射线的特征表现为连续谱，其最大能量等于电子动能，频谱分布与靶材的原子序数有关。

X射线具有很强的穿透性能，能穿透许多对可见光不透明的物质，如墨纸、木材、金属等。这种肉眼看不见的射线可以使很多固体材料产生可见的荧光(伦琴发现X射线正是得益于这种现象)，也能使照相底片感光以及空气电离等。

X射线根据其波长可分为硬X射线和软X射线。波长较短的X射线能量较高，叫作硬X射线，波长较长的X射线能量较低，称为软X射线。具体而言，波长小于0.1Å(1Å=10^{-10}m)的称为超硬X射线，波长为0.1～1Å的称为硬X射线，1～100Å的称为软X射线。

2.2 强脉冲X射线的特征

本书主要关注典型的强脉冲X射线，波长为0.1～100Å，能谱为0.124～124keV，持续时间在几十到上百纳秒。这种强脉冲X射线照射在物体表面，会引起一系列的辐照效应，包括光电效应、康普顿效应和电子对效应等。而这些效应又将导致一系列的热-力学效应，严重时可能会在很大范围内造成结构及电子学系统的损伤或失效。

强脉冲X射线照射物体表面，形成的破坏效应与X射线的时间谱、能谱和能注量等特征量密切相关。例如，在相同的能注量下，X射线的破坏效应由能谱的组成成分决定。软谱X射线的主要效应是在物质表面产生喷射冲量从而诱发结构响应或破坏，并产生热激波形成材料响应或破坏；中等硬谱X射线能穿过材料的一定厚度，其破坏效应是在材料深处产生热激波，可能对表面和分层材料的夹层造成损伤或破坏；硬谱X射线的穿透能力强，会对内部的半导体器件产生辐照效应，严重时将导致其功能失效。关于典型强脉冲X射线的相关特征，文献[5-7]已有详细论述，这里只在其基础上进行简要总结和介绍。

2.2.1 时间谱

X射线的时间谱是能量释放速率随时间的变化，典型的时间谱如图2-1所示。

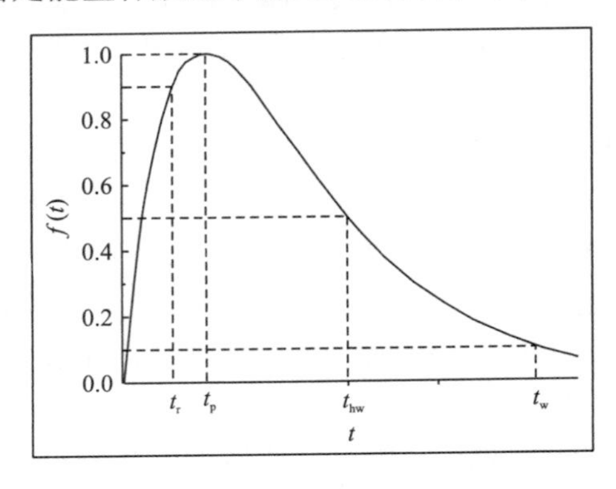

图2-1 X射线的时间谱[7]

X 射线的时间谱特征一般由上升前沿 t_r、峰值出现时间 t_p、半高宽 t_{hw} 和全宽 t_w 四个特征量来描述。

典型强脉冲 X 射线的 t_r 为 20～25ns、t_p 为 20～50ns、t_{hw} 为 25～55ns、t_w 为 50～110ns。

2.2.2　能谱

能谱代表组成 X 射线的光子成分及相应的能量份额。强脉冲 X 射线一般是由高温等离子体发射的高频电磁辐射，其频率是连续的，与任何热气体产生的辐射相似。因此其能谱一般可用理想热辐射体(黑体)的能谱来近似，即用一个或多个黑体谱的组合来描述。

复合黑体谱的辐射能强度可表示为

$$I(\nu,T)=\sum_{i=1}^{N}\xi_i I_i(\nu,T_i) \tag{2-1}$$

式中，ξ_i $(i=1,2,\cdots,N)$ 为第 i 个温度为 T_i 的黑体单谱面辐射强度的比例系数；$I_i(\nu,T_i)=\dfrac{2h\nu^3}{c^2}\dfrac{1}{\mathrm{e}^{h\nu/(kT_i)}-1}$，其中，$\nu$ 为频率，$h=6.62\times10^{-34}\mathrm{J\cdot s}$，为 Planck 常量，$k=1.381\times10^{-23}\mathrm{J/K}$ 或 $8.6164\times10^{-8}\mathrm{keV/K}$，为 Boltzmann 常量，$c$ 为光速。

单谱辐射能密度 $U(\nu,T)$ 与辐射能强度 $I(\nu,T)$ 的关系为

$$U(\nu,T)=\frac{4\pi}{c}I(\nu,T)=\frac{8\pi h\nu^3}{c^3}\frac{1}{\mathrm{e}^{h\nu/(kT)}-1} \tag{2-2}$$

全谱辐射能密度为

$$U=\int_0^\infty U(\nu,T)\mathrm{d}\nu=\int_0^\infty\frac{4\pi}{c}I(\nu,T)\mathrm{d}\nu=\frac{4\sigma}{c}T \tag{2-3}$$

式中，$\sigma=5.67051\times10^{-8}\mathrm{J/(m^2sK^4)}$，为 Stefan-Boltzmann 常量。

把式(2-1)代入式(2-3)可得复合黑体谱辐射能密度的离散形式为

$$U=\int_0^\infty U(\nu,T)\mathrm{d}\nu=\int_0^\infty\frac{4\pi}{c}\sum_{i=1}^{N}\xi_i I_i(\nu,T_i)\mathrm{d}\nu=\frac{4\sigma}{c}\sum_{i=1}^{N}\xi_i T_i \tag{2-4}$$

由式(2-3)和式(2-4)可得 X 射线等效黑体温度为

$$T_{\mathrm{X}}=\sum_{i=1}^{N}\xi_i T_{\mathrm{X}i} \tag{2-5}$$

2.2.3　能注量(曝辐射能)的空间分布

能注量是垂直于 X 射线入射方向物体表面单位面积的总能量，其表达式为

$$F(R,\theta)=\frac{15Q_{\mathrm{X}}}{4\pi^5R^2}\int u^3(\mathrm{e}^u-1)^{-1}\mathrm{e}^{-K(u)X_{\mathrm{m}}}\,\mathrm{d}u \tag{2-6}$$

式中，R 为观测点到高温等离子体中心的距离；Q_{X} 为 X 射线当量；u 为光子能量，$u=h\nu$；$K(u)$为质量吸收系数；X_{m} 为质量距离。

下面考虑高空(高度大于 80km)冷空气对 X 射线的吸收。当$u<1\,\mathrm{keV}$ 时，$K(u)$为

$$K(u)=\frac{3.4\times10^3}{u^{2.84}} \tag{2-7}$$

式中，冷空气中 u 可按式(2-8)估算：

$$u=h\nu=h\frac{c}{\lambda}=h\frac{c}{1.6\times10^{-2}(\rho/\rho_0)T_{\mathrm{X}}^3} \tag{2-8}$$

式中，T_{X} 为 X 射线等效黑体温度；λ 为光子波长；ρ 为空气密度。

质量距离 X_{m} 可表示为

$$X_{\mathrm{m}}(R,\theta)=\int_0^R\rho(r,\theta)\mathrm{d}r \tag{2-9}$$

近似取 $\rho(r,\theta)=\rho(H)\mathrm{e}^{-r\cos\theta/h_0}$，$\rho(H)$ 为观测点大气密度，h_0 为大气标高，θ 为 r 与垂直轴的夹角，则

$$X_{\mathrm{m}}\approx\int_0^R\rho(H)\mathrm{e}^{-r\cos\theta/h_0}\mathrm{d}r\approx\frac{R}{H-H_0}\int_{H_0}^H\rho(H)\,\mathrm{d}H \tag{2-10}$$

当 h_0 平均值取 7km 时，$\rho(H)$ 近似为

$$\rho(H)=\rho_0\mathrm{e}^{-H/7} \tag{2-11}$$

因此

$$X_{\mathrm{m}}\approx7\times10^5\frac{R\rho_0}{H-H_0}\left(\mathrm{e}^{-H_0/7}-\mathrm{e}^{-H/7}\right) \tag{2-12}$$

式中，ρ_0 为海平面大气密度，单位 $\mathrm{g/cm^3}$；H 为观测点的高度，单位 km；H_0 为高温等离子体中心高度，单位 km。

2.3 强脉冲 X 射线与物质的相互作用

X 射线与物质相互作用的物理过程非常复杂，从能量交换的角度可分为 X 射线的吸收、散射和透射三个过程。从微观角度，X 射线与物质的相互作用可分为以下 4 种类型[5]：

(1) 与原子中电子的相互作用。

(2) 与原子核的相互作用。

(3) 与原子核或电子周围电场的相互作用。

(4) 与原子核周围介子场的相互作用。

以上 4 种作用机理会产生以下三种结果：

(1) X 射线被完全吸收。

(2) 发生相干弹性散射。

(3) 发生非相干非弹性散射。

X 射线与物质作用产生的效应主要有光电效应、非相干散射(康普顿散射)效应和电子对效应，其他次要的作用过程有相干散射和光核反应。但对于本书关注的强脉冲 X 射线对结构的热-力学效应问题，其主要的作用机制是光电效应和康普顿散射效应。

2.3.1 光电效应

光电效应是指 X 射线入射光子与物质相互作用时，一定能量的 X 射线入射光子轰击原子内部的电子，使电子获得能量挣脱原子核的束缚成为自由电子，称为光电子。原子的电子轨道因此出现一个空位而处于激发态，处于外层的电子将会填充这个空位。由于处于外层的电子具有更高的势能，基于能量守恒，它将发射荧光 X 射线或俄歇电子，回到基态。此时，若电子的结合能低于入射光子能量，则发生光电效应；若电子的结合能大于光子能量，则不会发生光电效应。

某一特定类型相互作用发生的概率大小可用截面来描述和度量，截面表示在单位面积上发生相互作用的概率。由于光子的能量在物质中不断衰减，最终全部被物质吸收，因而在 X 射线与物质相互作用理论中，常常将截面称为衰减系数和吸收系数。

光电效应的质量吸收系数一般用以下两种方法计算。

1) 经验法

采用实验数据拟合的半经验公式计算质量吸收系数 $\frac{\mu_{\text{pe}}}{\rho}$，表达式为[8]

$$\ln\left(\frac{\mu_{\text{pe}}}{\rho}\cdot\frac{1}{\sigma_0}\right)=a_1+a_2x+a_3x^2+a_4x^3 \tag{2-13}$$

式中，$a_i(i=1,2,3,4)$ 为某吸收限内的拟合系数；$x=\ln\left(\frac{511h}{m_0c\lambda}\right)$，$m_0=9.11\times10^{-28}\text{g}$，为电子静质量，$h$ 为 Planck 常量，c 为光速，λ 为 X 射线波长；$\sigma_0=\frac{0.602252}{A}$，$A$ 为原子量。

拟合系数 a_i 的取值详见文献[9]。

2) 直线法

光电吸收系数与光子能量的关系在双对数坐标图中表现为一组直线。这些直线在元素的吸收限能量处有突跳，突跳值与轰出该层电子的最低光子能量相对应。

各吸收限的光电截面的上、下限值与原子序数 Z、原子量 A 和吸收限能量 $E_i(i=\mathrm{K,L,M,N})$ 的函数关系可表示为[10]

$$\frac{\mu_{\mathrm{pe},i}}{\rho}=\frac{0.6028a}{A}\left(\frac{510.8Z}{E_i}\right)^b \tag{2-14}$$

式中，a 和 b 为第 i 吸收限的常数。从 K 吸收限到 N1 吸收限的常数值 a 和 b 见表 2-1，表中↑、↓分别表示吸收截面的上、下限值。

表 2-1 常数 a 和 b 的值[5,11]

i	a	b	i	a	b
K↑	0.00865	2.04	M2↑	0.06900	1.70
K↓	0.02200	1.63	M2↓	0.05800	1.70
L1↑	0.01750	1.90	M3↑	0.06500	1.70
L1↓	0.00650	2.00	M3↓	0.05650	1.70
L2↑	0.00670	2.00	M4↑	0.06800	1.70
L2↓	0.00485	2.00	M4↓	0.06000	1.70
L3↑	0.00525	2.00	M5↑	0.06100	1.70
L3↓	0.11500	1.50	M5↓	0.01950	1.70
M1↑	0.02900	1.80	N1↑	0.03300	1.70
M1↓	0.06400	1.70			

吸收限能量 E_i 在 K～M5 壳层为

$$E_i=cZ^d \tag{2-15}$$

在 N1 壳层为

$$E_i=c\mathrm{e}^{-dZ} \tag{2-16}$$

式中，c 与 d 为常数，见表 2-2。

表 2-2 常数 c 和 d 的值[5]

i	c	d	i	c	d
K↑	5.711×10^{-3}	2.186	M2↑	3.876×10^{-6}	3.115
L1↑	2.047×10^{-4}	2.553	M3↑	7.356×10^{-6}	2.937
L2↑	1.254×10^{-4}	2.657	M4↑	1.153×10^{-6}	3.320
L3↑	1.776×10^{-4}	2.549	M5↑	1.396×10^{-6}	3.272
M1↑	6.928×10^{-6}	3.002	N1↑	1.443×10^{-2}	0.0503

某元素在入射能量为 E 的 X 射线照射下，其光电效应系数为

$$\lg\left(\frac{\mu_{\mathrm{pe}}}{\rho}\right)=\lg\left(\frac{\mu_{\mathrm{pe},i\uparrow}}{\rho}\right)+S\left(\lg E-\lg E_i\right) \tag{2-17}$$

式中，S 为双对数坐标中过点 $\left(\frac{\mu_{\mathrm{pe},i\uparrow}}{\rho},E_i\right)$ 的斜率。

2.3.2　康普顿散射效应

X 射线入射光子与物质中束缚较微弱的电子碰撞时，即入射光子的能量比原子中的电子结合能大得多时，入射光子的一部分能量传递给电子，同时光子偏离原来的入射方向且能量减少，从而使 X 射线波长变大，此现象即康普顿散射。

X 射线康普顿散射中，一个电子的散射截面可表示为

$$\sigma_{\mathrm{e}}=2\pi r_{\mathrm{e}}^2\left\{\frac{1+\alpha}{\alpha^2}\left[\frac{2(1+\alpha)}{1+2\alpha}-\frac{1}{\alpha}\ln\left(1-2\alpha\right)\right]+\frac{1}{2\alpha}\ln\left(1+2\alpha\right)-\frac{1+3\alpha}{\left(1+2\alpha\right)^2}\right\} \tag{2-18}$$

式中，r_{e} 为电子的经典半径，r_{e}=2.817938×10^{-13}cm；$\alpha=\frac{h}{c\lambda m_0}$。

康普顿散射总截面为每单位体积的电子数与式(2-18)之积，即

$$\mu_{\mathrm{c}}=\frac{ZN_0\rho}{A}\sigma_{\mathrm{e}} \tag{2-19}$$

式中，N_0 为 Avogadro 常量；Z 为原子序数；A 为原子量。

康普顿总散射系数(康普顿总质量衰减系数)为

$$\frac{\mu_{\mathrm{c}}}{\rho}=\frac{ZN_0}{A}\sigma_{\mathrm{e}} \tag{2-20}$$

在康普顿散射中，能量一部分传递给电子被物质吸收转化为内能，另一部分存在于被散射的光子中，所以总散射截面包括吸收截面和纯散射截面。

一个电子的纯散射截面为

$$\sigma_{\mathrm{s}}=2\pi r_{\mathrm{e}}^2\left[\frac{(1+\alpha)(2\alpha^2-2\alpha-1)}{\alpha^2\left(1+2\alpha\right)^2}+\frac{1}{2\alpha^3}\ln\left(1+2\alpha\right)+\frac{4\alpha^2}{3\left(1+2\alpha\right)^2}\right] \tag{2-21}$$

则一个电子的吸收截面为

$$\sigma_{\mathrm{a}}=\sigma_{\mathrm{e}}-\sigma_{\mathrm{s}} \tag{2-22}$$

康普顿散射总质量吸收系数为

$$\frac{\mu_{\mathrm{c}}^{\mathrm{a}}}{\rho}=\frac{ZN_0}{A}\sigma_{\mathrm{a}} \tag{2-23}$$

2.4 强脉冲X射线的能量沉积

强脉冲X射线辐照一定厚度的物质时，在光电效应和康普顿散射效应的作用下，其入射光子的部分能量被受辐照物质吸收，物质的原子在获得入射光子的能量后形成激发态，宏观上表现为材料内能的增大。X射线的光子能量随入射深度的增加而衰减，从而在材料中形成能量沉积，剩余部分将穿透物质形成透射。

在强脉冲X射线与物质的相互作用过程中，光电效应和康普顿散射效应是同时存在的。X射线各种效应与原子序数和光子能量的关系如图2-2所示。由图可见，当入射光子能量较低时，光电效应起主要作用；随着光子能量的增大，康普顿效应逐渐起主要作用。

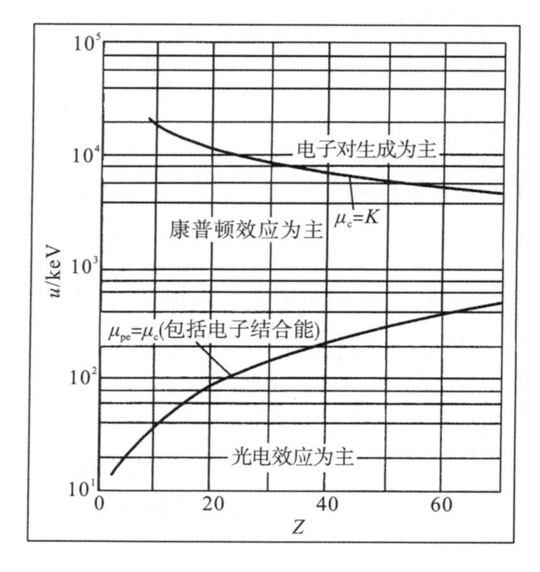

图2-2 X射线各种效应与原子序数和光子能量的关系[5]

对于单原子物质，总衰减系数为光电吸收系数与康普顿总质量衰减系数之和；总吸收系数为光电吸收系数与康普顿总质量吸收系数之和。

总衰减系数为

$$\overline{\mu}_t=\frac{\mu_t}{\rho}=\frac{\mu_{pe}}{\rho}+\frac{\mu_c}{\rho} \tag{2-24}$$

式中，$\frac{\mu_{pe}}{\rho}$为光电效应的质量吸收系数；$\frac{\mu_c}{\rho}$为康普顿总质量衰减系数。

总吸收系数为

$$\bar{\mu}_{\mathrm{a}}=\frac{\mu_{\mathrm{a}}}{\rho}=\frac{\mu_{\mathrm{pe}}}{\rho}+\frac{\mu_{\mathrm{c}}^{\mathrm{a}}}{\rho} \tag{2-25}$$

其中，$\frac{\mu_{\mathrm{c}}^{\mathrm{a}}}{\rho}$ 为康普顿总质量吸收系数。

对于多原子成分的物质，物质的总衰减系数或总吸收系数为各元素的质量衰减系数或吸收系数加权求和，即

$$\bar{\mu}_{\mathrm{t}}=\sum_{i=1}^{N}W_i\bar{\mu}_{\mathrm{t}i}=\sum_{i=1}^{N}W_i\frac{\mu_{\mathrm{t}i}}{\rho} \tag{2-26}$$

$$\bar{\mu}_{\mathrm{a}}=\sum_{i=1}^{N}W_i\bar{\mu}_{\mathrm{a}i}=\sum_{i=1}^{N}W_i\frac{\mu_{\mathrm{a}i}}{\rho} \tag{2-27}$$

式中，W_i 为第 i 种元素的质量百分比。

将 X 射线等效为黑体谱，通过式(2-5)得到等效黑体温度 T_{X}，然后通过式(2-6)得到垂直于 X 射线入射方向物体表面单位面积的总能量(能注量)，再通过式(2-24)、式(2-25)得到材料中的总衰减系数和总吸收系数后，结合时间谱，即可求得 X 射线在材料中的能量沉积。

对于单质材料，在深度为 x 的物质中，单位质量物质获得的能量为

$$Q(x)=\sum_{i=1}^{N}F_{0i}\bar{\mu}_{\mathrm{a}i}\mathrm{e}^{-\bar{\mu}_{\mathrm{t}i}\rho x} \tag{2-28}$$

式中，F_{0i} 为第 i 组光子的能注量；$\bar{\mu}_{\mathrm{a}i}$ 为第 i 组光子的质量吸收系数；$\bar{\mu}_{\mathrm{t}i}$ 为第 i 组光子的质量衰减系数。

将 X 射线等效为黑体谱时，式(2-28)可表示为

$$Q(x)=\int_0^t\int_0^\infty\frac{\bar{\mu}_{\mathrm{a}}(\nu)I(\nu)J(t)}{\sigma T^4}\mathrm{e}^{-\int_0^x\bar{\mu}_{\mathrm{t}}(\nu)\rho\mathrm{d}x}\,\mathrm{d}\nu\,\mathrm{d}t \tag{2-29}$$

式中，$I(\nu)$ 为曝辐射强度；$J(t)$ 为时间谱。

对于多层材料，能量沉积为

$$Q(x)=\int_0^\infty\int_0^t\frac{I(\nu)J(t)}{\sigma T^4}\bar{\mu}_{\mathrm{a}}^{(k)}\mathrm{e}^{-\int_{x^{(k-1)}}^{x^{(k)}}\bar{\mu}_{\mathrm{t}}^{(k)}\rho^{(k)}\mathrm{d}x}\prod_{j=1}^{k-1}\mathrm{e}^{-\int_{x^{(j-1)}}^{x^{(j)}}\bar{\mu}_{\mathrm{t}}^{(j)}\rho^{(j)}\mathrm{d}x}\,\mathrm{d}t\,\mathrm{d}\nu \tag{2-30}$$

式中，$\bar{\mu}_{\mathrm{a}}^{(k)}$、$\bar{\mu}_{\mathrm{t}}^{(k)}$ 分别为第 k 层的质量吸收系数和衰减系数；$\rho^{(k)}$ 为第 k 层的密度；$x^{(k)}$ 为第 $k-1$ 层与第 k 层的分界面位置。

2.5　强脉冲 X 射线的热-力学效应

强脉冲 X 射线照射结构表面时，与物质发生相互作用，形成能量沉积，致使发生一系列的热-力学效应。上述过程大致可分为如下三个阶段：

(1) X射线与物质相互作用产生能量沉积。

(2) 能量沉积使物质内能和材料温度迅速增加，带来热激波的传播、反射和物质状态的变化，导致材料响应。

(3) 喷射冲量载荷作用在结构表面激发结构响应。

2.5.1 材料响应与喷射冲量

在强脉冲X射线照射下，形成从迎光面向材料内部呈指数规律下降的能量沉积，使材料内产生很大的温度梯度和压力梯度，造成材料剧烈的绝热膨胀。当这种绝热膨胀向材料内部传递时，受到周围物质的惯性约束，会在内部产生冲击热应力。另外，当吸收转化的内能超过材料的汽化能时，出现熔化、汽化，并从表面向外喷射，其反作用力对剩余的固态物质形成脉冲压缩载荷。在冲击热应力和喷射冲量载荷的联合作用下，物质点发生运动并以波的形式在结构中传播，称为热激波。

冲击热应力和热激波都会导致结构的材料响应，主要表现在：冲击热应力发展到一定的阶段，会有拉伸波出现，可能会引起材料的屈服并产生裂纹或使已有缺陷产生局部的裂纹扩展；热激波在传播过程中，当遇到自由面或阻抗不匹配的多层材料界面时产生反射拉伸，从而可能引起材料的层裂。材料的破坏效应与X射线的能谱成分密切相关。如果X射线能谱较软，其主要效应是在物质表面产生熔化或汽化，并产生热激波致使材料破坏；如果能谱较硬，结构表面不会熔化或汽化，也不会产生喷射冲量载荷，但会在结构表层产生冲击热应力波，不仅会造成一定深度范围内材料的破坏，还可能对分层材料夹层造成损伤。

材料表层的熔化和汽化形成的喷射冲量是热激波产生的机制之一，也是诱发结构响应的主要原因。针对喷射冲量载荷的计算与确定，国内外开展了大量的研究工作。

1962年，Bethe等提出了计算喷射冲量载荷的解析式，即BBAY公式[12]：

$$I=\sqrt{2}\beta\left\{\int_0^{x_0}\left[Q(x)-E_{\mathrm{s}}\right]\rho^2 x\,\mathrm{d}x\right\}^{1/2} \tag{2-31}$$

式中，I为比冲量(即单位面积的冲量)；$1\leqslant\beta\leqslant2$；$Q(x)$为能量沉积；$\rho$为材料的密度；$E_{\mathrm{s}}$为汽化能；$x_0$为汽化厚度。

1968年，Whitener和Thompson分别提出Whitener公式和MBBAY公式。[13]其中，Whitener公式为

$$I=\sqrt{2}\left[\int_0^{x_0}\sqrt{Q(x)-E_{\mathrm{s}}}\,\rho\,\mathrm{d}x\right]^{1/2} \tag{2-32}$$

MBBAY公式是Thompson等在考虑液体部分对冲量贡献的基础上对BBAY公式进行的修正，其形式为

$$I=\sqrt{2}\beta\left(\int_0^{x_0}\left\{Q(x)-E_0\left[1+\ln\frac{Q(x)}{E_0}\right]\right\}\rho^2 x\,\mathrm{d}x\right)^{1/2} \tag{2-33}$$

式中，E_0 为材料的熔化能。

张若棋等[14]根据气体动力学原理，提出了计算冲量的另一种公式：

$$I=\frac{\sqrt{2n+3}\,(2n+1)!}{2^{2n+2}n!(n+1)!}\rho x_0\sqrt{2}\left\{2\left[\frac{1}{x_0}\int_0^{x_0}Q(x)\,\mathrm{d}x-E_\mathrm{s}\right]\right\}^{1/2} \tag{2-34}$$

赵国民等[15]提出了一种数值计算方法，对于平板，其表达式为

$$I=\sum_{e_i\geqslant E_\mathrm{s},v_i\leqslant 0} m_i v_i \tag{2-35}$$

式中，m_i、v_i 和 e_i 分别为单位面积的平面靶材的第 i 个网格的质量、速度和比内能。对于圆柱壳的喷射脉冲冲量计算公式为

$$\left(I_x,I_y\right)=\sum_{e_i>E_\mathrm{s},v_{ix}<0,v_{iy}<0} m_i\left(v_{ix},v_{iy}\right) \tag{2-36}$$

当一束平行的 X 射线照射在圆柱壳表面上时，形成的比冲量分布在环向可以近似为[5,6]

$$I=I_0\cos\theta \tag{2-37}$$

式中，θ 为圆周角，并规定正对 X 射线入射处$\theta=0$；I_0 为$\theta=0$ 处的比冲量，称为比冲量峰值。

同理，对于圆锥壳，其每个截面上的比冲量分布与圆柱壳类似。

2.5.2　结构响应

结构响应是由 X 射线喷射冲量载荷作用在结构上诱发的。在喷射冲量载荷的作用下，结构出现动态变形等冲击响应。当动态变形量超过某个阈值后，就会导致结构破坏。结构响应相对于时间尺度在 μs 量级的材料响应，属于后期效应，一般在 ms 量级。

对于航天器常用的壳体结构，结构响应主要表现为动态环向运动、变形、屈曲、塌陷和破裂，对于多层壳体结构，还可能出现粘接处的脱胶、分层。

针对壳体结构屈曲、结构失效和脱胶分层三种破坏模式，本节简单介绍喷射冲量载荷的阈值估算方式[6]。

1) 模式一：结构屈曲

壳体结构屈曲主要与冲击载荷的冲量和结构的应力峰值有关。

对于不是很薄的单层壳体结构，产生塑性屈曲的径向冲量为

$$I_\mathrm{b}=1.225\times\left(\frac{95}{K_\mathrm{Y}}\right)^{1/4}(\rho\sigma_\mathrm{Y})^{1/2}r\left(\frac{h}{r}\right)^{3/2},\quad \frac{r}{h}\leqslant A \tag{2-38}$$

$$A = \frac{0.405}{\sqrt{K_{\mathrm{Y}} \varepsilon_{\mathrm{b}}}} \tag{2-39}$$

式中，K_{Y}为壳体材料应力-应变曲线屈服段的斜率；σ_{Y}为屈服应力；r为外径；ρ为密度；h为壳体厚度；ε_{b}为屈服应变。

对于很薄的单层壳体结构，产生塑性屈曲的径向冲量为

$$I_{\mathrm{b}} = 1.15 \rho c_0 r \left(\frac{h}{r} \right)^2, \quad \frac{r}{h} > A \tag{2-40}$$

式中，$c_0 = \sqrt{\frac{E}{\rho}}$为弹性波波速；$E$为弹性模量。

对于单层壳体结构，开始产生环向屈服的冲量为

$$I_{\mathrm{Y}} = \frac{\sigma_{\mathrm{Y}} h}{c_0} \tag{2-41}$$

2) 模式二：结构失效

壳体的失效冲量为

$$I_{\mathrm{f}} = \frac{h F_{\mathrm{m}}}{c_0} \left[2E \int_{\varepsilon_{\mathrm{s}}}^{\varepsilon_{\mathrm{f}}} \sigma(\varepsilon) \mathrm{d}\varepsilon \right]^{1/2} \tag{2-42}$$

式中，h为壳体厚度；c_0为弹性波波速；E为弹性模量；ε_{s}为辐照前的初始静应变；$\sigma(\varepsilon)$为应力-应变曲线；ε_{f}为失效应变，当壳体屈服时取屈服应变，壳体破裂时取极限应变；单层壳体的F_{m}为1。

多层壳体时，F_{m}由下式给出：

$$F_{\mathrm{m}} = \left[\left(1 + \frac{\rho_2 h_2}{\rho_1 h_1} + \frac{\rho_3 h_3}{\rho_1 h_1} + \dots \right) \left(1 + \frac{E_2 h_2}{E_1 h_1} + \frac{E_3 h_3}{E_1 h_1} + \dots \right) \right] \tag{2-43}$$

3) 模式三：脱胶分层

两种粘接材料产生脱胶分层的冲量阈值为

$$I_{\mathrm{d}} = \frac{\sigma_{\mathrm{d}}}{|\omega_1 - \omega_2|} \frac{(1+a)^{3/2} \left[1 + a(\omega_2/\omega_1)^2 \right]^{1/2}}{a(1 + \omega_2/\omega_1)} \tag{2-44}$$

式中，σ_{d}为动态粘接强度；ω_1、ω_2为两层的振动频率，$\omega = \frac{c_0}{R}$，c_0为波速，R为壳体的外径；$a = \frac{\rho_2 h_2}{\rho_1 h_1}$。

2.5.3　破坏效应

当强脉冲 X 射线照射飞行器结构时，能量沉积在结构迎光面的薄层内，产生向内传播的热激波，并形成作用于结构的喷射冲量载荷。当热激波很强时，将造成材料的层裂、脱胶；同时，在喷射冲量载荷作用下，结构会出现瞬态响应，如动态应变、动态应力、动态加速度等。当载荷量级超过结构所能承受的极限时，会造成破坏或失稳(如动态断裂、动态屈曲等)，甚至导致飞行器结构解体。

对于飞行器，X 射线的破坏效应不仅仅来自热-力学效应。X 射线作用在飞行器壳体上产生的系统电磁脉冲(system generated electromagnetic pulse，SGEMP)，也可能会通过天线、电缆和各种缝隙、孔洞进入电子学系统，当其强度超过电子学系统的可承受阈值时，会造成干扰或集成电路烧毁，致使电子学系统失效。

2.6　强脉冲 X 射线热-力学效应的实验方法

前面已经介绍，强脉冲 X 射线的热-力学效应包括喷射冲量、材料响应和结构响应。其中材料响应和结构响应出现在不同的时间段，表现出不同的破坏效应和模式。在实验室条件下，很难采用人工方法产生大面积光斑的强脉冲 X 射线，因此只能采用模拟实验方法进行研究。

本节结合国内外相关资料，对强脉冲 X 射线热-力学效应的实验室模拟方法进行简要介绍。

2.6.1　适用于材料响应或小实验件结构响应的实验方法

1) 脉冲束辐照模拟

脉冲束辐照模拟具体包括软 X 射线、电子束、离子束、激光束辐照模拟[5,6,16-21]。脉冲束加载是利用强流脉冲粒子束照射结构表面，能量瞬间沉积，产生热激波，同时表面材料迅速汽化形成物质的反冲喷射，从而对结构表面施加一个喷射冲量载荷，完成对结构的加载。

虽然人工产生的软 X 射线、电子束等脉冲粒子束与强脉冲 X 射线的特性不尽相同，与物质的相互作用机理和特征以及产生的物理现象也不完全相同，但热-力学效应的基本特征和规律是相近的。因此这些脉冲束就可以用来模拟强脉冲 X 射线作用在结构上的喷射冲量、材料响应(热激波、反冲喷射、层裂破坏等)和结构响应(结构弹、塑性变形、屈曲等)。只是，现有的模拟源还远未达到能模拟强脉冲 X 射线的辐射能密度和辐射面积的程度，所以对于结构响应方面的模拟仅限于较小尺寸的实验件。

2) 高速撞击模拟

高速撞击模拟具体包括轻气炮加载飞片和磁加载飞片撞击模拟[5,16,22]。轻气炮加载飞片撞击模拟采用轻气炮，通过高压气体驱动飞片撞击结构，在结构内部产生较强的冲击波，以模拟强脉冲 X 射线载荷作用下的层裂、弹塑性变形等效应。磁加载飞片撞击模拟采用强流脉冲电源对加载线圈和铝制弧形飞板通电，电磁力加速飞板至一定速度撞击实验件。磁场力的分布通过加载线圈的绕制来实现，从而控制飞板的加载速度分布，实现对载荷分布的控制。

3) 瞬态载荷模拟

瞬态载荷模拟具体包括磁压力加载和爆炸箔反冲加载模拟[5,16,23,24]。磁压力加载采用脉冲电源对加载线圈和加载板通电，产生脉冲磁场，通过半圆形的加载板对实验件产生余弦分布的比冲量载荷。爆炸箔反冲加载是将金属箔粘贴于结构表面，采用大容量电容器组放电，使材料瞬间汽化，形成喷射冲量载荷。

这两种加载方式都能很好地模拟 X 射线脉冲载荷在结构上的分布和脉宽，也可以同时模拟材料与结构响应，但对大尺寸结构的实验研究未见文献报道。

2.6.2 适用于大尺寸实验件结构响应的实验方法

2.6.1 小节简要介绍了研究强脉冲 X 射线辐照结构的材料响应及小尺寸实验件结构响应的模拟实验方法。本小节主要介绍适用于以圆锥壳和圆柱壳为基本构型的大尺寸实验件结构响应研究的化爆类加载(以下简称化爆加载)模拟实验方法。化爆加载是采用炸药爆炸直接或间接产生的瞬态冲击载荷作用于结构，来模拟 X 射线喷射冲量载荷产生的结构响应，具体包括光敏炸药加载、柔爆索加载、片炸药加载和炸药条加载等 4 种模拟方法。

1) 光敏炸药加载

光敏炸药加载[16,25,26]是通过自动喷涂设备，将光敏炸药喷涂在结构表面，通过精确控制其在结构表面的厚度分布来得到精确的载荷空间分布；采用强光起爆光敏炸药，实现所有炸药的“同时”起爆，模拟强脉冲 X 射线对结构的喷射冲量加载。

光敏炸药加载能较真实地模拟 X 射线喷射冲量的时空分布，且加载灵活，但在实验实施中存在喷涂工艺复杂、实验成本高、安全和健康风险突出等问题。

本书第 7 章将对光敏炸药加载模拟实验技术进行介绍。

2) 柔爆索加载

柔爆索加载[27,28]是在结构表面附近排布一定数量的柔爆索，引爆柔爆索，爆炸产生的高速金属碎片撞击结构(或防护/缓冲层)表面形成冲击载荷，可通过调整各柔爆索的间距及其与结构表面的距离获得需要的载荷分布。

柔爆索加载技术在成本、保真度等方面均介于片炸药(炸药条)和光敏炸药之间，但其切向分量的影响不可忽视，同时存在加载载荷不同步的问题。更影响实验实施的是，柔爆索爆炸产生的高速金属碎片和烟尘对光、电测试均有较大的影响。因此，该项技术较少用于大尺寸结构实验。

本书第 6 章将对柔爆索加载模拟实验技术进行详细介绍。

3) 片炸药加载

片炸药加载是采用片状炸药的爆炸冲击载荷来模拟 X 射线喷射冲量。该方法首先在结构表面粘贴缓冲层，然后在一定角度内粘贴一层(如±60°)或多层(例如，在±90° 范围内粘贴第一层，在±60° 范围内粘贴第二层，在±30° 范围内粘贴第三层)炸药片[29]，如图 2-3 所示，粗略模拟喷射冲量在结构表面的分布。通过引爆片炸药产生冲击载荷，即可模拟 X 射线喷射冲量载荷对结构的作用。片炸药加载只是粗略模拟了 X 射线喷射冲量载荷的分布与幅值，结构响应等效性较差。为此，在此基础上又进一步发展了炸药条加载模拟技术。

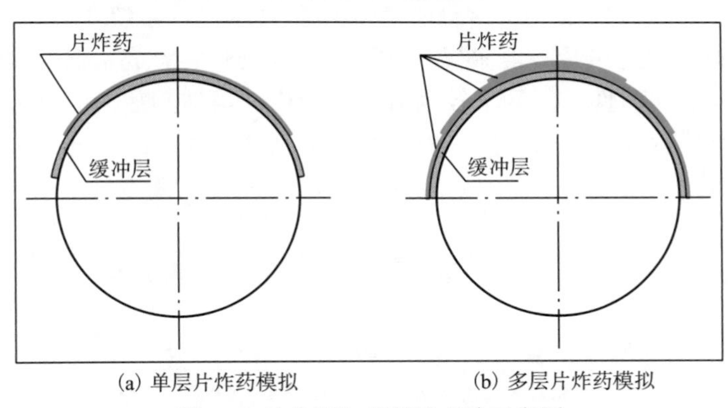

(a) 单层片炸药模拟　(b) 多层片炸药模拟

图 2-3　片炸药加载模拟方法示意图

4) 炸药条加载

炸药条加载模拟实验技术的发展经过了三个阶段。

第一阶段是基于多层思想的炸药条模拟[30]，如图 2-4 所示，在模板上等间距粘贴炸药条，形成平均比冲量较小的“炸药片”，然后按照多层片炸药加载实验方法进行加载，这是最早的炸药条加载技术。

第二阶段是基于精确设计的炸药条模拟[31]，采用反复标定的方法得到炸药条间距模型，即比冲量与炸药条间距及宽度、厚度等参数之间的关系，并据此进行载荷设计。

第三阶段是基于载荷空间离散和分区域冲量等效原理的炸药条模拟[32]。该方法在确定片炸药比冲量参数的基础上，将实验件的加载面分为若干个离散区域，每个区域内粘贴一条炸药条，并使该炸药条爆炸对结构表面产生的冲量等于 X 射线喷射冲量载荷在此区域内的积分。

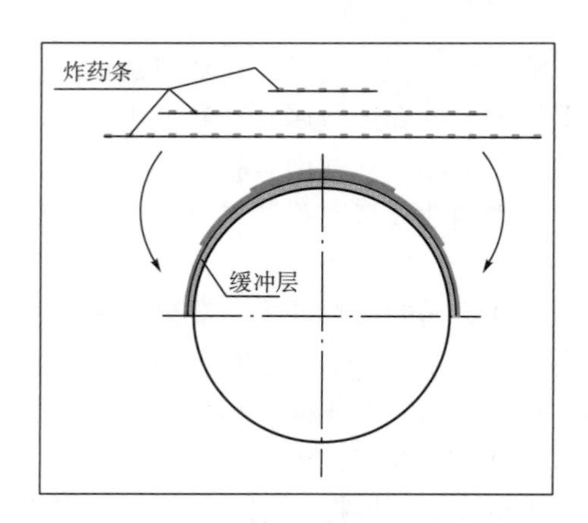

图 2-4　基于多层思想的炸药条模拟方法示意图

本书第 3～5 章将针对炸药条加载模拟实验技术进行系统介绍。

相对于光敏炸药和柔爆索加载，炸药条加载具有实验成本低、实施简便的特点，在大尺寸的实验件上得到了较为普遍的应用。虽然其载荷的模拟程度相对于光敏炸药和柔爆索加载要低一些，但可通过更精细、深入的研究并采取相应的控制措施来克服[33-35]。

参 考 文 献

[1] 张瑞琨. 伦琴射线的发现. 自然杂志, 1981, 4(3): 215-218.

[2] 宋佰谦. 威廉·康拉德·伦琴——纪念 X 射线发现 100 年. 自然杂志, 1995, 17(6): 345-350.

[3] 刘战存. 机遇只施惠于有准备的头脑——伦琴对 X 射线的发现与研究. 物理实验, 2001, 21(1): 43-45.

[4] 何法信, 高平. 伦琴与现代自然科学的发展. 自然杂志, 1995, 17(6): 350-352.

[5] 周南, 乔登江. 脉冲束辐照材料动力学. 北京：国防工业出版社, 2002.

[6] 乔登江. 脉冲 X 射线热-力学效应及加固技术基础. 北京：国防工业出版社, 2012.

[7] 王道荣, 刘佳琪, 汤文辉, 等. 强脉冲 X 光热-力学效应研究方法概论. 北京: 中国宇航出版社, 2013.

[8] Cromer D T, Mann J B. Compton scattering factors for spherically symmetric free atoms. The Journal of Chemical Physics, 1967, 47(5): 1892, 1893.

[9] Veigele W J, Brigg E, Bates L, et al. X-ray Cross Section Compilation from 0.1keV to 1MeV. Colorado Springs: Kaman Sciences Corporation, 1971.

[10] Leighton R B. Principles of Modern Physics. New York: McGraw-Hill Press, 1959.

[11] McMaster W H, Del Gre N K, Mallett J H, et al. Compilation of X-ray cross section. UCRL-50174, 1969.

[12] Lawrence R J. The equivalence of simple models for radiation-induced impulse//Schmidt S C, Dick R D, Forbes J W, et al. Shock Compression of Condenced Matter 1991. New York: Elsevier Science Publisher, 1992.

[13] Cost T L. Dynamic response of missile structures to impulsive loads caused by nuclear effects blowoff. AD-A052-999, 1976.

[14] 张若棋，谭菊普. X 射线辐照圆柱壳体产生的汽化反冲. 空气动力学学报, 1989, 7(2): 178-182.

[15] 赵国民，张若棋，汤文辉. 脉冲 X 射线辐照材料引起的汽化反冲冲量. 爆炸与冲击, 1996, 16(3): 259-265.

[16] 毛勇建，邓宏见，何荣建. 强脉冲软 X 光喷射冲量的几种模拟加载技术. 强度与环境, 2003, 30(2): 55-64.

[17] 彭常贤. 脉冲 X 光与其他模拟源的结构响应等效性分析. 高压物理学报, 2002, 16(2): 105-110.

[18] 丁升，周南. 电子束辐照冲量的数值模拟计算与实验的对比. 计算物理, 1997, 14(4-5): 646-648.

[19] Oswald R B, McLean F B, Schallhorn D R, et al. Dynamic response of aluminum to pulsed energy deposition in the melt-dominated regime. Journal of Applied Physics, 1973, 44 (8) : 3563-3574.

[20] 彭常贤，谭红梅，胡泽根，等. 三种壳体在脉冲电子束辐射下动力学响应的实验研究. 爆炸与冲击，2001，21 (1) :21-25.

[21] 彭常贤，谭红梅，林鹏，等. 脉冲软 X 光辐射三种材料的喷射冲量实验研究. 强激光与粒子束，2003，15(1):89-93.

[22] Alzheimer W E, Ciolkosz T D, Seman G W. Flyer-plate loading of circular rings. Experimental Mechanics, 1972, 12(3): 148-151.

[23] Forrestal M J, Overmier D K. An experiment on an impulse loaded elastic ring. AIAA Journal, 1974, 12(5): 722-724.

[24] 王懋礼. X 射线对结构作用的有关问题//徐有矩，高淑英，等. 振动工程及应用. 成都: 成都科技大学出版社，1998: 189-192.

[25] Jr Nevill G E, Hoese F O. Impulsive loading using sprayed silver acetylide silver nitrate. Experimental Mechanics, 1965, 5(9): 294-298.

[26] Benham R A, Mathews F H, Higgins P B. Application of light-initiated explosive for simulating X-ray blow-off impulse effects. SAND76-9019, 1976.

[27] 赵国民，王占江，张若棋. 用柔爆索构成沿圆柱壳体周向呈余弦分布的冲量载荷. 爆炸与冲击，2008，26(6): 557-560.

[28] 邓宏见，周擎，何荣建，等. 柔爆索爆炸加载下壳体结构响应的数值模拟与实验研究//中国力学学会学术大会 2005 论文摘要集, 2005: 249.

[29] Witmer E A, Clark E N, Balmer H A. Experimental and theoretical studies of explosive-induced large dynamic and permanent deformation of simple structures. Experimental Mechanics, 1967, 7(2): 56-66.

[30] Bessey R L, Hokanson J C. Simultaneous and running impulsive loading of cylindrical shells. AD-A012-268, 1975.

[31] Rivera W G, Benham R A, Duggins B D. Explosive technique for impulse loading of space structures. SAND99-3175C, 1999.

[32] 邓宏见，肖宏伟，何荣建，等. 片炸药爆炸加载下壳体结构响应研究//第八届全国爆炸力学学术会议论文集, 2007: 206-212.

[33] 毛勇建，李玉龙，陈颖，等. 炸药条加载圆柱壳的数值模拟(III)：对 X 射线力学效应的模拟等效性分析. 高压物理学报, 2013, 27 (5): 711-718.

[34] 王军评，毛勇建，狄飞，等. 载荷脉宽对圆柱壳瞬态响应的影响分析. 振动与冲击, 2015, 34(3): 108-113.

[35] 王军评，毛勇建，狄飞，等. 滑移和同步脉冲载荷下圆柱壳瞬态响应的对比分析. 高压物理学报，2016，30(6): 491-498.

第 3 章　炸药条加载模拟实验技术

第 2 章简要概括了强脉冲 X 射线热-力学效应的模拟实验方法，包括材料响应和结构响应的实验室模拟。针对结构响应研究，本章介绍基于连续分布载荷空间离散和分区域冲量等效原理的炸药条加载模拟实验技术[1,2]。

3.1　模拟实验的基本原理

如图 3-1 所示，平行入射的强脉冲 X 射线作用于圆锥壳结构(这里将圆柱壳视为一种特殊的圆锥壳，因此用圆锥壳统一描述)的喷射冲量载荷具有如下特点[3,4]：

(1) 比冲量(即单位面积内的冲量)沿环向大致呈余弦分布，其分布的圆周角范围为$[-\pi/2,\pi/2]$。

(2) 比冲量沿母线方向保持不变。

(3) 比冲量的作用方向沿壳体表面外法线向内。

该载荷模型可表示为

$$I(\theta,l)=I_0\cos\theta,\ \ \theta\in[-\pi/2,\pi/2];\ \ l\in[0,L] \tag{3-1}$$

式(3-1)及图 3-1 中，I 为比冲量；θ 为圆周角；l 为圆锥壳表面某点距其小端面的母线距离；L 为母线长度；I_0 为母线 $\theta=0$ 上的比冲量，称为比冲量峰值，通常用于表征余弦载荷大小。

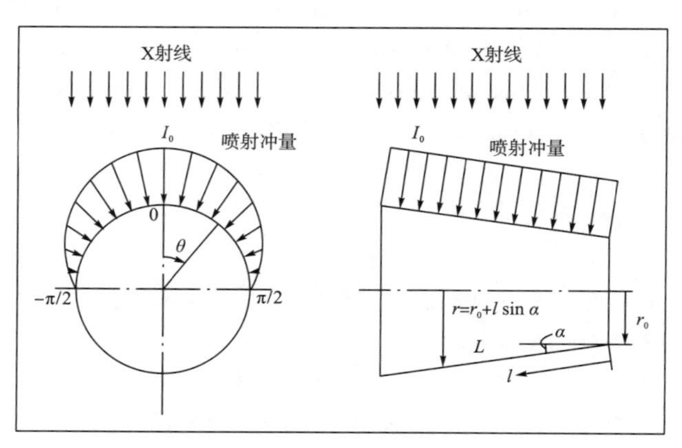

图 3-1　强脉冲 X 射线作用于圆锥壳结构的喷射冲量载荷模型

炸药条加载模拟实验技术的基本原理如图 3-2 所示，具体包括以下两个方面：

(1) 将圆锥壳加载面用多条母线分割为若干个区域，每个区域内布置一条炸药条(一般在区域的中心线上)，并使炸药条爆炸对表面产生的冲量等于余弦分布的比冲量在此区域内对应的冲量(即比冲量对该区域面积的积分)。

(2) 在炸药条和实验件表面之间粘贴缓冲层，以平滑比冲量载荷的分布。缓冲层一般由两层组成，紧贴壳体的里层为海绵橡胶，外层为真空橡胶。

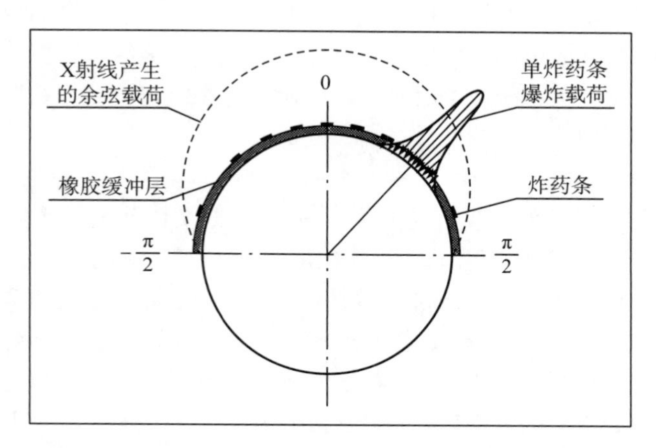

图 3-2　炸药条模拟强脉冲 X 射线余弦分布载荷的原理示意图

3.2　模拟实验的基本流程

炸药条加载模拟实验的基本流程如图 3-3 所示，具体如下。

(1) 载荷条件确定。根据需要模拟的 X 射线和实验件表层材料的相关性能参数，确定需要加载的比冲量峰值(I_0)，作为实验模拟的载荷条件。此过程中的计算方法见 2.5.1 小节。

(2) 炸药条基本参数确定。要根据模拟实验的载荷条件开展炸药条分布设计，还需要明确炸药条的两个基本参数。一个是炸药条的最小稳定传爆尺寸及其搭接方式，由平板传爆实验确定；另一个是片炸药(裁剪炸药条的母材)的比冲量，即单位面积片炸药爆炸产生的冲量，该参数表征了炸药条的加载能力，采用片炸药比冲量标定装置测量。

(3) 炸药条分布设计。根据实验的载荷条件、片炸药的最小稳定传爆尺寸和比冲量参数，通过分区域冲量等效原理计算，设计出炸药条的尺寸及其在实验件壳体表面的数量和分布。

(4) 实验件装配与测试系统准备。按照实验件技术状态要求进行装配，并在此过程中适时进行传感器安装、电缆敷设、敲检等测试系统的准备工作。

(5) 缓冲层粘贴与画线。实验件装配完毕后，在其表面粘贴缓冲层。然后根据炸药条分布设计结果在缓冲层表面画线，确定每条炸药条的粘贴位置。

(6) 炸药条切割。根据炸药条分布设计结果中给出的炸药条尺寸，从片炸药(母材)上切割出满足要求的炸药条，包括加载药条和引爆、传爆药条。

(7) 实验件吊装。缓冲层粘贴、画线及相关测试电缆引出后，将实验件吊装在刚性支架上，再进一步完成测试系统的连接、联试等相关准备工作。

(8) 炸药条粘贴及引爆系统准备。按照预先确定的位置，将加载药条粘贴在缓冲层表面，同时要完成引爆、传爆药条粘贴和连接，并最终与雷管连接，准备好引爆系统和电缆。对测试系统、引爆系统及同步控制系统进行全系统联试，确认正常后连接雷管的引爆电缆。

(9) 爆炸加载与测试。一切准备就绪后，引爆炸药条，完成爆炸加载和测试。

(10) 实验件分解检测。实验完成后，观察和记录炸药条是否完全传爆；卸下实验件，并进行分解检测，记录实验件在加载后的变化情况。

(11) 测试数据处理与加载总冲量校核。对所有测试数据进行处理分析，并根据相关测试信息(通常为高速摄影图像和/或激光测速信息)，校核实际加载的总冲量。

(12) 实验结果分析与应用。总结、分析和应用实验结果，一般包括对实验件抗强脉冲 X 射线辐照能力的分析评估，和/或利用实验结果校核数值模拟方法和模型等。

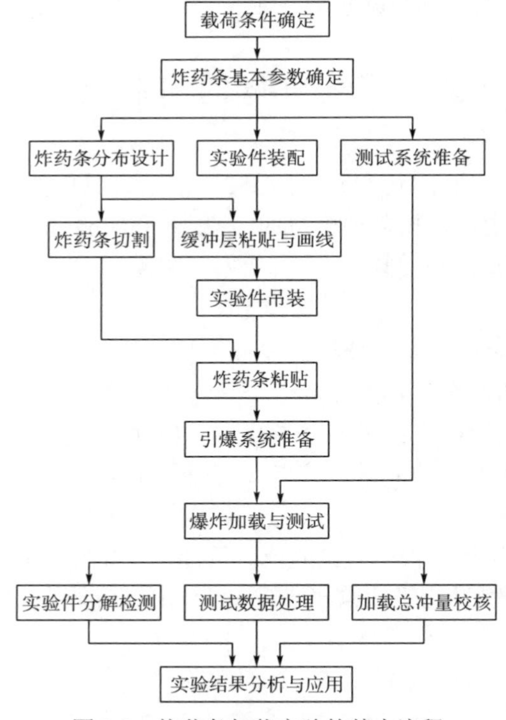

图 3-3　炸药条加载实验的基本流程

3.3　片炸药的基本参数确定

片炸药的基本参数包括最小稳定传爆尺寸、可靠的搭接方式和比冲量。以下分别介绍这些参数的确定方法。

3.3.1　最小稳定传爆尺寸与搭接方式确定

1. 最小稳定传爆尺寸的实验确定

炸药条的最小稳定传爆尺寸包括如下两个方面。

(1) 炸药条的最小宽度。也就是能够确保稳定传爆的最小宽度(或者范围)，用于加载实验的所有炸药条(包括加载药条和引爆、传爆药条)都必须大于该宽度。通常情况下，炸药条的最小稳定传爆宽度在 2mm 以内。

(2) 炸药条的最小厚度。由于工艺控制等原因，片炸药母材厚度具有一定的分散性。通常而言，片炸药的厚度为 0.3～0.6mm。这个厚度其实已经接近炸药的传爆性能极限，因此实验前必须确定或验证在某个厚度以上的炸药条能够稳定传爆。这个厚度一旦确定，将作为筛选炸药条的一个必要条件。对于太安(pentaerythrol tetranitrate，PETN)基片炸药而言，稳定传爆的临界厚度大致为 0.36mm[5]。

炸药条的最小稳定传爆宽度和厚度由传爆实验确定，图 3-4 为传爆实验前后的实物照片。

(a) 实验前

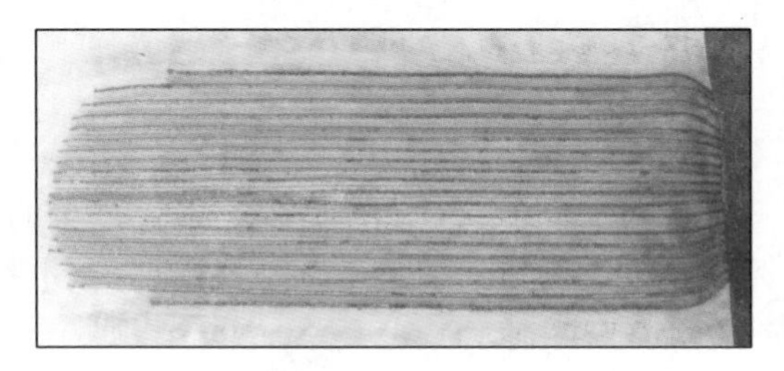

(b) 实验后

图 3-4　炸药条传爆实验前后照片

图3-4(a)为实验前照片，为了模拟炸药条加载实验的真实状态，炸药条粘贴在真实缓冲层表层真空橡胶表面，炸药条汇集后通过引爆药片与雷管相连。图3-4(b)为实验后照片，可以看到炸药条爆炸后留下的深色痕迹。

那么，为什么不使用又厚又宽的炸药条确保其传爆性能呢？这是因为炸药条加载实验本身就是将连续分布的X射线载荷离散为若干个单元，每个单元由一条炸药条的爆炸载荷来等效模拟。使用的炸药条截面尺寸越大，其载荷就越强，X射线载荷被划分的单元就越少，模拟就越粗略。因此，在实验中都要尽量控制炸药条的截面尺寸，提高模拟的等效程度。

2. 炸药条搭接方式的实验确定

由于炸药条长度的限制，很多实验都需要搭接延长。但在接近稳定传爆尺寸极限的状态下，炸药条的搭接方式对其稳定传爆具有明显的影响。因此，在确定加载实验中炸药条传爆方式(见3.5节)之前，需要采用实验确定或验证炸药条的搭接方式。图3-5为两种典型搭接方式的传爆实验状态。需要注意，图3-5(b)中搭接点只是示意，实际上并非有一段更宽的炸药条。

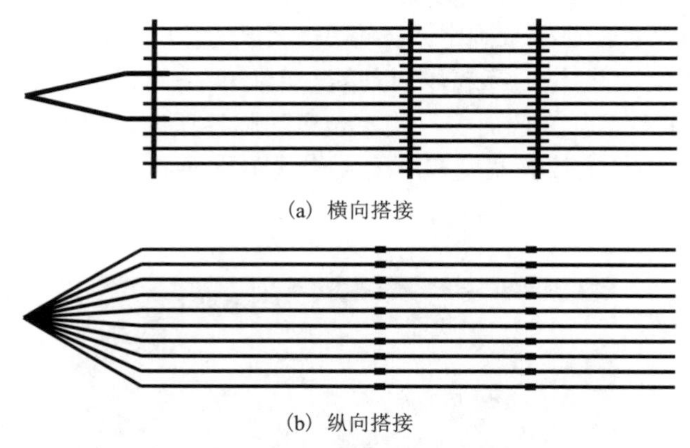

(a) 横向搭接

(b) 纵向搭接

图3-5 两种典型的炸药条搭接方式传爆实验状态

3.3.2 比冲量测试(标定)

1. 测试的基本方法

片炸药的比冲量，即单位面积片炸药爆炸对接触面产生的冲量，它表征了片炸药的加载能力。片炸药的比冲量一般采用基于摆锤结构(也称弹道摆)的测试装置来测量(也称标定)，如图3-6所示。

片炸药比冲量标定装置的基本结构包括刚性杆和质量块，二者之间采用刚性连接；杆的上端通过轴承与支架相连，并能够绕旋转轴做平面旋转运动。实验前，在质量块的加载面上依次粘贴缓冲层和片炸药样品，再通过引爆药条与电雷管连接。引爆药片，测量摆锤的最大摆角，即可通过刚体运动分析得到片炸药的比冲量参数。

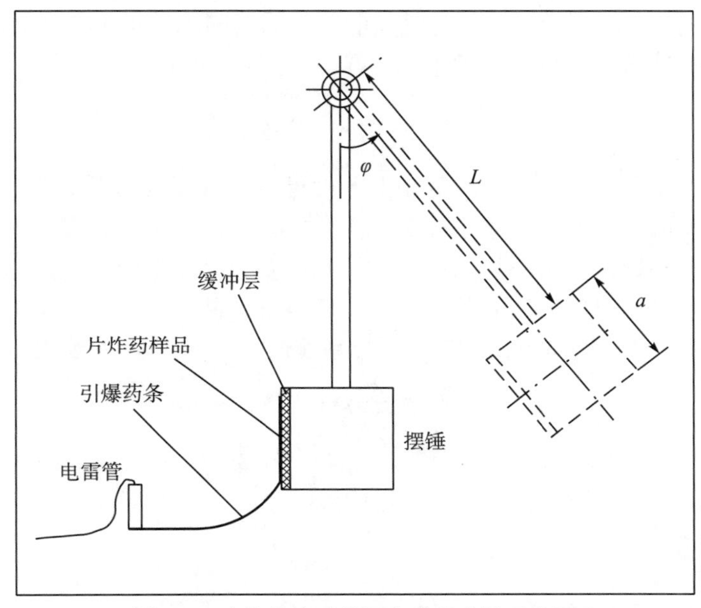

图 3-6　片炸药比冲量标定实验方法示意图

首先，由机械能守恒定律可得

$$(1-\cos\varphi)\left(\frac{1}{2}mgL+MgL+\frac{1}{2}Mga\right)=\frac{1}{2}J\omega^2 \tag{3-2}$$

式中，m 为细杆质量；M 为质量块与缓冲层总质量；L 为细杆长度；a 为质量块贴药面竖边长度；J 为质量块、缓冲层和细杆对旋转轴的转动惯量；ω 为细杆转动的最大角速度；φ 为细杆摆动的最大角度。

由角冲量定理有

$$J\omega=I'S\left(L+\frac{1}{2}a\right) \tag{3-3}$$

式中，S 为片炸药样品的面积；I' 为片炸药比冲量。

质量块、缓冲层和细杆对旋转轴的转动惯量 J 可由下式计算：

$$J=\frac{1}{3}mL^2+\frac{1}{6}Ma^2+M\left(L+\frac{1}{2}a\right)^2 \tag{3-4}$$

因此，联立式(3-2)～式(3-4)可得片炸药的比冲量为

$$I' = \frac{\sqrt{2J(1-\cos\varphi)\left(\frac{1}{2}mgL + MgL + \frac{1}{2}Mga\right)}}{S\left(L + \frac{1}{2}a\right)} \tag{3-5}$$

上述各物理量中长度、质量与时间的单位均取国际单位制(SI)单位(m-kg-s)，因此片炸药比冲量 I' 的单位为帕·秒(Pa·s)。

2. 分散性的处理

由于生产工艺水平限制，片炸药的厚度通常会有一定的不均匀性。对于不均匀性可以接受的片炸药，为减小标定误差，实验可进行多次，取其平均值作为片炸药的比冲量参数；如果不均匀性较大，则需要通过对不同厚度的片炸药进行标定，拟合比冲量与厚度之间的关系，通过插值得到最终所用片炸药的比冲量。

理论上，一定体积的炸药爆炸对接触面产生的冲量可大致表示为[6]

$$i = \frac{8}{27}\rho_0 v_D V \tag{3-6}$$

式中，ρ_0 为装药密度；v_D 是在装药密度 ρ_0 下的爆速；V 是装药体积。因此，单位面积的片炸药对结构产生的冲量(即比冲量)可表示为

$$I' = \frac{8}{27}\rho_0 v_D d \tag{3-7}$$

式中，d 为片炸药厚度。

可见，片炸药的比冲量与其厚度之间成正比关系。图 3-7 为典型的片炸药比冲量测试结果。显然，图中实测的比冲量和片炸药厚度之间具有良好的线性关系，与式(3-7)吻合良好。因此，在实验中，可以根据片炸药样品的比冲量测试结果，用线性插值的方法获得实际使用的片炸药比冲量参数。

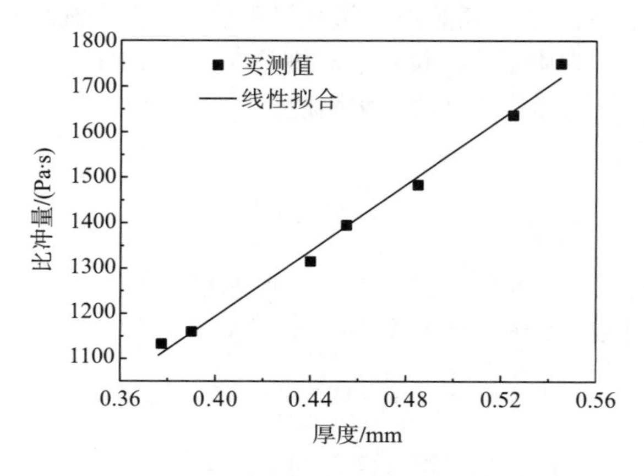

图 3-7 典型的片炸药比冲量标定实验结果

3. 样品尺寸的确定

片炸药接触爆炸时，除在其正下方产生较大的载荷外，事实上在周边还存在一定的载荷，这从条形装药接触爆炸载荷分布特征[7]也可以看出，如图 3-8 所示。

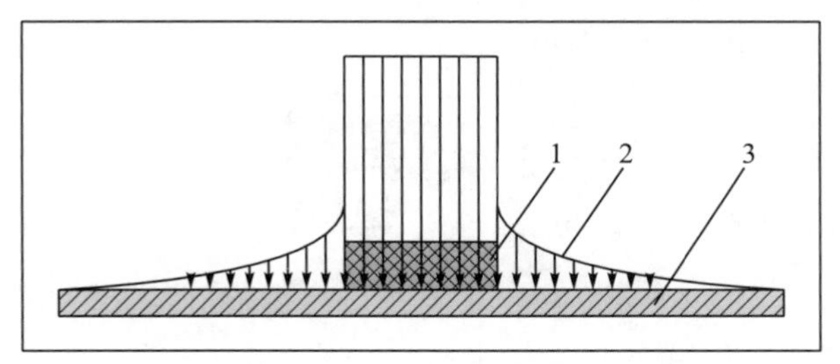

图 3-8　条形装药接触爆炸对靶板的载荷分布示意图

1-炸药；2-载荷形状；3-靶板

经实测统计，标定实验中片炸药(方形)样品的周边载荷大致占总载荷的 10%。而在炸药条加载实验中，这些周边载荷也会加载到结构表面。因此，为了提高标定结果的精度和合理性，标定样品的尺寸通常应该比摆锤加载面小。例如，对于 60mm×60mm 的加载面，通常取样品尺寸为 50mm×50mm(如果再继续减小样品的尺寸，测试结果趋于稳定)。

4. 摆角的精密测量

早期的片炸药比冲量测试装置结构比较简陋，关键连接部位(如摆锤与摆杆、摆杆与转轴等)精度不高；角度测量采用指针-刻度盘模式，判读误差较大；并且没有考虑系统阻尼对最大摆角的影响。这些因素将影响片炸药比冲量的测量精度。

这里介绍一种改进的比冲量测试装置及其数据处理方法[8]。

1) 机械结构的精密化设计

对于机械结构部分，通过合理设计各零件之间的配合关系，可以提高机械的配合精度。机械装置结构如图 3-9 所示，主要包括摆锤、摆杆、转轴、滚动轴承、支架、上部基座、光栅传感器等。

其中，摆锤用于片炸药爆炸加载(其加载面与转轴平行)，能够在冲击载荷作用下自由摆动。摆锤与摆杆的下端采用定位槽、销钉及键槽连接，相对于摆杆呈对称分布，从而防止摆锤摆动过程对转轴产生扭转力矩，使摆锤松动。摆杆用于连接摆锤和转轴，并确定摆锤的旋转半径和旋转轨迹，其上端与转轴通过销钉固定连接。转轴作为摆杆的安装基础，通过滚动轴承实现安装和自由旋转的功能。滚动轴承安装于上部基座。上部基座作为转轴、摆杆、摆锤等部件的安装基础，与支架采用分体式结构，有利于提高上部基座的水平度。为了确保在工作时上部基座处于水平，在其上表面安装有水平仪，可对初始姿态进行调整。支架上端与上部基座固定连接，其底部安装4个滚轮和水平度调节及固定机构，以便使整个装置在移动以及测试时保持整体水平和稳定。

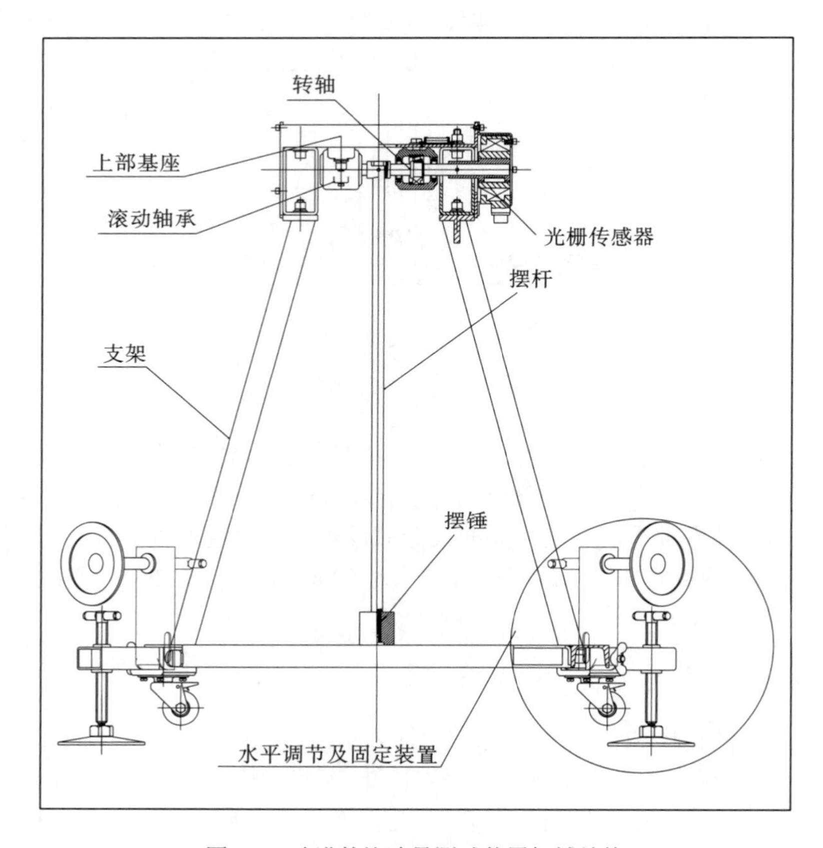

图3-9 改进的比冲量测试装置机械结构

2）摆角测量系统的改进

摆角测量系统由光栅传感器和数据采集系统组成。光栅传感器用于精确检测转轴的旋转角度(角度测量分辨率可达0.001°)。其内筒通过键连接固定于转轴的轴套上。为了防止转轴、轴套和光栅传感器内筒这三者之间产生相对扭转，转轴与轴套之间、轴套与键之间均采用过盈配合。

数据采集系统用于采集光栅传感器输出的信号并进行数据处理，最终输出转轴转动的角度时间历程曲线。

3）最大摆角的修正

在小阻尼作用下，摆锤的运动具有如下形式：

$$\theta(t)=\theta_0 \mathrm{e}^{-\beta t}\cos(\omega_{\mathrm{r}} t+\varphi) \tag{3-8}$$

式中，θ为摆角；θ_0为假设没有阻尼时的最大摆角；β为阻尼系数；$\omega_r=\sqrt{\omega_0^2+\beta^2}$为角频率，$\omega_0$为无阻尼下摆锤系统的角频率；$\varphi$为相位角。

通过光栅传感器测得在阻尼作用下的摆动幅度随时间变化的曲线$\theta(t)$，然后通过式(3-8)即可获得随摆动幅度变化的阻尼系数。图3-10给出了一组实测的阻尼系数，拟合得到阻尼系数与摆动幅度的关系为

$$\beta=\mathrm{e}^{-1.13864-0.06947\theta+0.000596\theta^2} \tag{3-9}$$

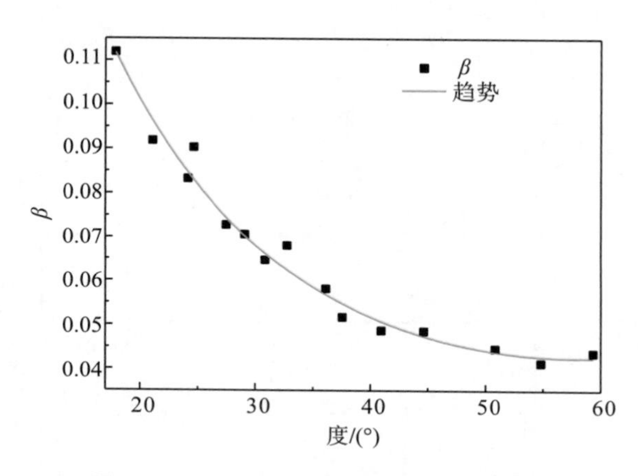

图3-10　阻尼系数随摆动幅度的变化曲线

图3-11给出了摆锤的角度随时间变化的实测曲线和通过已知的阻尼系数预测的曲线。由图可见，实测曲线和预测曲线趋势和峰值吻合，说明获得的阻尼系数是正确的。

这样，测得$\theta(t)$后，将式(3-9)代入式(3-8)即可得到无阻尼时的最大摆角θ_0，用于计算片炸药的比冲量。

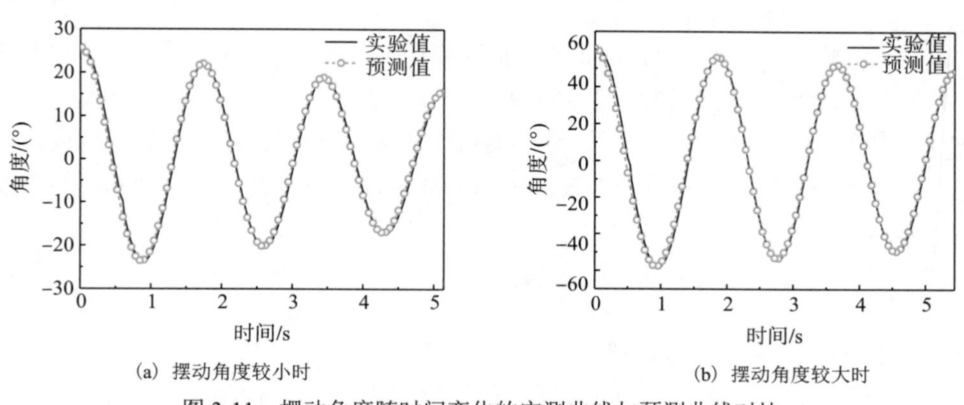

(a) 摆动角度较小时　(b) 摆动角度较大时

图3-11　摆动角度随时间变化的实测曲线与预测曲线对比

4) 测试效果

经分析，改进后摆角测试的不确定度显著降低，降低幅度达75.7%。图3-12给出了早期装置与改进装置的比冲量测试结果，其中改进前的线性拟合相关系数为0.79，改进后提高到0.87。从图中也可看出，改进后的测试结果线性度更高、分散度更小、结果更准确。

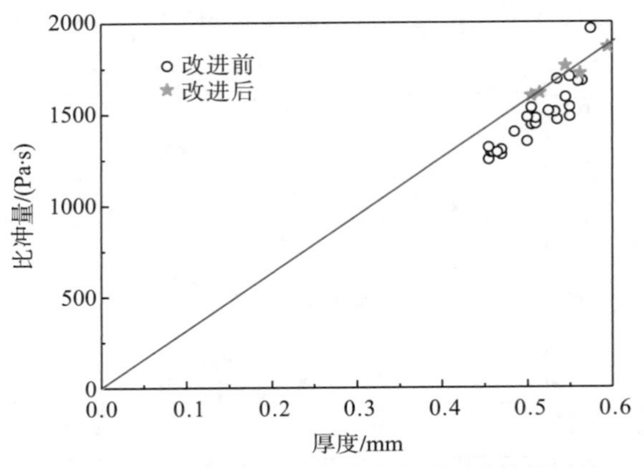

图3-12 改进前后片炸药的比冲量测试结果对比

3.4 炸药条分布设计方法

3.4.1 基本设计方法

炸药条分布设计的基本方法是直接根据分区域冲量等效原理推导的。按照图3-1所示模型及参数定义，有

$$\int_{\theta_i}^{\theta_{i+1}} I(\theta,l)r(l)\mathrm{d}\theta\mathrm{d}l = I'w(l)\mathrm{d}l,\ \ i=0,1,2,\cdots,n;\ \ \theta_0=-\frac{\pi}{2} \tag{3-10}$$

式中，n为炸药条数量；θ为圆锥壳表面某点所在母线的角度；θ_i和θ_{i+1}分别为第i条炸药条所在积分区域的下限和上限；l为锥壳表面某点到小端的母线距离；$r(l)$为锥壳表面l处的外半径；I'为片炸药比冲量；$w(l)$为l处的炸药条宽度。

定义r_0表示圆锥壳小端外半径，w_0表示炸药条小端宽度，α为圆锥壳的半锥角，则有

$$r(l)=r_0+l\sin\alpha\ ,\ \ w(l)=w_0\frac{r_0+l\sin\alpha}{r_0} \tag{3-11}$$

结合式(3-1)、式(3-11)，式(3-10)可以表示为

$$\int_{\theta_i}^{\theta_{i+1}} I_0(r_0+l\sin\alpha)\cos\theta\ \mathrm{d}\theta = I'w_0\frac{r_0+l\sin\alpha}{r_0},\quad i=0,1,2,\cdots,n;\ \theta_0=-\frac{\pi}{2} \tag{3-12}$$

由式(3-12)可见，只要确保炸药条大小端宽度之比等于圆锥壳大小端半径之比，就可确保炸药条在任意截面的分布位置(角度)相同，即炸药条沿母线分布。

采用式(3-12)，在给定片炸药比冲量与最小稳定传爆宽度、圆锥壳几何尺寸、模拟载荷的比冲量峰值等参数的情况下，即可采用反复试算或优化的方法计算得到满足要求(包括炸药条数量满足整数要求)的炸药条分布。

3.4.2 快速设计方法

从应用的角度出发，前面介绍的基本设计方法计算过程比较烦琐，需要反复试算或采用优化的方法才能确保炸药条数量满足整数的要求，为此再介绍一种快速设计方法。

仍然假设将整个面载荷划分为 n 个单元，用 n 条相同的炸药条模拟，则每一条炸药条(或每一个载荷单元)的冲量为

$$\frac{1}{n}\int_{-\frac{\pi}{2}}^{\frac{\pi}{2}} I(\theta)\mathrm{d}\theta = \frac{1}{n}\int_{-\frac{\pi}{2}}^{\frac{\pi}{2}} I_0\cos\theta\ \mathrm{d}\theta = \frac{2I_0}{n} \tag{3-13}$$

由于结构和载荷的对称性，这里只需考虑 1/4 圆周，即 $0\leqslant\theta\leqslant\pi/2$ (由于 $\pi/2<\theta\leqslant\pi$ 范围内无载荷，因此也不予考虑)。若定义第一个载荷单元中心为 $\theta=0$，其上下边界为 $\pm\theta_0$，其余单元边界依次为 $\theta_1,\theta_2,\cdots$，则可以得到

$$\int_{-\theta_0}^{\theta_0}\cos\theta\ \mathrm{d}\theta = \int_{\theta_0}^{\theta_1}\cos\theta\ \mathrm{d}\theta = \cdots = \int_{\theta_{(n-3)/2}}^{\theta_{(n-1)/2}}\cos\theta\ \mathrm{d}\theta = \frac{2}{n} \tag{3-14}$$

根据式(3-13)，最后一个单元的上界可以自动满足

$$\theta_{(n-1)/2} = \frac{\pi}{2} \tag{3-15}$$

则载荷单元 i 的上界可以表示为

$$\theta_i = \arcsin\left(\frac{2i+1}{n}\right) \tag{3-16}$$

这就可以得到第 i 条炸药条的位置(即载荷单元 i 的几何中心)：

$$\phi_i = \frac{\theta_i + \theta_{i+1}}{2} \tag{3-17}$$

最后，采用已知参数即可反算模拟载荷的比冲量峰值：

$$I_0 = \frac{nI'w(l)}{2r(l)} = \frac{nI'w_0}{2r_0} \tag{3-18}$$

上述简化算法很容易在电子表格中实现。如图 3-13 所示，改变炸药条数量 n，计算结果也随之改变。有必要说明的是，炸药条的分布位置是关于 0°线对称，因此，图 3-13 中只给出[0°, 90°]的炸药条分布。

	A	B	C	D	E	F
1	Int	Int range	Report			
2	para	/(°)	Rod No.	Angle/(°)	I'/(Pa·s)	1500.00
3	−0.5	−3.0170			d/mm	2.00
4	0.5	3.0170	**0**	**0.00**	r/mm	140.00
5	1.5	9.0847	**1**	**6.05**	I_0/(Pa·s)	203.57
6	2.5	15.2575	**2**	**12.17**		
7	3.5	21.6183	**3**	**18.44**		
8	4.5	28.2737	**4**	**24.95**		
9	5.5	35.3765	**5**	**31.83**		
10	6.5	43.1736	**6**	**39.28**		
11	7.5	52.1364	**7**	**47.65**		
12	8.5	63.4746	**8**	**57.81**		
13	9.5	90.0000	**9**	**76.74**		
14						

(a) 19条炸药条

	A	B	C	D	E	F
1	Int.	Int. range	Report			
2	para	/(°)	Rod No.	Angle/(°)	I'/(Pa·s)	1500.00
3	−0.5	−2.7294			d/mm	2.00
4	0.5	2.7294	**0**	**0.00**	r/mm	140.00
5	1.5	8.2132	**1**	**5.47**	I_0/(Pa·s)	225.00
6	2.5	13.7741	**2**	**10.99**		
7	3.5	19.4712	**3**	**16.62**		
8	4.5	25.3769	**4**	**22.42**		
9	5.5	31.5881	**5**	**28.48**		
10	6.5	38.2466	**6**	**34.92**		
11	7.5	45.5847	**7**	**41.92**		
12	8.5	54.0494	**8**	**49.82**		
13	9.5	64.7912	**9**	**59.42**		
14	10.5	90.0000	**10**	**77.40**		

(b) 21条炸药条

图 3-13　采用快速设计方法得到的炸药条分布设计结果

3.5　炸药条传爆方式

在炸药条加载实验中，需要根据炸药条传爆性能和实验件外形特点选择不同的炸药条传爆方式。通过长期的科研实践探索，形成了几种行之有效的传爆方式。以下作简要介绍。

3.5.1　整段加载时的基本传爆方式

对于圆锥壳构型的实验件，在其长度不太长、大小端半径悬殊不太大的情况下，可进行整段加载。整段加载的传爆方式主要有三种，即横搭、直通、横搭+直通传爆方式，如图 3-14 所示，该图为圆锥壳外表面及缓冲层展开示意图。

1. 横搭传爆方式

横搭传爆方式适用于横向搭接后传爆性能较好的片炸药(为叙述方便，以下简称炸药Ⅰ)。具体方法为：加载药条粘贴完毕后，在实验件大、小端分别布置一横向搭接药条，再由 3～5 条引爆药条与大端横搭药条搭接，另一端集束由雷管引爆，如图 3-14(a)所示。由于采用了炸药网络结构，此种传爆方式具有较高的稳定性和可靠性。为了提高实验模拟的等效性，可采取以下措施：

(1)缓冲层在壳体大、小端伸出一部分，一般为 40mm 左右，横搭药条粘贴在缓冲层的悬空位置，使其载荷尽量少地作用到壳体。

(2)各引爆药条的长度尽量一致，以尽量确保大端横搭药条与引爆药条的搭接点同时起爆。

(3)引爆药条在大端横搭药条上的搭接位置间隔均匀，以尽量提高实验件环向各点加载的同步性。

2. 直通传爆方式

直通传爆方式适用于横向搭接后不能稳定传爆，但纵向搭接后传爆性能较好的片炸药(简称炸药II)，其特点是在壳体大端对每一条加载药条用引爆药条搭接，集束由雷管引爆，如图 3-14(b)所示。由于雷管起爆后每一条引爆药条、加载药条之间再没有任何联系，因此此种传爆方式具有较大的风险，同时对炸药也是较大的浪费，大量引爆药条的爆炸冲击波也会对结构响应造成一定的影响。

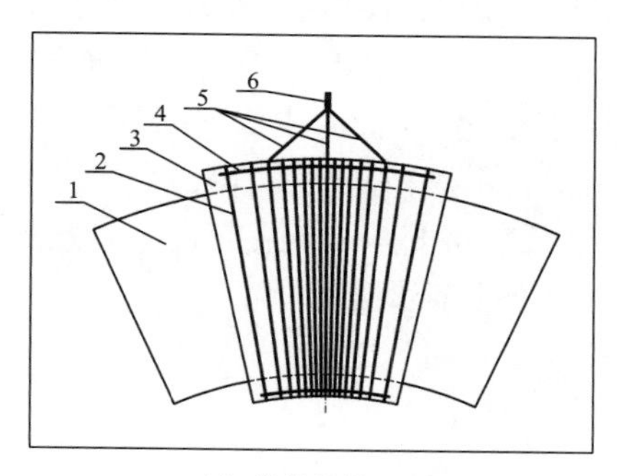

(a) 横搭传爆方式

1-壳体；2-加载药条(炸药 I)；3-缓冲层；4-横搭药条(炸药 I)；5-引爆药条(炸药 I)；6-雷管

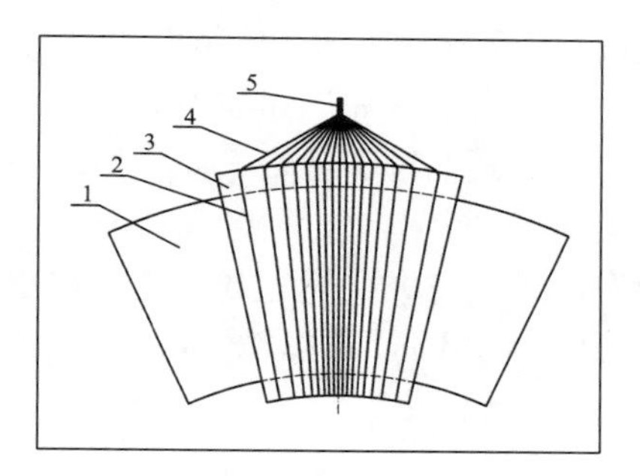

(b) 直通传爆方式

1-壳体；2-加载药条(炸药 II)；3-缓冲层；4-引爆药条(炸药 II)；5-雷管

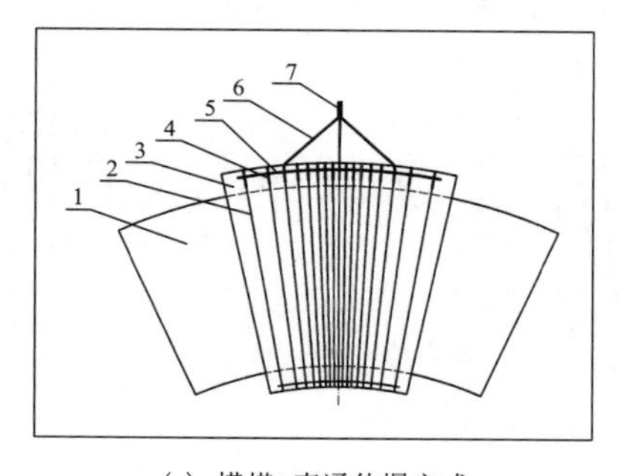

(c) 横搭+直通传爆方式

1-壳体；2-加载药条(炸药 II)；3-缓冲层；4-传爆药条(炸药 I)；

5-横搭药条(炸药 I)；6-引爆药条(炸药 I)；7-雷管

图 3-14　整段加载的引爆方式示意图

3. 横搭+直通传爆方式

横搭+直通传爆方式是在炸药Ⅰ数量有限而又不愿冒险采用直通传爆方式的背景下摸索出来的。

此种传爆方式的特点是，所有加载药条采用炸药Ⅱ，在实验件大端缓冲层悬空处用较短(30～40mm)的传爆药条(炸药Ⅰ)与每一条加载药条搭接，再由横搭药条(炸药Ⅰ)将各传爆药条连接起来，最后由3～5条引爆药条(炸药Ⅰ)与横搭药条均匀搭接，另一端集束由雷管引爆，如图3-14(c)所示。该方式合理利用了两种炸药的特点，也是不得已而为之的办法，但比直通传爆方式的风险和浪费都较小，引爆药条对实验件施加的额外载荷也更少。

3.5.2 分段加载时的段间衔接

由3.4节所述炸药条分布设计方法可知，对于圆锥壳构型的实验件而言，炸药条为梯形，其大小端宽度比例等于圆锥壳大小端半径之比，只有这样才能保证炸药条沿母线呈直线布置，易于实施。那么，如果圆锥壳的大小端半径悬殊较大，则在炸药条稳定传爆尺寸的约束下，梯形炸药条大端宽度较大，间距也比较大，从而造成结构大端部分的载荷模拟过于粗略。此种情况下，宜采用分段加载的方法，将圆锥壳截断为两段或多段分别进行设计和排布炸药条。另一种情况是，若圆锥壳过长，炸药条长度不足以完成整段加载，也不得不采用分段加载的方式。分段加载的难点在于每一段之间不同尺寸和数量的炸药条的衔接。以下介绍两种段间衔接方式，如图3-15所示。

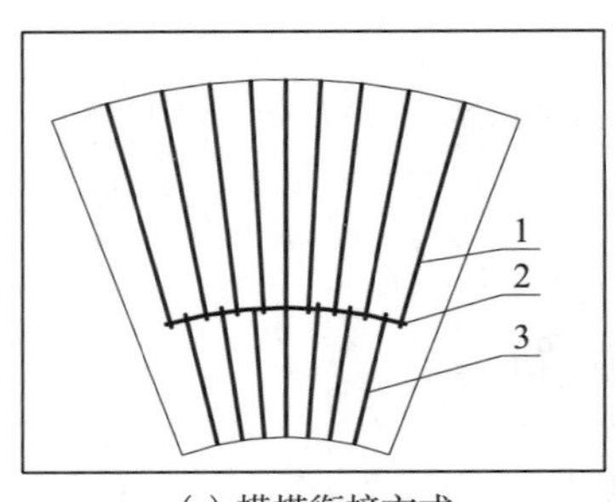

(a) 横搭衔接方式

1-大端加载药条；2-横搭药条；
3-小端加载药条

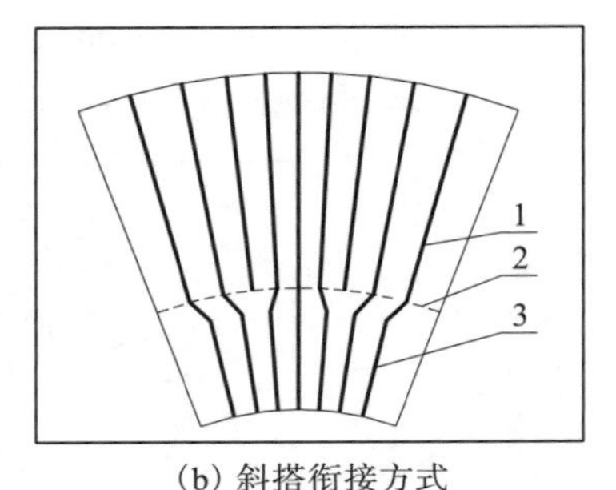

(b) 斜搭衔接方式

1-大端加载药条；2-分段界面；
3-小端加载药条

图3-15 分段加载时的炸药条衔接方式

1. 横搭衔接方式

横搭衔接方式只适用于横向搭接后传爆性能较好的炸药条(即前面所说的炸药 I)，其优点是操作比较方便，缺点是横搭药条的爆炸会给实验件带来额外的载荷，从而造成一定的局部效应。因此，使用该方式时，分段界面宜选在实验件有加强筋的位置。

2. 斜搭衔接方式

斜搭衔接方式适用于前述两种炸药条。尽管操作有些不便(主要是炸药条需要弯曲，粘贴时不易控制)，但由于没有横搭药条，实验件不会受到额外的爆炸载荷。另外，采用该衔接方式时，炸药条的弯曲要尽量保持一定的弧度、避免产生死角，以免影响其传爆性能。

3.5.3　有关炸药条引爆、传爆的注意事项

多年的科研实验表明，在直通方式下，如果引爆药条之间不能保持一定的距离，尤其是存在交叉现象时，炸药条的传爆将受到较大的影响，传爆不完全的概率大大增加。

分析认为，这是由相邻炸药条爆轰的相互影响造成的，尤其是炸药条不等长时，先起爆的炸药条产生的爆炸冲击波会对尚未起爆的炸药条造成破坏，因此造成部分药条的熄爆。

以某批片炸药样品的引爆、传爆实验为例，5 条炸药条捆绑在雷管周围(靠近雷管的引爆药条距离较近，并存在一定的交叉现象)，在平板上进行实验，有 2 条未爆；同样是 5 条，采用引爆药片过渡，炸药条之间均匀地保持一定的距离，重复实验，完全传爆。

3.6　实 验 布 局

典型的实验布局如图 3-16 所示。实验时，采用柔性吊具将实验件悬吊在实验支架(如龙门架)上。在加载面一侧，将引爆药条汇集后与雷管连接(一般还要通过引爆药片过渡)，并固定在雷管座上。测试电缆从另一侧上端引出。为了便于高速摄影判读，在高速相机另一侧布置背景板。如果还需要激光测速(其用途将在 3.7.2 中介绍)，激光测速装置布置在加载面的另一侧，并保持在实验件的运动平面内，激光束保持水平。

关于实验布局，需要强调以下几点：

(1) 实验支架及吊环应有足够的刚性，以确保实验件受载运动期间悬挂点保持

静止。

(2) 悬挂实验件的绳索应有足够的柔性且不易伸长，以确保实验件自由响应且运动过程易于建模分析。

(3) 高速摄影系统的光轴应垂直于实验件运动平面并保持水平，激光测速系统光轴应在实验件运动平面内并保持水平，高度过实验件质心。

(4) 地面应具有一定刚度，以确保高速摄影、激光测速系统在爆炸载荷下自身的稳定性。

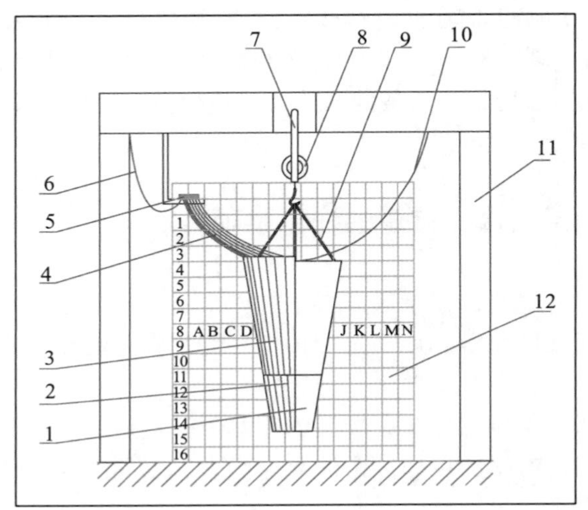

图 3-16　炸药条加载实验布局示意图

1-实验件；2-缓冲层；3-加载药条；4-引爆药条；5-雷管；6-引爆电缆；7-承重吊环；8-吊葫芦；9-悬吊软绳；10-测试电缆；11-实验支架；12-背景板

3.7　加载总冲量校核

由前面的介绍可知，炸药条加载的载荷是根据片炸药的比冲量参数设计出来的，那么如何验证或确定实际加载载荷的大小呢？这就需要通过对测量数据的计算分析得到实际加载的总冲量(或对应于余弦分布载荷的比冲量峰值 I_0)。这项工作称为加载总冲量校核。

根据测量方法和参数的不同，总冲量校核的方法分为两类，分别是基于高速摄影的校核方法和基于激光测速的校核方法，以下分别介绍。

3.7.1　基于高速摄影的校核方法

该方法主要是根据高速摄影图片判读实验件的刚体运动参数，通过刚体运动分析计算实际加载的总冲量。根据校核所用特征参数的不同，又分为两种：一种以实验件质心升高为特征量，另一种以实验件摆角为特征量。有关高速摄影及其数据处理方法，将在第 8 章作专门介绍，这里只介绍相关计算分析方法。

实验件悬挂、运动及其参数定义如图 3-17 所示。

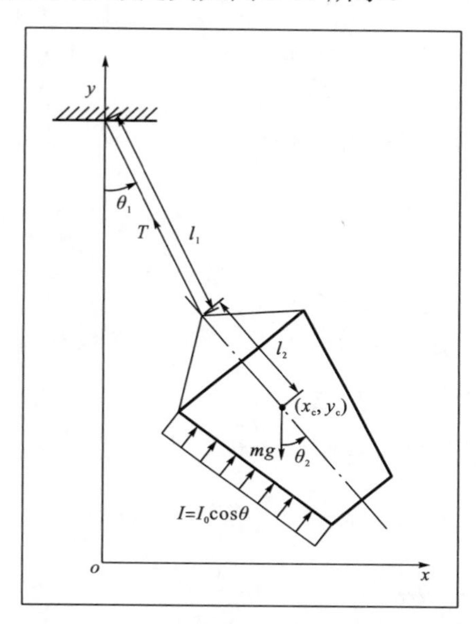

图 3-17　实验件悬挂、运动及其参数定义示意图

根据前面对实验方法的介绍，具有圆锥壳外形的实验件用柔绳悬挂，表面受到由炸药条产生的、近似呈余弦分布的比冲量载荷。根据载荷和实验件结构的对称性，壳体在受载荷作用后，将在 xoy 平面内做刚体平面运动，并假设在冲量载荷作用过程中，柔绳不伸长，且保持拉力 $T>0$ 。这样，实验件在受冲击载荷作用后，将获得水平方向的初始速度和绕质心的初始角速度，然后在 xoy 平面内继续做平面运动。下面阐述此过程的计算分析方法。

1. 以实验件质心升高为特征量的校核方法

根据图 3-17，并参见图 3-1，可以计算作用在实验件表面的比冲量载荷沿 xoy 平面内水平方向(即 x 轴方向)的总冲量为

$$
\begin{aligned}
I_x &= 2\int_0^{l_0}\int_0^{\frac{\pi}{2}} I_0\cos\theta\cos\alpha\cos\theta\left(R-l\sin\alpha\right)\mathrm{d}\theta\mathrm{d}l \\
&= 2I_0\cos\alpha\int_0^{l_0}\left(R-l\sin\alpha\right)\mathrm{d}l\int_0^{\frac{\pi}{2}}\frac{1+\cos 2\theta}{2}\mathrm{d}\theta \\
&= \frac{\pi}{2}I_0\cos\alpha\left(Rl_0-\frac{l_0^2}{2}\sin\alpha\right)
\end{aligned}
\tag{3-19}
$$

式中，R 为圆锥壳大端半径；α 为圆锥壳半锥角；I_0为比冲量峰值；l_0为圆锥壳母线长；l 为积分微元离大端沿母线方向的长度。

实验件在冲量载荷 I_x 作用下，将获得水平方向的速度和绕质心的角速度。根据动量定理及冲量作用原理可得

$$mv_{cx}=I_x=\frac{\pi}{2}I_0\cos\alpha\left(Rl_0-\frac{l_0^2}{2}\sin\alpha\right) \tag{3-20}$$

$$v_{cx}=\frac{\pi}{2m}I_0\cos\alpha\left(Rl_0-\frac{l_0^2}{2}\sin\alpha\right)=c_1I_0 \tag{3-21}$$

式中

$$c_1=\frac{\pi}{2m}\cos\alpha\left(Rl_0-\frac{l_0^2}{2}\sin\alpha\right) \tag{3-22}$$

v_{cx}为圆锥壳质心受冲量载荷作用后沿水平方向的速度；m 为实验件的质量。

载荷对质心的冲量矩为

$$\begin{aligned}\Sigma_c&=-2\int_0^{l_0}\int_0^{\frac{\pi}{2}}I_0\cos^2\theta\sin\alpha(R-l\sin\alpha)(R-l\sin\alpha)\mathrm{d}\theta\mathrm{d}l\\&\quad-2\int_0^{l_0}\int_0^{\frac{\pi}{2}}I_0\cos^2\varphi\cos\alpha(R-l\sin\alpha)(l_c-l\cos\alpha)\mathrm{d}\theta\mathrm{d}l\\&=\frac{\pi I_0}{4}\left[\left(\frac{3}{2}R-\frac{R}{2}\cos2\alpha+\frac{l_c}{2}\sin2\alpha\right)l_0^2-\frac{2}{3}l_0^3\sin\alpha-2\left(R^2\sin\alpha+Rl_c\cos\alpha\right)l_0\right]\end{aligned} \tag{3-23}$$

式中，l_c为实验件质心距圆锥壳上端(大端)面的距离。

由刚体平面运动的冲量定理可得

$$J\omega_c=\Sigma_c \tag{3-24}$$

式中，J 为圆锥壳对质心的转动惯量；ω_c为圆锥壳受冲量载荷作用后绕质心转动的初始角速度。

根据式(3-23)和式(3-24)，有

$$\begin{aligned}\omega_c=\frac{\pi I_0}{4J}&\left[\left(\frac{3}{2}R-\frac{R}{2}\cos2\alpha+\frac{l_c}{2}\sin2\alpha\right)l_0^2\right.\\&\left.-\frac{2}{3}l_0^3\sin\alpha-2\left(R^2\sin\alpha+Rl_c\cos\alpha\right)l_0\right]=c_2I_0\end{aligned} \tag{3-25}$$

式中

$$\begin{aligned}c_2=\frac{\pi}{4J}&\left[\left(\frac{3}{2}R-\frac{R}{2}\cos2\alpha+\frac{l_c}{2}\sin2\alpha\right)l_0^2\right.\\&\left.-\frac{2}{3}l_0^3\sin\alpha-2\left(R^2\sin\alpha+Rl_c\cos\alpha\right)l_0\right]\end{aligned} \tag{3-26}$$

忽略质心运动到最高处时的转动动能，根据机械能守恒定律有

$$\frac{1}{2}mv_{cx}^2+\frac{1}{2}J\omega_c^2\approx mg\Delta h \tag{3-27}$$

式中，Δh 为实验件在运动过程中质心的最大升高值。

将式(3-21)和式(3-25)代入式(3-27)中得

$$\frac{1}{2}mc_1^2I_0^2+\frac{1}{2}Jc_2^2I_0^2\approx mg\Delta h \tag{3-28}$$

求解式(3-28)可得

$$I_0\approx\frac{\sqrt{2mg\Delta h}}{\sqrt{mc_1^2+Jc_2^2}} \tag{3-29}$$

由式(3-29)可知，只要测得质心的最大升高量 Δh，就可以计算出加载比冲量峰值 I_0。

上述校核方法只需要测量一个运动参数，即质心最大升高量 Δh，其余参数都是与实验件尺寸等相关的固定参数，应用比较方便。但在应用中，又逐渐认识到上述方法存在以下两个问题：一是实验件质心最大升高量一般较小，很多情况下在 10mm 左右，通过高速摄影图片判读的误差较大；二是忽略实验件质心升至最高时的转动动能会带来一定的系统误差，也就是说，式(3-27)左边两项不能同时全部转化为重力势能，故不完全成立。

为此，后来又建立了以实验件摆角为特征量的校核方法，详见后面的叙述。

2. 以实验件摆角为特征量的校核方法

与前文叙述相同，根据实验件的悬吊特点，实验件在冲击载荷作用下，将获得质心初始平动速度和绕质心的初始角速度，并以此初始速度做刚体平面运动。由于受柔绳的拉力作用限制，在不考虑柔绳伸长的情况下，运动只有两个自由度，采用图 3-17 中的 θ_1 和 θ_2 即可描述实验件的刚体运动。

由图 3-17 易知，存在以下几何关系：

$$x_c=l_1\sin\theta_1+l_2\sin\theta_2 \tag{3-30}$$

$$y_c=l_1+l_2-l_1\cos\theta_1-l_2\cos\theta_2 \tag{3-31}$$

根据式(3-30)和式(3-31)可导出质心速度 $\dot{x}_c$、$\dot{y}_c$ 和变量 θ_1、θ_2，角速度 $\dot{\theta}_1$、$\dot{\theta}_2$ 有如下关系：

$$\dot{x}_c=l_1\dot{\theta}_1\cos\theta_1+l_2\dot{\theta}_2\cos\theta_2 \tag{3-32}$$

$$\dot{y}_c=l_1\dot{\theta}_1\sin\theta_1+l_2\dot{\theta}_2\sin\theta_2 \tag{3-33}$$

根据式(3-32)和式(3-33)可导出质心加速度 $\ddot{x}_c$、$\ddot{y}_c$ 与变量 θ_1、θ_2，角速度 $\dot{\theta}_1$、$\dot{\theta}_2$，以及角加速度 $\ddot{\theta}_1$、$\ddot{\theta}_2$ 有如下关系：

$$\ddot{x}_c=l_1\ddot{\theta}_1\cos\theta_1-l_1\dot{\theta}_1^2\sin\theta_1+l_2\ddot{\theta}_2\cos\theta_2-l_2\dot{\theta}_2^2\sin\theta_2 \tag{3-34}$$

$$\ddot{y}_c = l_1\ddot{\theta}_1 \sin\theta_1 - l_1\dot{\theta}_1^2 \cos\theta_1 + l_2\ddot{\theta}_2 \sin\theta_2 - l_2\dot{\theta}_2^2 \cos\theta_2 \tag{3-35}$$

根据刚体平面运动的动量及动量矩定理有如下运动微分方程：

$$m\ddot{x}_c = -T\sin\theta_1 \tag{3-36}$$

$$m\ddot{y}_c = T\cos\theta_1 - mg \tag{3-37}$$

$$J\ddot{\theta}_2 = Tl_2 \sin(\theta_1 - \theta_2) \tag{3-38}$$

由式(3-37)可得

$$T = \frac{m\ddot{y}_c + mg}{\cos\theta_1} \tag{3-39}$$

将式(3-39)代入式(3-36)和式(3-38)有

$$\ddot{x}_c \cos\theta_1 + \ddot{y}_c \sin\theta_1 + g\sin\theta_1 = 0 \tag{3-40}$$

$$\frac{J}{ml_2}\ddot{\theta}_2 \cos\theta_1 + \ddot{y}_c \sin(\theta_2 - \theta_1) + g\sin(\theta_2 - \theta_1) = 0 \tag{3-41}$$

将式(3-34)和式(3-35)代入式(3-40)和式(3-41)有

$$l_1\ddot{\theta}_1 + l_2\ddot{\theta}_2 \cos(\theta_1 - \theta_2) + l_2\dot{\theta}_2^2 \cos(\theta_1 - \theta_2) + g\sin\theta_1 = 0 \tag{3-42}$$

$$\begin{aligned} &l_1\ddot{\theta}_1 \sin\theta_1 \sin(\theta_2 - \theta_1) + \left[\frac{J}{ml_2}\cos\theta_1 + l_2 \sin\theta_2 \sin(\theta_2 - \theta_1)\right]\ddot{\theta}_2 \\ &+ \left(l_1\dot{\theta}_1^2 \cos\theta_1 + l_2\dot{\theta}_2^2 \cos\theta_2 + g\right)\sin(\theta_2 - \theta_1) = 0 \end{aligned} \tag{3-43}$$

对于式(3-42)和式(3-43)，令

$$a_1 = l_1 \tag{3-44a}$$

$$a_2 = l_2 \cos(\theta_1 - \theta_2) \tag{3-44b}$$

$$a_3 = l_2 \sin(\theta_1 - \theta_2)\dot{\theta}_2^2 + g\sin\theta_1 \tag{3-44c}$$

$$b_1 = l_1 \sin\theta_1 \sin(\theta_2 - \theta_1) \tag{3-44d}$$

$$b_2 = \frac{J}{ml_2}\cos\theta_1 + l_2 \sin\theta_2 \sin(\theta_2 - \theta_1) \tag{3-44e}$$

$$b_3 = \left(l_1\dot{\theta}_1^2 \cos\theta_1 + l_2\dot{\theta}_2^2 \cos\theta_2 + g\right)\sin(\theta_2 - \theta_1) \tag{3-44f}$$

可得

$$a_1\ddot{\theta}_1 + a_2\ddot{\theta}_1 + a_3 = 0 \tag{3-45}$$

$$b_1\ddot{\theta}_1 + b_2\ddot{\theta}_2 + b_3 = 0 \tag{3-46}$$

解式(3-45)和式(3-46)可得

$$\ddot{\theta}_1 = \frac{a_2 b_3 - a_3 b_2}{a_1 b_2 - a_2 b_1} \tag{3-47}$$

$$\ddot{\theta}_2 = \frac{-a_1 b_3 + a_3 b_1}{a_1 b_2 - a_2 b_1} \tag{3-48}$$

令 $x_1 = \theta_1$， $x_2 = \theta_2$， $x_3 = \dot{\theta}_1$， $x_4 = \dot{\theta}_2$， a_1、a_2、a_3、b_1、b_2、b_3 可写成如下

表达式：

$$a_1 = l_1 \tag{3-49a}$$

$$a_2 = l_2 \cos(x_1 - x_2) \tag{3-49b}$$

$$a_3 = l_2 \sin(x_1 - x_2) x_4^2 + g \sin x_1 \tag{3-49c}$$

$$b_1 = l_1 \sin x_1 \sin(x_2 - x_1) \tag{3-49d}$$

$$b_2 = \frac{J}{m l_2} \cos x_1 + l_2 \sin x_2 \sin(x_2 - x_1) \tag{3-49e}$$

$$b_3 = \left(l_1 x_3^2 \cos x_1 + l_2 x_4^2 \cos x_2 + g\right) \sin(x_2 - x_1) \tag{3-49f}$$

因此式(3-47)和式(3-48)可写成如下一阶微分方程组：

$$\begin{cases} \dfrac{\mathrm{d}x_1}{\mathrm{d}t} = x_3 \\ \dfrac{\mathrm{d}x_2}{\mathrm{d}t} = x_4 \\ \dfrac{\mathrm{d}x_3}{\mathrm{d}t} = \dfrac{a_2 b_3 - a_3 b_2}{a_1 b_2 - a_2 b_1} \\ \dfrac{\mathrm{d}x_4}{\mathrm{d}t} = \dfrac{-a_1 b_3 + a_3 b_1}{a_1 b_2 - a_2 b_1} \end{cases} \tag{3-50}$$

现讨论微分方程组(3-50)的定解初始条件：

$$\begin{cases} x_1(0) = 0 \\ x_2(0) = 0 \\ x_3(0) = \omega_1 \\ x_4(0) = \omega_2 \end{cases} \tag{3-51}$$

式中，ω_2 事实上为实验件绕质心的初始角速度，即

$$\omega_2 = \omega_{\mathrm{c}} \tag{3-52}$$

由式(3-25)可以计算得到 ω_{c}。以下计算 ω_1，由式(3-32)与式(3-51)可得

$$\omega_1 = \frac{v_{\mathrm{c}x} - l_2 \omega_2}{l_1} \tag{3-53}$$

式中，$v_{\mathrm{c}x}$ 由式(3-21)计算。

式(3-50)及其定解初始条件式(3-51)描述了实验件的运动，只要求得该方程组的解便可知实验件的运动情况，即 θ_1、θ_2 随时间的变化过程。但由于式(3-50)是一个非线性微分方程组，可以采用龙格-库塔法等数值方法求解。

以上推导是在加载比冲量峰值已知的前提下求解方程组，以获得实验件的运动情况，是一个正问题；而这里讨论的是，已知实验件的运动情况，求实际加载的比冲量峰值，是一个反问题。对此，可以采用简单的二分逼近等优化方法，根据实验件的最大摆角，反求加载比冲量峰值。

3.7.2 基于激光测速的校核方法

由前面的推导可见，以上基于高速摄影的两种校核方法都具有一定的复杂性，推导中的假设条件较多，计算中需要的参数也较多，应用都不够方便。为此，通过摸索，又建立了一种更加简单的校核方法[9]，以下进行介绍。

利用前面的推导，根据式(3-20)容易得到

$$I_0 = \frac{4m}{\pi(2Rl_0 - l_0^2 \sin\alpha)\cos\alpha} v_{cx} \tag{3-54}$$

容易发现，对于结构外形参数一定的实验件，其质心的初始平动速度与加载的比冲量峰值成正比。因此只要测得质心初始平动速度，就可计算出实际加载的比冲量峰值。

实验中，直接测量质心的初始平动速度比较困难，因此可采用单点激光测振仪测量实验件加载背面质心高度处的平动速度时间历程曲线，从中提取实验件的刚体平动初速，即可得到实际加载的比冲量峰值。激光测速及其数据处理方法将在第8章介绍。

3.8 实验结果应用与结构响应规律小结

关于本章介绍的炸药条加载模拟实验技术，在后续章节中会陆续穿插一些实例方面的内容，因此这里不再具体介绍应用实例。以下简单讨论对实验结果的应用，并简要介绍从大量实验研究中总结的结构响应规律。

3.8.1 实验结果的应用

总体来说，炸药条加载实验的目的有以下几种：一是研究结构响应规律，为理论分析和数值计算方法与模型的校核提供实验依据；二是验证或考核航天结构抗X射线结构响应的能力，为改进设计提供实验依据；三是通过实验测量结构内部相关重要部组件的冲击环境，为其单独验证或考核提供环境条件。

对于第一种目的，一般将实验结果(主要为应变、位移等时间历程曲线)与计算结果进行对比，分析存在的差异和原因，修正计算方法和模型，或反求某些无法采用理论或实验手段得到的参数等。这里需要注意的是，炸药条加载的载荷并不是真实强脉冲X射线产生的余弦载荷，在空间分布和时域分布上都存在一定的差异。因此在计算中，最好是施加炸药条载荷，待计算方法和模型得到修正和验证后再改为真实的X射线载荷。此时的计算结果才是真实X射线载荷作用下的结构响应，才能用于评估结构的抗X射线结构响应能力。关于炸药条加载实验的数

值模拟方法将在第 4 章作系统介绍。

对于第二种目的，一般利用实验件的结构响应测试结果、分解检查结果、功能检测结果等，通过综合分析评估结构的抗 X 射线结构响应能力。同样需要注意，因为实验载荷与真实载荷的差异，评估时需要考虑一定的裕量。

对于第三种目的，一般需要测量重要部组件安装位置附近的加速度响应曲线，通过分析得到其环境条件。对于冲击环境条件，一般采用冲击响应谱进行描述，并通过统计分析，对曲线进行规范化并考虑适当的裕量。关于加速度测试及其冲击响应谱的分析方法，将在第 8 章作详细介绍。

3.8.2　结构响应规律小结

本书作者及所在团队长期从事 X 射线结构响应模拟实验研究，通过总结分析，对实验件在模拟 X 射线脉冲载荷下的结构响应规律有了一定的认识，以下作简要介绍。

(1) 圆柱壳、圆锥壳(以下简称壳体)上的应变响应峰值总体上大于内部结构，这与冲击响应衰减的普遍规律是吻合的。

(2) 在壳体的加载面，内部 0° 母线上应变峰值最大，并沿环向远离 0° 线的方向应变峰值逐渐变小。

(3) 壳体上同一测点环向应变峰值大于母线方向(或称母向)应变峰值，且环向应变以压(负)应变为主，母向应变以拉(正)应变为主。

(4) 壳体上关于 0° 线对称测点的应变时间历程曲线呈现出相同的振荡衰减规律，一般具有较好的对称性。

(5) 壳体应变响应峰值沿轴向具有大端大于小端的规律，最大应变峰值一般出现在大端内部 0° 线上(环向)。

(6) 从加速度响应测试结果来看，总体上壳体上测点的径向加速度响应峰值大于母向。

(7) 从位移响应测试结果来看，内部结构与壳体间的位移，总体频率较低，对称测点的位移响应时间历程曲线反向后吻合较好，这意味着内部结构的运动具有良好的对称性。

参 考 文 献

[1] 邓宏见, 肖宏伟, 何荣建, 等. 片炸药爆炸加载下壳体结构响应研究//第八届全国爆炸力学学术会议论文集, 2007: 206-212.

[2] 王道荣, 刘佳琪, 汤文辉, 等. 强脉冲 X 光热−力学效应研究方法概论. 北京：中国宇航出版社, 2013.

[3] 周南, 乔登江. 脉冲束辐照材料动力学. 北京：国防工业出版社, 2002.

[4] 乔登江. 脉冲 X 射线热-力学效应及加固技术基础. 北京：国防工业出版社, 2012.

[5] Benham R A, Jr Bickes R W, Grubelich M C, et al. LDRD summary report. Part I: Initiation studies of thin film explosives used for scabbling concrete. Part II: Investigation of spray techniques for use in explosive scabbing of concrete. SAND-96-2470, 1996.

[6] 孙业斌, 惠君明, 曹欣茂. 军用混合炸药. 北京: 兵器工业出版社, 1995.

[7] 周睿, 冯顺山, 吴成. 条形装药接触爆炸对金属靶板作用的断裂效应. 北京理工大学学报, 2001, 21(4): 405-409.

[8] 王军评, 毛勇建, 杨琪, 等. 一种改进的冲量测试装置及其数据处理方法. 实验力学, 2017, 32(1): 101-106.

[9] 毛勇建, 李春枝, 王懋礼, 等. 激光多普勒测振仪在炸药加载冲量测量中的应用. 实验力学, 2005, 20(增刊): 114-118.

第 4 章　炸药条加载实验的数值模拟方法

第 3 章从实验实施层面系统介绍了炸药条加载模拟实验技术，其中也引出了一些问题。

第一个问题是，利用实验结果进行数值模型修正时，计算中需要考虑真实的炸药条载荷，这样才是“炸药条载荷”计算结果和“炸药条载荷”实验结果相比较；否则，如果采用真实的“X 射线余弦载荷”计算，与“炸药条载荷”实验结果相比，就会影响数值模型的修正效果。因此，从这个角度讲，对炸药条加载实验的数值模拟是很有必要的。

第二个问题是，炸药条载荷与 X 射线余弦载荷在空间分布和时域分布两个方面都具有一定的差异，那么这种差异有多大，对结构响应的影响又有多大？这就涉及炸药条加载模拟实验的等效性问题，将在后面章节中讨论。由于实验手段有限(没有真实的 X 射线环境)，对这个问题的研究需要通过数值模拟手段，对炸药条载荷、X 射线余弦载荷作用下的结构响应进行比较分析，研究炸药条加载模拟 X 射线结构响应的等效性及其受各种因素的影响。

综合以上两个问题的研究需求，对炸药条加载实验的数值模拟是十分必要的。本章在介绍爆炸与冲击问题通用数值模拟方法的基础上，有针对性地介绍在长期科研实践中形成的一些特殊的数值模拟方法。

4.1　爆炸与冲击问题数值模拟的基本方法

根据炸药条加载实验的爆炸冲击动力学问题特点，其数值模拟宜采用 Lagrange 型的显式动力方法，在流固耦合处理过程中可引入任意拉格朗日-欧拉(arbitrary Lagrangian-Eulerian，ALE)方法。

本节主要以 Lagrange 方法为基础，简要介绍爆炸与冲击问题数值模拟的基本方法[1]。

4.1.1　控制方程组

1. 坐标描述

采用 Lagrange 方法描述，t 时刻物体构形为

$$x_i = x_i(X_j, t), \quad i, j = 1,2,3 \tag{4-1}$$

式中，x_i 为质点在固定笛卡儿坐标系(Cartesian coordinate)中的坐标；X_j 为质点的物质坐标。取 $t = 0$ 时刻物体的构形为参考构形，则有如下初始条件：

$$x_i(X_j, 0) = X_i \tag{4-2}$$

$$\dot{x}_i(X_j, 0) = v_i(X_j) \tag{4-3}$$

式中，v_i 为质点 X_j 的初始速度。

2. 动量方程

动量方程为

$$\sigma_{ij,j} + \rho f_i = \rho \ddot{x}_i \tag{4-4}$$

式中，σ_{ij} 为 Cauchy 应力，$\sigma_{ij,j}$ 表示应力分量对 j 的偏导数；ρ 为当前密度；f_i 为单位质量体积力；$\ddot{x}_i$ 为质点加速度。

动量方程要满足面力边界条件、位移边界条件和间断接触交界面条件。

在面力边界 S_1 上满足：

$$\sigma_{ij} n_j = t_i(t) \tag{4-5}$$

式中，$n_j (j = 1,2,3)$ 为边界外法线方向余弦；t_i 为面力载荷。

在位移约束边界 S_2 上满足：

$$x_i(X_j, t) = D_i(t) \tag{4-6}$$

式中，$D_i(t)$ 为位移约束。

在间断接触交界面 S_3 上满足：

$$(\sigma_{ij}^{+} - \sigma_{ij}^{-}) n_j = 0 \tag{4-7}$$

3. 质量守恒方程

质量守恒方程为

$$\rho V = \rho_0 \tag{4-8}$$

式中，ρ_0 为初始密度；$V = |F_{ij}|$ 为相对体积变形，$F_{ij} = \dfrac{\partial x_i}{\partial X_j}$ 为变形梯度。

4. 能量方程

能量方程为

$$\dot{E} = V S_{ij} \dot{\varepsilon}_{ij} - (p + q)\dot{V} \tag{4-9}$$

$$S_{ij} = \sigma_{ij} + (p + q)\delta_{ij} \tag{4-10}$$

$$p = -\frac{1}{3}\delta_{kk} - q \tag{4-11}$$

式中，V 为现时构形体积；$\dot{\varepsilon}_{ij}$ 为应变率张量；q 为体积黏性；S_{ij} 为偏应力；p 为压力；δ_{ij} 为 Kronecker 符号(当 $i = j$ 时，$\delta_{ij} = 1$，否则 $\delta_{ij} = 0$)。

5. 虚功方程

守恒方程的弱解形式为

$$\int_V (\rho\ddot{x}_i - \sigma_{ij,j} - \rho f_i)\delta x_i \mathrm{d}V + \int_{S_1}(\sigma_{ij}n_j - t_i)\delta x_i \mathrm{d}S + \int_{S_3}(\sigma_{ij}^{+} - \sigma_{ij}^{-})n_j \delta x_i \mathrm{d}S = 0 \tag{4-12}$$

式中，V 为现时构形体积；δx_i 为虚位移（δ 表示微小变化），其在约束边界上满足位移边界条件。

由散度定理：

$$\int_V (\sigma_{ij}\delta x_i)_{,j} \mathrm{d}V = \int_{S_1} \sigma_{ij} n_j \delta x_i \mathrm{d}S + \int_{S_3}(\sigma_{ij}^{+} - \sigma_{ij}^{-})n_j \delta x_i \mathrm{d}S = 0 \tag{4-13}$$

及 $(\sigma_{ij}\delta x_i)_{,j} - \sigma_{ij,j}\delta x_i = \sigma_{ij}\delta x_{i,j}$ 得到如下虚功方程：

$$\delta\Pi = \int_V \rho\ddot{x}_i \delta x_i \mathrm{d}V + \int_V \sigma_{ij}\delta x_{i,j}\mathrm{d}V - \int_V \rho f_i \delta x_i \mathrm{d}V - \int_{S_1} t_i \delta x_i \mathrm{d}S = 0 \tag{4-14}$$

式中，$\delta\Pi$ 表示虚功。

6. 应力应变描述

在参考坐标系中，应变状态通常用 Green 应变 E_{ij} 来度量；在现时坐标系中，则一般用 Almansi 应变 e_{ij} 来度量。

E_{ij} 和 e_{ij} 可由变形梯度计算得到：

$$E_{ij} = \frac{1}{2}\left(\frac{\partial x_k \partial x_k}{\partial X_i \partial X_j} - \delta_{ij}\right) \tag{4-15a}$$

$$e_{ij} = \frac{1}{2}\left(\delta_{ij} - \frac{\partial X_k \partial X_k}{\partial x_i \partial x_j}\right) \tag{4-15b}$$

考虑到

$$\mathrm{d}x_i = \left(\delta_{ij} + \frac{\partial u_i}{\partial X_j}\right)\mathrm{d}X_j \tag{4-16a}$$

$$\mathrm{d}X_j = \left(\delta_{ij} - \frac{\partial u_i}{\partial x_j}\right)\mathrm{d}x_j \tag{4-16b}$$

容易得到

$$E_{ij}=\frac{1}{2}\left(\frac{\partial u_i}{\partial X_j}+\frac{\partial u_j}{\partial X_i}+\frac{\partial u_k\partial u_k}{\partial X_i\partial X_j}\right) \tag{4-17a}$$

$$e_{ij}=\frac{1}{2}\left(\frac{\partial u_i}{\partial X_j}+\frac{\partial u_j}{\partial x_i}-\frac{\partial u_k\partial u_k}{\partial X_i\partial X_j}\right) \tag{4-17b}$$

小变形时，忽略二阶小量，并认为 $x_i = X_i$，则

$$E_{ij}=e_{ij}=\frac{1}{2}\left(\frac{\partial u_i}{\partial X_j}+\frac{\partial u_j}{\partial X_i}\right) \tag{4-18}$$

与应变对应，应力也有两种描述形式。在参考系中，采用第二种 Piola-Kischoff 应力张量 T_{ij} 来度量；而在现时构形中采用 Cauchy 应力张量 σ_{ij} 来度量。

这两种应力度量的直接关系为

$$\sigma_{ij}=\frac{\rho\partial x_i\partial x_j}{\rho_0\partial X_k\partial X_m}T_{km} \tag{4-19a}$$

$$T_{ij}=\frac{\rho_0\partial X_i\partial X_j}{\rho\partial x_k\partial x_m}\sigma_{km} \tag{4-19b}$$

7. 材料模型与状态方程

材料模型一般是指本构方程或本构模型，简单地说，就是应力(应力率)和应变(应变率)这两种物理量之间的关系式。本构方程的一般形式可表示为

$$\sigma_{ij}=f_{ij}(\varepsilon_{ij},\dot{\varepsilon}_{ij},\alpha,\beta,\cdots) \tag{4-20}$$

式中，σ_{ij}、ε_{ij}、$\dot{\varepsilon}_{ij}$ 分别为应力张量、应变张量、应变率张量的分量；f_{ij} 一般为二阶对称张量的分量；α、β 分别表征变形历史和温度变化的历史。对于弹塑性材料，应力 σ_{ij} 可以比较准确地用上述 4 种物理量来描述，而对于像 Reiner-Rivlin 流体这样的介质，上述应力 σ_{ij} 还应该是介质密度和状态的函数。

状态方程主要用来描述各种复杂物理现象中材料的体积变形行为。不同介质的状态方程是不同的，即使是同一种介质，在不同的温度、压力和加载条件下其状态方程也是不同的。一般情况下，状态方程用压力与其他参数之间的函数关系式来表达，其一般形式可写为

$$P=f(V,T,\rho,E,\cdots) \tag{4-21}$$

式中，P 为压力；V 为体积；T 为温度；ρ 为密度；E 为内能。

4.1.2 空间有限元离散

以八节点六面体实体单元为例，单元内任一点的固定坐标可表示为

$$x_i(X_j,t)=x_i\left[X_j(\xi,\eta,\zeta),t\right]=\sum_{k=1}^{8}\varphi_k(\xi,\eta,\zeta)x_i^k(t) \tag{4-22}$$

式中，ξ、η、ζ 为自然坐标；$x_i^k(t)$ 表示 t 时刻第 k 个节点 i 方向的坐标；φ_k 为形函数。

若各节点的自然坐标 (ξ,η,ζ) 分别为 1(−1, −1, −1)、2(1, −1, −1)、3(1,1, −1)、4(−1,1, −1)、5(−1, −1,1)、6(1, −1,1)、7(1,1,1)、8(−1,1,1)，则形函数为

$$\varphi_k=\frac{1}{8}(1+\xi\xi_k)(1+\eta\eta_k)(1+\zeta\zeta_k) \tag{4-23}$$

设整个构形离散化为 N 个单元，近似地，

$$\delta\Pi=\sum_{m=1}^{N}\delta\Pi_m=0 \tag{4-24}$$

从而有

$$\sum_{m=1}^{N}\left(\int_{V_m}\rho\ddot{x}_i\varphi_i^m\mathrm{d}V+\int_{V_m}\sigma_{ij}^m\varphi_{ij}^m\mathrm{d}V-\int_{V_m}\rho f_i\varphi_i^m\mathrm{d}V-\int_{S_1^m}t_i\varphi_i^m\mathrm{d}S\right)=0 \tag{4-25}$$

式中，$\varphi_i^m=(\varphi_1,\varphi_2,\cdots,\varphi_8)_i^m$。式(4-25)写成矩阵形式为

$$\sum_{m=1}^{N}\left(\int_{V_m}\rho\boldsymbol{N}^{\mathrm{T}}\boldsymbol{N}\mathrm{d}V\boldsymbol{a}+\int_{V_m}\boldsymbol{B}^{\mathrm{T}}\boldsymbol{\sigma}\mathrm{d}V-\int_{V_m}\rho\boldsymbol{N}^{\mathrm{T}}\boldsymbol{b}\mathrm{d}V-\int_{S_1^m}\boldsymbol{N}^{\mathrm{T}}\boldsymbol{t}\mathrm{d}S\right)=0 \tag{4-26}$$

其中，插值矩阵为

$$\left[N(\xi,\eta,\zeta)\right]=\begin{bmatrix}\varphi_1 & 0 & 0 & \cdots & \varphi_8 & 0 & 0\\ 0 & \varphi_1 & 0 & \cdots & 0 & \varphi_8 & 0\\ 0 & 0 & \varphi_1 & \cdots & 0 & 0 & \varphi_8\end{bmatrix}_{3\times24} \tag{4-27}$$

应力矢量为

$$\boldsymbol{\sigma}=(\sigma_{xx},\sigma_{yy},\sigma_{zz},\sigma_{xy},\sigma_{yz},\sigma_{zx})^{\mathrm{T}} \tag{4-28}$$

$\boldsymbol{B}$ 为 6×24 阶应变–位移矩阵：

$$\boldsymbol{B}=\begin{bmatrix}\varphi_{1,1}\\ \varphi_{2,2}\\ \varphi_{3,3}\\ \varphi_{1,2}\\ \varphi_{2,3}\\ \varphi_{3,1}\end{bmatrix}=\begin{bmatrix}\frac{\partial}{\partial x} & 0 & 0\\ 0 & \frac{\partial}{\partial y} & 0\\ 0 & 0 & \frac{\partial}{\partial z}\\ \frac{\partial}{\partial y} & \frac{\partial}{\partial x} & 0\\ 0 & \frac{\partial}{\partial z} & \frac{\partial}{\partial y}\\ \frac{\partial}{\partial z} & 0 & \frac{\partial}{\partial x}\end{bmatrix}\boldsymbol{N} \tag{4-29}$$

$\boldsymbol{a}$ 代表节点加速度，则

$$\begin{bmatrix} \ddot{x}_1 \\ \ddot{x}_2 \\ \ddot{x}_3 \end{bmatrix} = \boldsymbol{N} \begin{bmatrix} a_{x_1} \\ a_{y_1} \\ a_{z_1} \\ \vdots \\ a_{x_8} \\ a_{y_8} \\ a_{z_8} \end{bmatrix} = \boldsymbol{Na} \tag{4-30}$$

体积力和面力载荷分别为

$$\boldsymbol{b} = \begin{bmatrix} f_x \\ f_y \\ f_z \end{bmatrix}, \quad \boldsymbol{t} = \begin{bmatrix} t_x \\ t_y \\ t_z \end{bmatrix} \tag{4-31}$$

将单元质量矩阵 $\boldsymbol{m} = \int_{V_m} \rho \boldsymbol{N}^{\mathrm{T}} \boldsymbol{N} \mathrm{d}V$ 的同一行矩阵元素都合并到对角元素项，形成集中质量矩阵。经单元计算并组集后，可写为

$$\delta \boldsymbol{x}^{\mathrm{T}} \left[\boldsymbol{M}\ddot{\boldsymbol{x}}(t) + \boldsymbol{F}(\boldsymbol{x}, \dot{\boldsymbol{x}}) - \boldsymbol{P}(\boldsymbol{x}, t) \right] = 0 \tag{4-32}$$

或

$$\boldsymbol{M}\ddot{\boldsymbol{x}}(t) = \boldsymbol{P}(\boldsymbol{x}, t) - \boldsymbol{F}(\boldsymbol{x}, \dot{\boldsymbol{x}}) \tag{4-33}$$

式中，$\boldsymbol{M}$ 为总体质量矩阵；$\ddot{\boldsymbol{x}}$ 为总体节点加速度矢量；$\boldsymbol{P}$ 为总体载荷矢量，由节点载荷、面力、体力等构成；$\boldsymbol{F}$ 为单元应力场的等效节点矢量(组集而成)，即

$$\boldsymbol{F} = \sum \boldsymbol{B}^{\mathrm{T}} \boldsymbol{\sigma} \mathrm{d}V \tag{4-34}$$

4.1.3 高斯积分与沙漏问题

对定义在体积 V 上的函数 g 的积分，可以用 Gauss 积分求得

$$\int_V g \mathrm{d}V = \int_{-1}^{1} \int_{-1}^{1} \int_{-1}^{1} g |\boldsymbol{J}| \mathrm{d}\xi \mathrm{d}\eta \mathrm{d}\zeta = \sum_{j=1}^{n} \sum_{k=1}^{n} \sum_{l=1}^{n} g_{jkl} |\boldsymbol{J}|_{jkl} \omega_j \omega_k \omega_l \tag{4-35}$$

式中，$g_{jkl} = g(\xi_j, \eta_k, \zeta_l)$；$\omega_j$、$\omega_k$、$\omega_l$ 为权因子。

取 $n=1$，即为单点 Gauss 积分。此时有

$$\omega_j = \omega_k = \omega_l = 2 \tag{4-36a}$$

$$\xi_j = \eta_k = \zeta_l = 0 \tag{4-36b}$$

可得

$$\int_V g \mathrm{d}V = 8g(0,0,0) |\boldsymbol{J}(0,0,0)| \tag{4-37}$$

式中，$8|\boldsymbol{J}(0,0,0)|$ 约等于单元的体积。

采用单点 Gauss 积分可以大大节约 CPU 时间，但可能出现零能模式(zero energy mode)，也称沙漏(hourglassing)模式。

以四节点四边形单元为例，若 4 个节点的总体坐标(x_1,x_2)分别为$1(x_1^1,x_2^1)$、$2(x_1^2,x_2^2)$、$3(x_1^3,x_2^3)$、$4(x_1^4,x_2^4)$，等参元自然坐标(ξ,η)分别为 1(−1,−1)、2(1,−1)、3(1,1)、4(−1,1)，则单元内任一点的速度$\dot{x}_i(\xi,\eta,t)$可表示为

$$\dot{x}_i(\xi,\eta,t)=\sum_{k=1}^{4}\varphi_k(\xi,\eta)\dot{x}_i^k(t) \tag{4-38}$$

式中，形函数为

$$\varphi_k(\xi,\eta)=\frac{1}{4}(1+\xi_k\xi)(1+\eta_k\eta)=\frac{1}{4}(1+\xi_k\xi+\eta_k\eta+\xi_k\eta_k\xi\eta) \tag{4-39}$$

用$\dot{x}_i^k(t)$表示第k个节点沿x_i轴方向的速度分量，则有

$$\dot{x}_i^k(\xi,\eta,t)=\frac{1}{4}(\boldsymbol{\Sigma}^{\mathrm{T}}+\xi\boldsymbol{\Lambda}_1^{\mathrm{T}}+\eta\boldsymbol{\Lambda}_2^{\mathrm{T}}+\xi\eta\boldsymbol{\Gamma}^{\mathrm{T}})\begin{bmatrix}\dot{x}_i^1\\ \dot{x}_i^2\\ \dot{x}_i^3\\ \dot{x}_i^4\end{bmatrix} \tag{4-40}$$

式中

$$\boldsymbol{\Sigma}=(1,1,1,1)^{\mathrm{T}} \tag{4-41a}$$

$$\boldsymbol{\Lambda}_1=(-1,1,1,-1)^{\mathrm{T}} \tag{4-41b}$$

$$\boldsymbol{\Lambda}_2=(-1,-1,1,1)^{\mathrm{T}} \tag{4-41c}$$

$$\boldsymbol{\Gamma}=(1,-1,1,-1)^{\mathrm{T}} \tag{4-41d}$$

这 4 个矢量分别对应于刚体运动、拉应力、剪应变和弯曲 4 种变形模式。

在计算矩阵$\boldsymbol{B}$及应变率时，需要计算形函数在单元形心处的导数$\left.\dfrac{\partial\varphi_k}{\partial x_1}\right|_{\xi=\eta=0}$及$\left.\dfrac{\partial\varphi_k}{\partial x_2}\right|_{\xi=\eta=0}$，而

$$\begin{bmatrix}\dfrac{\partial\varphi_k}{\partial x_1}\\ \dfrac{\partial\varphi_k}{\partial x_2}\end{bmatrix}=[\boldsymbol{J}]^{-1}\begin{bmatrix}\dfrac{\partial\varphi_k}{\partial\xi}\\ \dfrac{\partial\varphi_k}{\partial\eta}\end{bmatrix} \tag{4-42}$$

因此在单元形心处，有

$$\left.\frac{\partial\varphi_k}{\partial\xi}\right|_{\xi=\eta=0}=\frac{\partial}{\partial\xi}\left.\left(\frac{1}{4}\boldsymbol{\Sigma}_k+\frac{1}{4}\xi\boldsymbol{\Lambda}_{1k}+\frac{1}{4}\eta\boldsymbol{\Lambda}_{2k}+\frac{1}{4}\xi\eta\boldsymbol{\Gamma}_k\right)\right|_{\xi=\eta=0}=\frac{1}{4}\boldsymbol{\Lambda}_{1k} \tag{4-43}$$

$$\left.\frac{\partial\varphi_k}{\partial\eta}\right|_{\xi=\eta=0}=\frac{\partial}{\partial\eta}\left.\left(\frac{1}{4}\boldsymbol{\Sigma}_k+\frac{1}{4}\xi\boldsymbol{\Lambda}_{1k}+\frac{1}{4}\eta\boldsymbol{\Lambda}_{2k}+\frac{1}{4}\xi\eta\boldsymbol{\Gamma}_k\right)\right|_{\xi=\eta=0}=\frac{1}{4}\boldsymbol{\Lambda}_{2k} \tag{4-44}$$

式中，$\boldsymbol{\Sigma}_k$、$\boldsymbol{\Lambda}_{1k}$、$\boldsymbol{\Lambda}_{2k}$、$\boldsymbol{\Gamma}_k$ 分别为矢量 $\boldsymbol{\Sigma}$、$\boldsymbol{\Lambda}_1$、$\boldsymbol{\Lambda}_2$、$\boldsymbol{\Gamma}$ 的分量。

由此可见，采用单点 Gauss 积分，$\xi\eta\boldsymbol{\Gamma}_k$ 项不能发挥作用，相应的变形能被“丢失”了，其结果是产生数值振荡，使计算不能正常进行下去。为此引入沙漏黏性阻力，达到控制“沙漏”的目的。

设 $\boldsymbol{\Gamma}_{jk}(j=1,2,3,4;k=1,2,\cdots,8)$ 为沙漏矢量：

$$\boldsymbol{\Gamma}_{jk}=\begin{bmatrix}1 & -1 & 1 & -1 & 1 & -1 & 1 & -1\\ 1 & 1 & -1 & -1 & -1 & -1 & 1 & 1\\ 1 & -1 & -1 & 1 & -1 & 1 & 1 & -1\\ 1 & -1 & 1 & -1 & -1 & 1 & -1 & 1\end{bmatrix}_{4\times 8} \tag{4-45}$$

则沙漏黏性阻力为

$$\boldsymbol{f}_{ik}=-a_h\sum_{j=1}^{4}h_{ij}\boldsymbol{\Gamma}_{jk},\quad i=1,2,3 \tag{4-46}$$

式中，$h_{ij}=\sum_{k=1}^{8}v_i^k\boldsymbol{\Gamma}_{jk}$ 为沙漏模量，v_i^k 是第 k 个节点在 i 方向上的速度；$a_h=\frac{1}{4}Q_{\text{hg}}\rho V_{\text{e}}^{2/3}c$，$V_{\text{e}}$ 为单元体积，c 为材料声速，$Q_{\text{hg}}=0.05\sim0.15$ 是常系数。

将各单元节点沙漏阻力集成总体结构沙漏黏性阻力 $\boldsymbol{H}$。此时，非线性运动方程组应改写为

$$\boldsymbol{M}\ddot{\boldsymbol{x}}(t)=\boldsymbol{P}^n(\boldsymbol{x},t)-\boldsymbol{F}^n(\boldsymbol{x},\dot{\boldsymbol{x}})+\boldsymbol{H} \tag{4-47}$$

式中，$\boldsymbol{M}$ 为对角质量矩阵；$\boldsymbol{P}^n$ 为外力及体积力载荷；$\boldsymbol{F}^n$ 为应力散度矢量。

由于沙漏模态与实际变形的其他基矢量是正交的，沙漏模态在计算中不断进行控制，沙漏黏性阻力做的功在总能量中可以忽略，沙漏黏性阻力的计算比较简单，所耗费的机时极少。

4.1.4 时间积分和时间步长控制

对于非线性运动方程组，其时间积分采用显式中心差分法，算式为

$$\ddot{\boldsymbol{x}}(t_n)=\boldsymbol{M}^{-1}[\boldsymbol{P}(t_n)-\boldsymbol{F}(t_n)+\boldsymbol{H}(t_n)] \tag{4-48a}$$

$$\dot{\boldsymbol{x}}(t_{n+1/2})=\dot{\boldsymbol{x}}(t_{n-1/2})+\frac{1}{2}(\Delta t_{n-1}+\Delta t_n)\ddot{\boldsymbol{x}}(t_n) \tag{4-48b}$$

$$\boldsymbol{x}(t_{n+1})=\dot{\boldsymbol{x}}(t_n)+\Delta t_n\dot{\boldsymbol{x}}(t_{n+1/2}) \tag{4-48c}$$

式中

$$t_{n-1/2}=\frac{1}{2}(t_n+t_{n-1}) \tag{4-49a}$$

$$t_{n+1/2}=\frac{1}{2}(t_{n+1}+t_n) \tag{4-49b}$$

$$\Delta t_{n-1} = t_n - t_{n-1} \tag{4-49c}$$

$$\Delta t_n = t_{n+1} - t_n \tag{4-49d}$$

$\ddot{\boldsymbol{x}}(t_n)$、$\dot{\boldsymbol{x}}(t_{n+1/2})$、$\boldsymbol{x}(t_{n+1})$ 分别是 t_n 时刻的节点加速度矢量、$t_{n+1/2}$ 时刻的节点速度矢量和 t_{n+1} 时刻的节点坐标矢量。

由于采用集中质量矩阵 $\boldsymbol{M}$，运动方程组的求解是非耦合的，不需要组集成总体矩阵，因此大大节省了存储空间和求解机时，但是显式中心差分法是有条件稳定的。在具体实践中采用变时步长增量解法。每一时刻的时间步长由当前构形的稳定性条件控制，其算法如下。

先计算每一个单元的极限时间步长 $\Delta t_{ei}(i=1,2,\cdots)$，即显式中心差分法稳定性条件允许的最大时间步长：

$$\Delta t_{ei} = \frac{0.9V_{ei}}{[Q+(Q^2+C^2)^{1/2}]A_{e\max}} \tag{4-50}$$

式中，$Q = Q_2 C + \dfrac{Q_1 V_{ei}|\dot{\varepsilon}_{kk}|}{A_{e\max}}$，$V_{ei}$ 是单元体积，$A_{e\max}$ 为单元最大侧面积。则下一时间步长 Δt 取其最小值，即

$$\Delta t = \min(\Delta t_{e1}, \Delta t_{e2}, \cdots, \Delta t_{ei}, \cdots, \Delta t_{em}) \tag{4-51}$$

式中，Δt_{ei} 为第 i 个单元的极限时间步长；m 为单元数目。

4.1.5　应力计算

应力计算按时间增量进行积分：

$$\sigma_{ij}(t+\mathrm{d}t) = \sigma_{ij}(t) + \dot{\sigma}_{ij}\mathrm{d}t \tag{4-52}$$

若不考虑体积黏性对应力张量的影响，则有

$$\dot{\sigma}_{ij} = \overset{\nabla}{\sigma}_{ij} + \sigma_{ik}\Omega_{kj}\sigma_{jk}\Omega_{ki} \tag{4-53}$$

式中，$\Omega_{ij} = \dfrac{1}{2}\left(\dfrac{\partial v_j}{\partial x_i} - \dfrac{\partial v_i}{\partial x_j}\right)$ 为旋转张量；$\overset{\nabla}{\sigma}_{ij} = C_{ijkl}\dot{\varepsilon}_{kl}$ 为 Jaumann 应力率，C_{ijkl} 是与应力相关的本构矩阵，$\dot{\varepsilon}_{kl}$ 是应变率张量：

$$\dot{\varepsilon}_{kl} = \frac{1}{2}\left(\frac{\partial v_i}{\partial x_j} + \frac{\partial v_j}{\partial x_i}\right) \tag{4-54}$$

对于 $\dot{\varepsilon}_{kl}$ 和 Ω_{ij}，利用应变−位移矩阵 $\dfrac{\partial v_i}{\partial x_j} = \sum\limits_{k=1}^{8}\dfrac{\partial \varphi_k}{\partial x_j}v_i^k$ 在单元中心取值。应力的具体计算公式可写成

$$\sigma_{ij}^{n+1} = \sigma_{ij}^n + \gamma_{ij}^n + \overset{\nabla}{\sigma}_{ij}^{\,n+1/2}\Delta t^{n+1/2} \tag{4-55}$$

式中

$$\overset{\nabla}{\sigma}_{ij}^{n+1/2} \Delta t^{n+1/2} = C_{ijkl} \dot{\varepsilon}_{kl}^{n+1/2} \Delta t^{n+1/2} \tag{4-56a}$$

$$\gamma_{ij}^{n} = (\sigma_{ip}^{n} \Omega_{pj}^{n+1/2} + \sigma_{jp}^{n} \Omega_{pi}^{n+1/2}) \Delta t^{n+1/2} \tag{4-56b}$$

4.1.6 冲击波与人工体积黏性

冲击载荷在结构内部产生冲击波，形成压力、密度、质点速度和能量的跳跃，这种间断条件给连续介质力学微分方程组的求解带来了困难。

对此，可引入 von Nenman-Richtmyer 人工黏性：

$$q = \begin{cases} C_0 \rho (\Delta x)^2 \left(\dfrac{\partial \dot{x}}{\partial x} \right)^2 - C_l \rho \Delta x a \dfrac{\partial \dot{x}}{\partial x}, & \dfrac{\partial \dot{x}}{\partial x} < 0 \\ 0, & \dfrac{\partial \dot{x}}{\partial x} \geqslant 0 \end{cases} \tag{4-57}$$

式中，C_0、C_l是无量纲常数；a是局部声速。

将一维黏性推广到多维，一般都用应变张量的迹$\dot{\varepsilon}_{kk}$代替速度的散度$\dfrac{\partial \dot{x}}{\partial x}$，用二维单元面积的平方根或三维单元体积的立方根代替特征长度Δx。这里介绍两种体积黏性。

1) 缺值黏性

$$q = \begin{cases} \rho l (C_0 l \dot{\varepsilon}_{kk}^2 - C_l a \dot{\varepsilon}_{kk}), & \dot{\varepsilon}_{kk} < 0 \\ 0, & \dot{\varepsilon}_{kk} \geqslant 0 \end{cases} \tag{4-58}$$

式中，$l = \sqrt{A}$（二维）或$l = \sqrt[3]{V}$（三维），A和V分别代表单元面积和单元体积；默认$C_0 = 1.5$，$C_l = 0.06$。这种方法在单元长宽比过大时可能造成异常的q值。

2) Wilkins 黏性

$$q = \begin{cases} C_0 \rho l^2 \left(\dfrac{\mathrm{d}s}{\mathrm{d}t} \right)^2 - C_l \rho a^* \dfrac{\mathrm{d}s}{\mathrm{d}t}, & \dfrac{\mathrm{d}s}{\mathrm{d}t} < 0 \\ 0, & \dfrac{\mathrm{d}s}{\mathrm{d}t} \geqslant 0 \end{cases} \tag{4-59}$$

式中，l为单元在加速度方向的厚度；$\dfrac{\mathrm{d}s}{\mathrm{d}t}$为加速度方向的应变率；$a^* = \sqrt{\dfrac{P}{\rho}}$（$P > 0$时）。Wilkins 黏性可克服缺值黏性的缺点，但存储量及计算量都增加不少。

4.1.7　滑移算法和接触算法

1. 滑移算法

对二维计算，主要有 4 种类型的滑移线：只滑动，牵连滑动，有空隙的滑动以及滑动、空隙和摩擦。这 4 种类型的滑移线允许交界面任意分区，后两种类型还允许在初始构形中存在空隙。滑移线可以相交，当空隙闭合时，仍满足动量守恒。

对三维计算，主要有三种滑移方式：只滑动、牵连滑动和有空隙滑动，并且对交界面的数目、类型及方向不加限制。

2. 接触算法

对于不同特点的问题，需要选择不同的接触类型，常用的接触类型主要包括变形体与变形体的接触、离散点与变形体的接触、变形体本身不同部分的单面接触、变形体与刚体的接触、变形结构固连及根据失效准则解除固连，以及模拟钢筋在混凝土中固连和失效滑动的一维滑动线等。

处理接触-碰撞界面的算法主要有三种，即节点约束法、分配参数法和对称罚函数法。现在，第一种算法仅用于固连界面。第二种算法用于仅滑动界面。例如，炸药起爆燃烧的气体对结构的爆轰压力作用，炸药燃烧气体与被接触的结构之间仅有相对滑动而没有分离。第三种算法是最常用的算法。

不同结构可能相互接触的两个表面分别称为主表面(其中的单元表面称为主片、节点称为主节点)和从表面(其中的单元表面称为从片、节点称为从节点)。

节点约束法是最早采用的接触算法。其原理是在每一时间步修正构形之前，检查每一个没有与主表面接触的从节点是否在此时间步内贯穿主表面。如果有从节点贯穿主表面，则将缩小时间步长，使所有节点都不贯穿主表面，而对其中有的刚刚到达主表面的从节点，在下一时间步开始时，施加碰撞条件。此外，检查与主表面接触的从节点所属单元是否存在受拉界面力。如果有受拉面力，则用释放条件使从节点脱离主表面。由于此法比较复杂，后来只用于固连界面。

分配参数法一般用于仅滑动界面，其原理是将每一个正在接触的从单元一半的质量分配到被接触的主表面面积上，同时由每个从单元的内应力确定作用在接受质量的主表面面积上的分布压力。在完成质量和压力分配后，程序修正主表面的加速度。然后对从节点的加速度和速度施加约束，以保证从节点沿主表面运动。程序不允许从节点穿透主表面，从而避免反弹。

对称罚函数法的原理比较简单：每一时间步先检查从节点是否穿透主表面，没有穿透则对该从节点不作任何处理；如果穿透，则在该从节点与被穿透主表面之间引入一个较大的界面接触力，其大小与穿透深度、主片刚度成正比，称为罚函数值。它的物理意义相当于在从节点和被穿透主表面之间放置一个法向弹簧，以限制从节点对主表面的穿透。对称罚函数法是同时再对各主节点处理一遍，其算法与从节点一样。对称罚函数法编程简单，很少激起网格沙漏效应，没有噪声，这是因为算法具有对称性、动量守恒准确，不需要碰撞和释放条件。罚函数值大小受稳定性限制。若计算中发现明显穿透，可以利用放大罚函数值或缩小时间步长来调节。

4.1.8 流固耦合处理

要讨论流固耦合的处理，首先需要讨论有关Lagrange、Euler和ALE方法的问题。

Lagrange坐标固结在物质上并随物质一起运动和变形。由于一个网格始终对应一块物质团，因此能准确地描述不同部分材料的不同压力(应力)历史，容许对不同部分材料采用不同的本构关系，这是Lagrange方法的优点。其缺点是，当物质发生大变形时，网格也会发生大变形乃至扭曲、畸变，从而导致计算不稳定。因此，Lagrange方法比较适用于固体小变形问题的分析。

Euler方法的节点固定在空间中，由相关节点连接而成的单元仅仅是对空间的划分。因此Euler方法采用的是一个固定的坐标系，分析对象的材料在网格中流动。材料的质量、动量以及能量从一个单元流向另一个单元。所以，Euler方法计算的是材料在体积恒定的网格中的运动。因此该方法主要用于流体流动问题分析以及固体发生大变形的情况。

ALE方法综合了前两种方法的优点。它将两种网格用在同一个分析模型中并通过界面相互耦合，从而实现流体-固体的耦合动态分析。ALE方法先执行一个或几个Lagrange时步计算，此时单元网格随材料流动而产生变形，然后执行如下ALE时步计算：

(1)保持变形后物体的边界条件，对内部单元进行网格重分，网格的拓扑关系保持不变，称为平滑步(smooth step)；

(2)将变形网格中的单元变量(密度、能量、应力张量等)和节点速度矢量输运到重分后的新网格中，称为输运步(advection step)。

ALE方法适用于流体(或大变形固体)与小变形固体耦合的动态问题分析。一般爆炸冲击问题多用ALE方法进行计算，从而能将爆轰产物(流体)产生的冲击载荷施加到结构(固体)上，形成冲击结构响应。

4.2 炸药条加载实验的流固耦合数值模拟方法

炸药条加载实验的整个物理过程主要包括炸药条爆炸、载荷形成与传递以及结构响应的形成与传递等。要比较真实地模拟这一复杂的物理过程，主要难点在于对几种主要材料的描述涉及不同的本构模型与状态方程，需要采用流固耦合的方法。

本节在作者前期研究成果[2]的基础上，介绍炸药条加载实验的流固耦合数值模拟方法。

4.2.1　材料模型

对炸药条加载实验的流固耦合模拟时，与其直接相关的材料包括炸药、橡胶和实验件的结构材料。另外，要模拟炸药爆炸的流场，还需要考虑炸药周围的空气。以下对各种材料的模型进行简要介绍。

1. 炸药模型及其爆轰产物状态方程

炸药材料可采用高能炸药燃烧(high explosive burn)模型描述。该模型把炸药分为两个部分：未爆部分，采用理想弹塑性描述；爆炸部分，采用燃烧因子乘以状态方程来控制其能量的释放。炸药单元的起爆(点火)时间由单元形心到起爆点的距离以及爆速确定。若为多点起爆，则燃烧因子 F 由式(4-60)确定：

$$F = \max(F_1, F_2) \tag{4-60}$$

式中

$$F_1 = \begin{cases} \dfrac{2(t-t_1)D}{3\left(\dfrac{v_e}{A_{\text{emax}}}\right)}, & t > t_1 \\ 0, & t \leqslant t_1 \end{cases} \tag{4-61}$$

$$F_2 = \frac{1-V}{V_{\text{CJ}}} \tag{4-62}$$

式中，t 为时间；t_1 为点火时间；D 为爆速；V 为比容；A_{emax} 为单元的最大侧面积；v_e 为单元体积；V_{CJ} 为 C-J(Chapman-Jouguet)比容。

炸药爆轰产物可用 JWL(Jones-Wilkins-Lee)状态方程描述，其具体形式为

$$P = A\left(1-\frac{\omega}{R_1 V}\right)e^{-R_1 V} + B\left(1-\frac{\omega}{R_2 V}\right)e^{-R_2 V} + \frac{\omega E_0}{V} \tag{4-63}$$

式中，ω、A、B、R_1 和 R_2 为通过实验拟合的常数；P 为压力；E_0 为初始比内能。

上述炸药参数可以按照相关标准进行测量，也可查阅相关手册得到，如文献[3]。但应该注意，不同密度的炸药性能差异较大，因此在查阅手册时，必须要根据炸药密度选择匹配的参数。大多数情况下，对于某种炸药，很难在手册中找到恰好对应的密度值，这时可以采用曲线拟合的方式确定参数。由于炸药参数与其密度的关系并非是线性的，因此要采用非线性拟合。图 4-1 是不同密度的 PETN 炸药及其 JWL 状态方程参数，其中明显反映了炸药参数与密度的非线性关系。

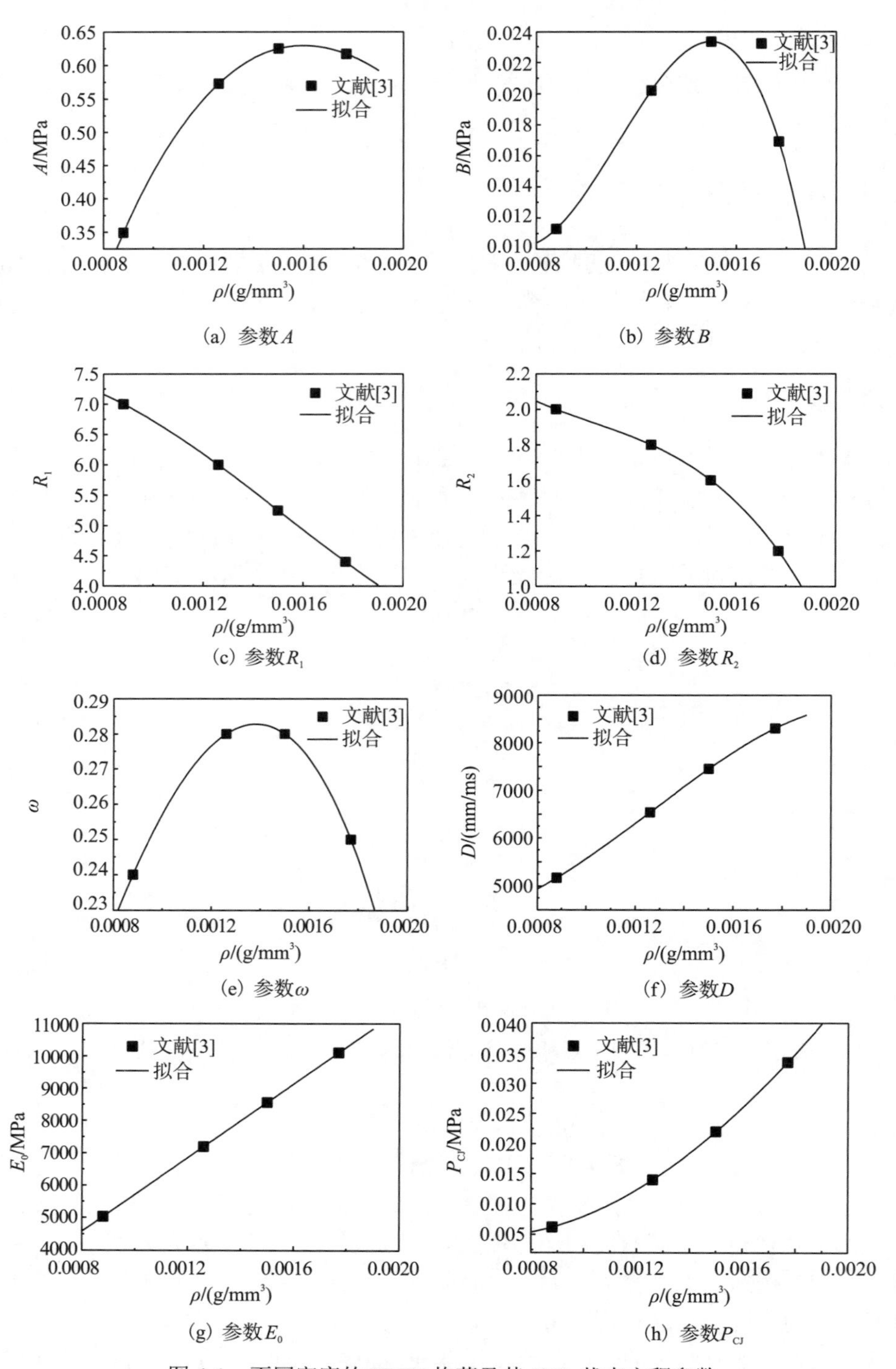

图 4-1 不同密度的 PETN 炸药及其 JWL 状态方程参数

2. 空气状态方程

空气是一种气态材料，可由线性多项式状态方程描述：

$$P = c_0 + c_1\mu + c_2\mu^2 + c_3\mu^3 + \left(c_4 + c_5\mu + c_6\mu^2\right)E \tag{4-64}$$

$$\mu = \frac{\rho}{\rho_0} - 1 \tag{4-65}$$

式中，c_0、c_1、c_2、c_3、c_4、c_5、c_6 为通过实验确定的常数；E 为单位体积的能量(比内能)。对于 γ 率气体，有

$$c_0 = c_1 = c_2 = c_3 = c_6 = 0 \tag{4-66}$$

$$c_4 = c_5 = \gamma - 1 \tag{4-67}$$

式中，γ 为比热比。将式(4-65)～式(4-67)代入式(4-64)，可得空气的状态方程：

$$P = (\gamma - 1)\frac{\rho}{\rho_0}E \tag{4-68}$$

空气状态方程参数一般可取[4] γ=1.4，ρ_0=1.18×10^{-6}g/mm^3，E=2.533125MPa。

3. 橡胶材料本构模型

橡胶材料一般具有超弹性性质。目前，描述橡胶材料的本构模型较多，包括 Blatz-Ko 模型[5]、Mooney-Rivlin 模型[6,7]和 Ogden 模型[8,9]等。其中，Blatz-Ko 模型最为简单，只需要一个参数描述，即材料的剪切模量，因此精度较低；Mooney-Rivlin 模型应用最为广泛，但不适用于应变强化较强的材料；Ogden 模型可以在较大应变范围内模拟材料的超弹性性质，也可以描述较强的应变强化性质[10-12]。本书讨论的炸药条加载问题，橡胶材料受到局部爆炸载荷作用，应变范围较大，应变强化也较明显，因此适合采用 Ogden 模型描述两种橡胶的超弹性本构特性。

在 Ogden 模型中，应变能 W 表示为主伸长率的函数。对于不可压缩材料(如真空橡胶)，应变能函数为

$$W = \sum_{i=1}^{3}\sum_{j=1}^{n}\frac{\mu_j}{\alpha_j}\left(\lambda_i^{\alpha_j} - 1\right) = \sum_{j=1}^{n}\frac{\mu_j}{\alpha_j}\left(\lambda_1^{\alpha_j} + \lambda_2^{\alpha_j} + \lambda_3^{\alpha_j} - 3\right) \tag{4-69}$$

式中，μ_j、α_j 为材料常数；$\lambda_i (i=1,2,3)$ 为主伸长率，并有

$$\lambda_1\lambda_2\lambda_3 = 1 \tag{4-70}$$

对于可压缩材料(如海绵橡胶)，应变能函数表示为

$$W = \sum_{i=1}^{3}\sum_{j=1}^{n}\frac{\mu_j}{\alpha_j}\left(\lambda_i^{*\alpha_j} - 1\right) + K(J - 1 - \ln J) \tag{4-71}$$

式中，$\lambda_i^* (i=1,2,3)$ 为等容变形部分的主伸长率；K 为体积模量；J 为变形前后的体积比，并有

$$J = \lambda_1\lambda_2\lambda_3 \tag{4-72}$$

$$\lambda_i^* = J^{-\frac{1}{3}}\lambda_i, \quad i=1,2,3 \tag{4-73}$$

$$\lambda_1^*\lambda_2^*\lambda_3^* = 1 \tag{4-74}$$

得到应变能函数的表达式后，则可根据以下关系得到三个主应力：

$$\sigma_1 = \frac{1}{\lambda_2\lambda_3}\frac{\partial W}{\partial \lambda_1} \tag{4-75a}$$

$$\sigma_2 = \frac{1}{\lambda_1\lambda_3}\frac{\partial W}{\partial \lambda_2} \tag{4-75b}$$

$$\sigma_3 = \frac{1}{\lambda_1\lambda_2}\frac{\partial W}{\partial \lambda_3} \tag{4-75c}$$

这样，依据单向压缩的实验结果即可拟合出相关的材料常数。值得注意的是，上述 Ogden 模型并没有考虑应变率的影响。因此，Ogden 模型只能用于应力-应变关系对应变率不敏感(或者在一定应变率范围内不敏感)的材料。若非此种情况，则需要选择别的应变率相关本构模型予以描述。

对炸药条加载实验所用两种缓冲橡胶的力学性能实测结果(如图 4-2 所示)表明：两种橡胶材料在 $0.01\sim10^3\text{s}^{-1}$ 的应变率范围内，其本构关系具有明显的应变率效应；但在 10^3s^{-1} 量级的应变率范围内(具体大致为 $2000\sim6000\text{s}^{-1}$)，应变率效应并不明显，甚至于海绵橡胶在同一应变率(4000s^{-1})下应力-应变曲线的测试分散性都超过了应变率的影响。因此，对于在 10^3s^{-1} 量级应变率范围内的动态问题，可以将这两种材料视为应变率无关材料。但这样处理的前提是，必须以该应变率范围内的应力-应变曲线为依据，选择适当的本构模型并确定其参数。

橡胶材料的动态压缩力学性能一般采用分离式 Hopkinson 杆装置测试。但由于橡胶材料较软，如果采用金属 Hopkinson 杆装置，杆上的应变信号非常微弱，很难准确测量。为此，一般可以采用非金属(如有机玻璃)Hopkinson 杆装置测试。实验数据测得后，采用 Ogden 模型拟合即可得到相关本构参数。图 4-2 给出了根据两种橡胶单向压缩的实测应力-应变关系拟合的 Ogden 模型。

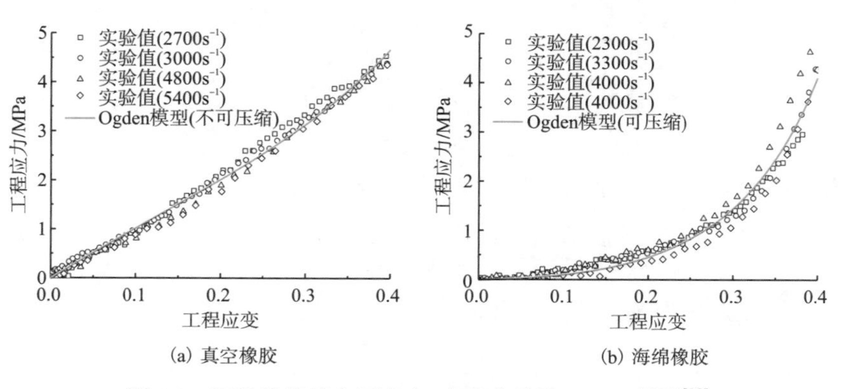

图 4-2 两种橡胶的实测应力-应变曲线及 Ogden 模型[13]

4. 实验件结构材料的本构模型

对于实验件的结构材料，可根据其在冲击载荷下的本构特性及其响应情况确定采用何种本构模型进行描述。例如，对于金属材料，如果能够确定其在炸药条载荷下处于弹性范围，则可用线弹性模型进行描述；如果要进入塑性范围，则需要选择弹塑性模型进行描述。由于实验件结构材料多种多样，其本构模型的选择和参数的确定可参考相关文献，本书不再赘述。

4.2.2　数值建模方法

这里结合一个具体算例来介绍数值建模方法。算例所针对的问题如下。

圆柱壳外形尺寸为 Φ265mm×380mm，壁厚 4mm；材料为某高强度合金钢，屈服强度在 600MPa 以上。

用于平滑载荷的缓冲层由真空橡胶板和海绵橡胶板组合而成，覆盖范围为 -90°～90°。其中，表层为真空橡胶板，平均厚度为 2.82mm；里层为海绵橡胶板，平均厚度为 8.14mm。圆柱壳和海绵橡胶板以及两层橡胶板之间采用“粘得牢”粘接，但即粘即用，固化并不充分。

在真空橡胶板表面粘贴炸药条，对圆柱壳进行爆炸加载，模拟 X 射线引起的余弦载荷作用。炸药条材料为 PETN，平均厚度为 0.467mm，平均比冲量为 1437.3Pa·s。

本小节根据炸药条分布设计方法，设计了比冲量峰值为 301.2Pa·s 的模拟余弦载荷，对应的炸药条分布见表 4-1，其中炸药条为 3mm 等宽，数量为 19 条。采用柱坐标系描述，载荷(比冲量)最大处对应的周向角度 $\theta=0°$，Z 轴沿壳体轴向。

表 4-1　19 条炸药条在圆柱壳表面的分布位置

编号	角度/(°)	编号	角度/(°)
0#	0	±5#	±31.83
±1#	±6.05	±6#	±39.28
±2#	±12.17	±7#	±47.65
±3#	±18.44	±8#	±57.81
±4#	±24.95	±9#	±76.74

1) 几何模型建立

上述炸药条加载实验问题涉及金属壳体、两层橡胶、19 条炸药条以及周围空气。若建立三维模型，机时耗费相当大，因此可简化为平面应变问题(即不考虑轴向变形)，并依据结构和载荷的面对称性，建立1/2模型。然而，由于多物质ALE方法不支持二维单元，因此建立了一个“薄片”三维模型，并在两个端面施加轴向约束，强制蜕化为二维模型，以减小计算规模。

在圆柱壳、两层橡胶和炸药条的几何模型建立后，为模拟爆轰流场，在真空橡胶板(及炸药条)外面包络一层15.467mm厚的空气，包络范围为0°～90°。整个模型的轴向厚度为0.5mm。建立的几何模型如图4-3所示。

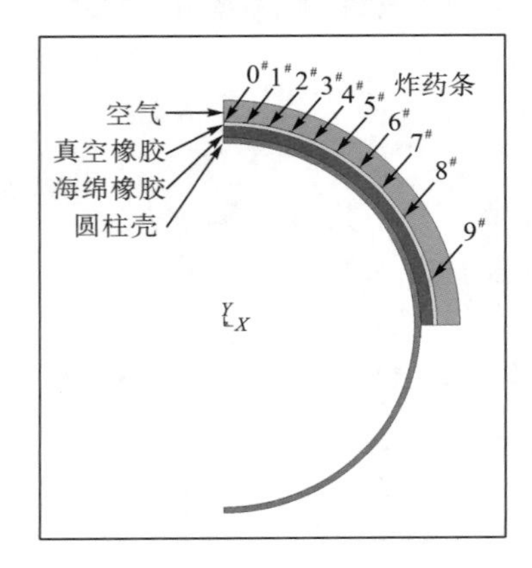

图4-3　炸药条加载实验的二维几何模型

2)单元剖分与算法选择

先将整个模型进行单元剖分，单元类型可选择常用的六面体实体单元。剖分时，厚度方向可以只剖分为一个单元。剖分单元后的有限元模型见图4-4。

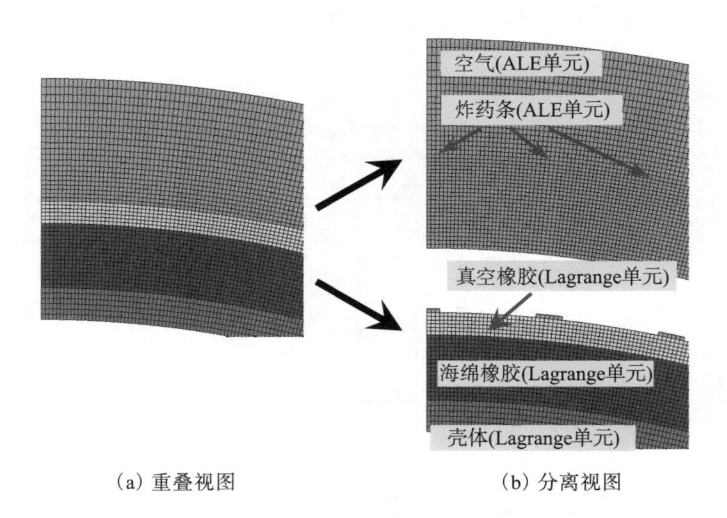

图4-4　流固耦合模拟的有限元网格剖分

将炸药条、空气定义为多物质 ALE 单元，采用单点 ALE 方法描述；圆柱壳和两层橡胶定义为单点 Gauss 积分 Lagrange 单元。为了有效控制沙漏，可将两种橡胶材料的体积黏性系数设置得大一些，如 0.14，其余可采用默认值 0.1。

三种 Lagrange 单元采用共节点(即粘接)方式连接；两种 ALE 单元也采用共节点方式建立联系，以便完成物质输运。Lagrange 单元和 ALE 单元在空间上重叠，如图 4-4 所示。

3) 边界条件设置

在对称面(X=0)施加面对称边界条件，在空气层外表面及 90° 端面加透射边界条件，在 Z=0 和 Z=0.5mm 两个截面进行 Z 向约束。

4) 初始条件设置

采用多点点火方式起爆炸药。对于每条炸药条，在 Z=0 和 Z=0.5mm 两个截面的中点同时(t=0)点火，以确保在起爆瞬时两个截面的节点受力平衡，从而最大限度地避免激起沙漏模式。采用 high explosive burn 模型描述和控制炸药的爆轰传播过程。

4.2.3　计算实例

针对前面介绍的问题和建立的模型进行了计算分析，现就物理图像、载荷传递、结构响应等计算结果展开讨论。

1. 爆轰及加载过程的物理图像

图 4-5 为爆轰后 0.8ms 内爆轰产物归一化密度分布的变化情况，反映了爆轰产物的膨胀过程。由图 4-5 可见，炸药条起爆后，爆轰产物以炸药条单元为中心迅速膨胀，4μs 到达外部 ALE 空间边缘，10μs 时已充满 ALE 空间，而后逐渐向外扩散，到 0.8ms 左右才基本扩散出去。

图 4-6 为爆轰后 40μs 内压力分布的变化情况，反映了爆炸产生的冲击波传播过程。由图 4-6 可见，炸药条爆炸初期，压力波随着爆轰产物的膨胀而发展，4μs 时波头传播至 ALE 空间边缘，而后逐渐向外透射，10μs 时空气中压力已衰减至 10MPa 以下，40μs 时已经接近 0MPa；冲击波向空气中传播的同时，也在向固体中传播。

由图 4-5 和图 4-6 还可以看出，相邻炸药条的爆轰流场存在一定的相互干扰。相比之下，9$^{\#}$药条受到的干扰较小，尤其是在靠 90° 一侧。

图 4-7 给出了爆轰后 160μs 内圆柱壳的等效应力分布变化。圆柱壳加载面从 60μs 左右开始出现明显的等效应力，然后逐渐增大并向加载背面传播，到 160μs 左右，背面 180° 处出现较大应力。

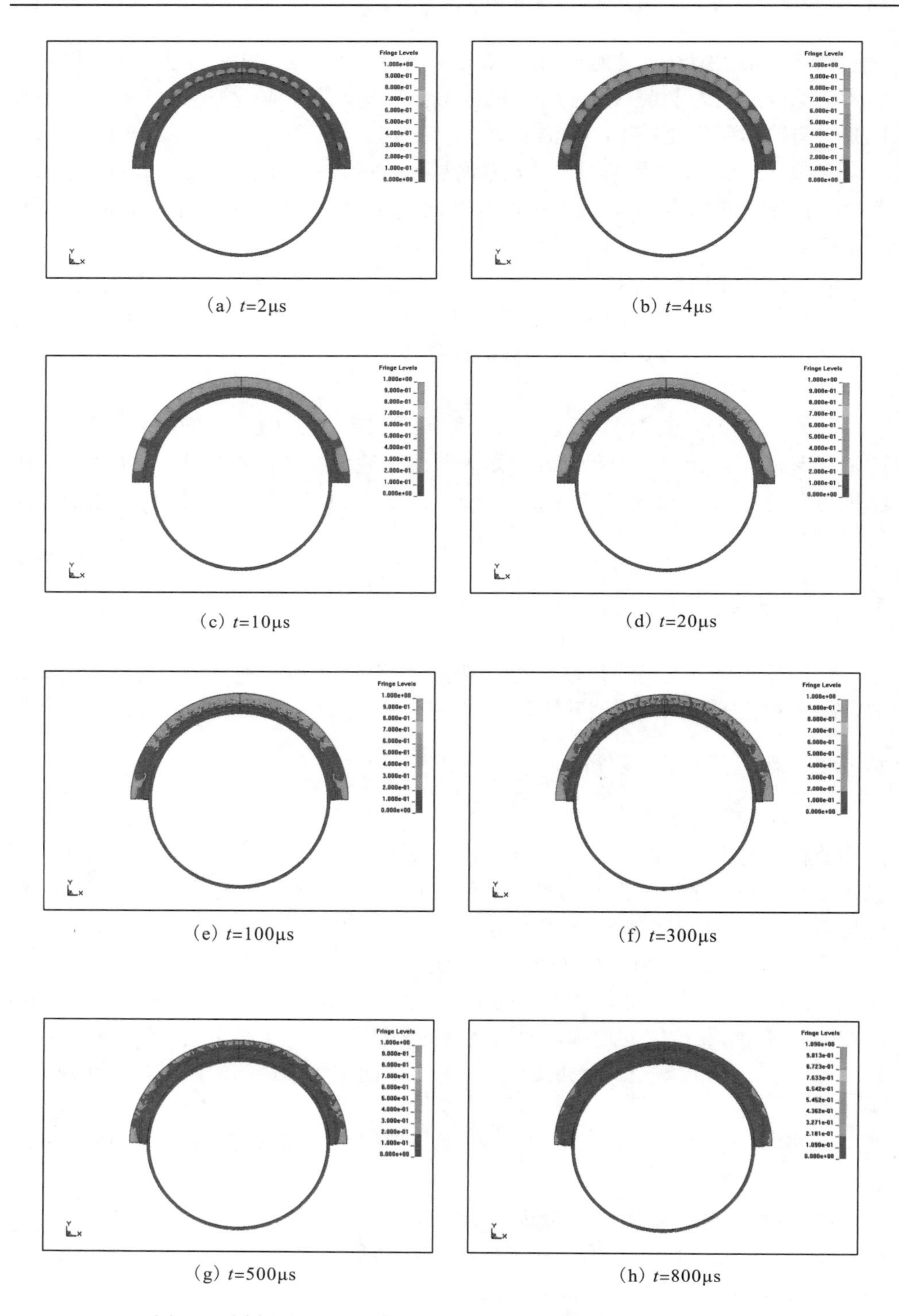

(a) t=2μs (b) t=4μs

(c) t=10μs (d) t=20μs

(e) t=100μs (f) t=300μs

(g) t=500μs (h) t=800μs

图 4-5 爆轰后 800μs 内爆轰产物的膨胀过程(归一化密度分布)

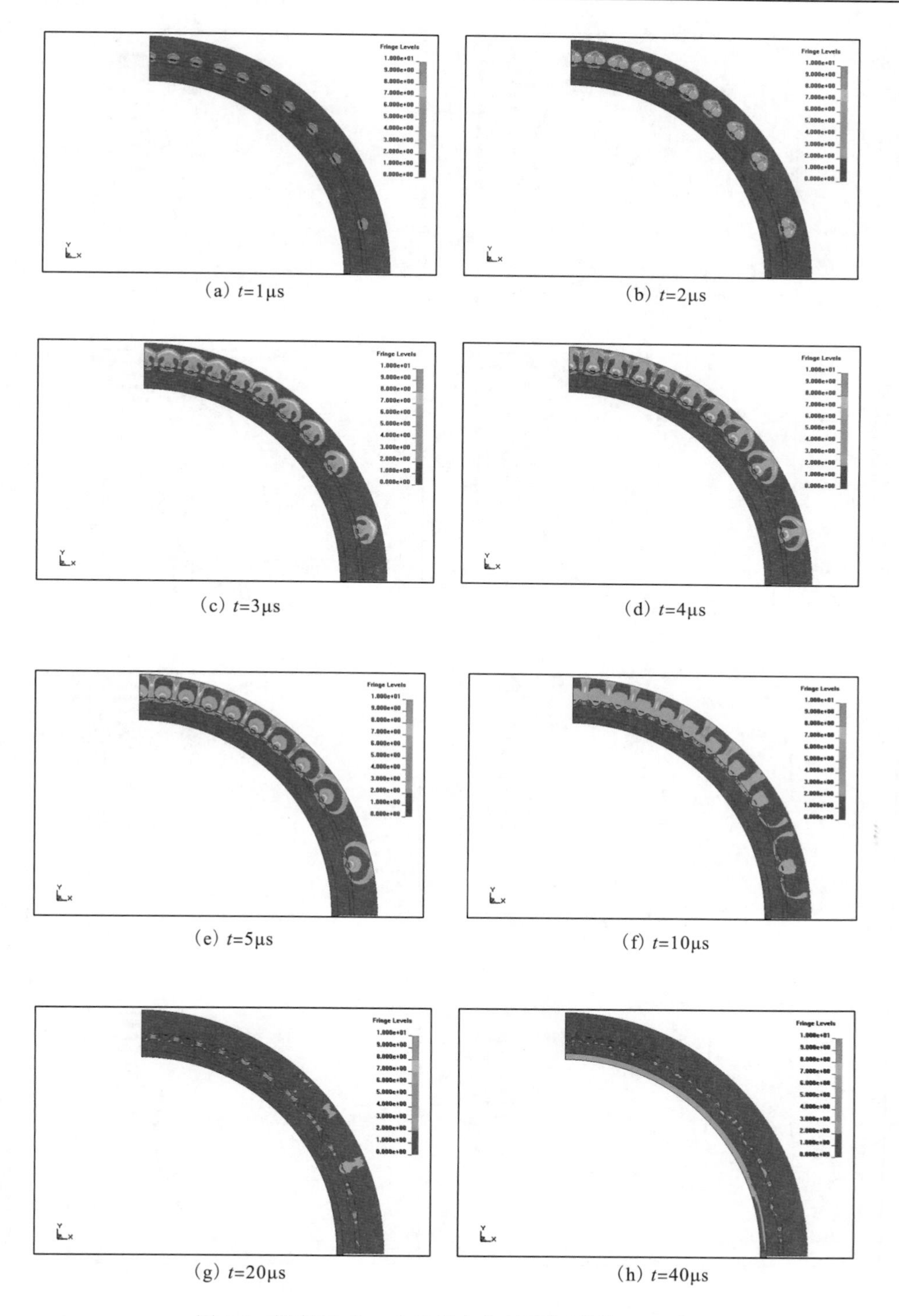

（a）t=1μs　（b）t=2μs

（c）t=3μs　（d）t=4μs

（e）t=5μs　（f）t=10μs

（g）t=20μs　（h）t=40μs

图 4-6　爆轰后 40μs 内的压力分布变化(单位：MPa)

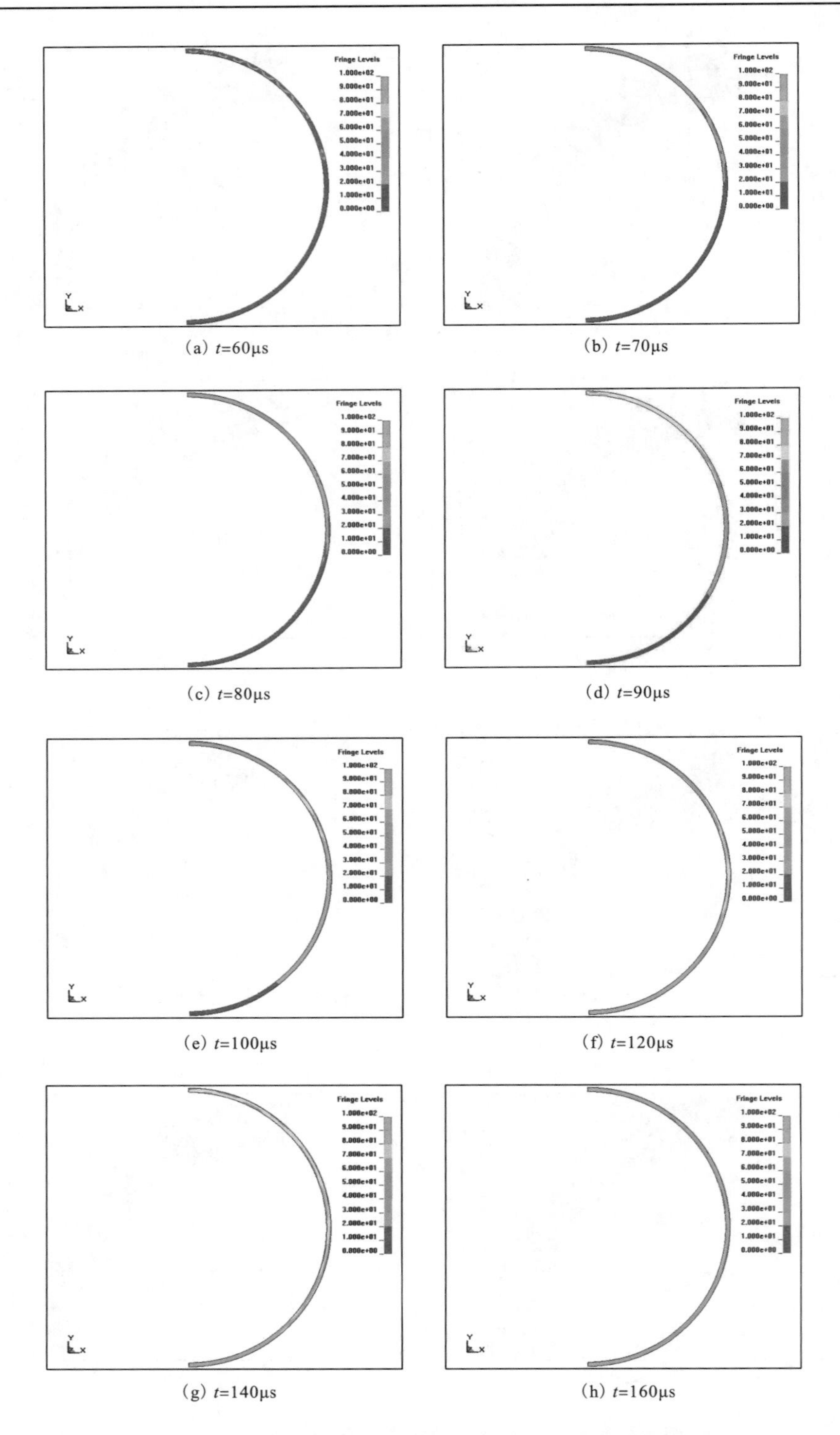

(a) t=60μs　(b) t=70μs

(c) t=80μs　(d) t=90μs

(e) t=100μs　(f) t=120μs

(g) t=140μs　(h) t=160μs

图 4-7　爆轰后 160μs 内圆柱壳的等效应力分布变化(单位：MPa)

图 4-8 给出了爆轰后 250μs 内缓冲层的变形情况。由该图可见，炸药条起爆后，位于表层的真空橡胶板迅速变形，里层的海绵橡胶也随之变形。由于载荷的局部性，变形具有不均匀性，并通过剪切波向周边传递。在约 50μs 之后，炸药条正下方压缩变形传递至圆柱壳表面，开始形成加载；随即炸药条两侧的压缩变形也陆续传递至圆柱壳表面；至 150μs 左右，两层橡胶板的整体变形达到最大。150μs 之后，橡胶板的压缩变形逐渐恢复，到 250μs 时整体上基本恢复到初始状态。可以预计，在 250μs 之后，两层橡胶板将会由于惯性作用而继续向外产生拉伸变形，从而对圆柱壳施加负压力载荷，这种情况将在后面讨论。

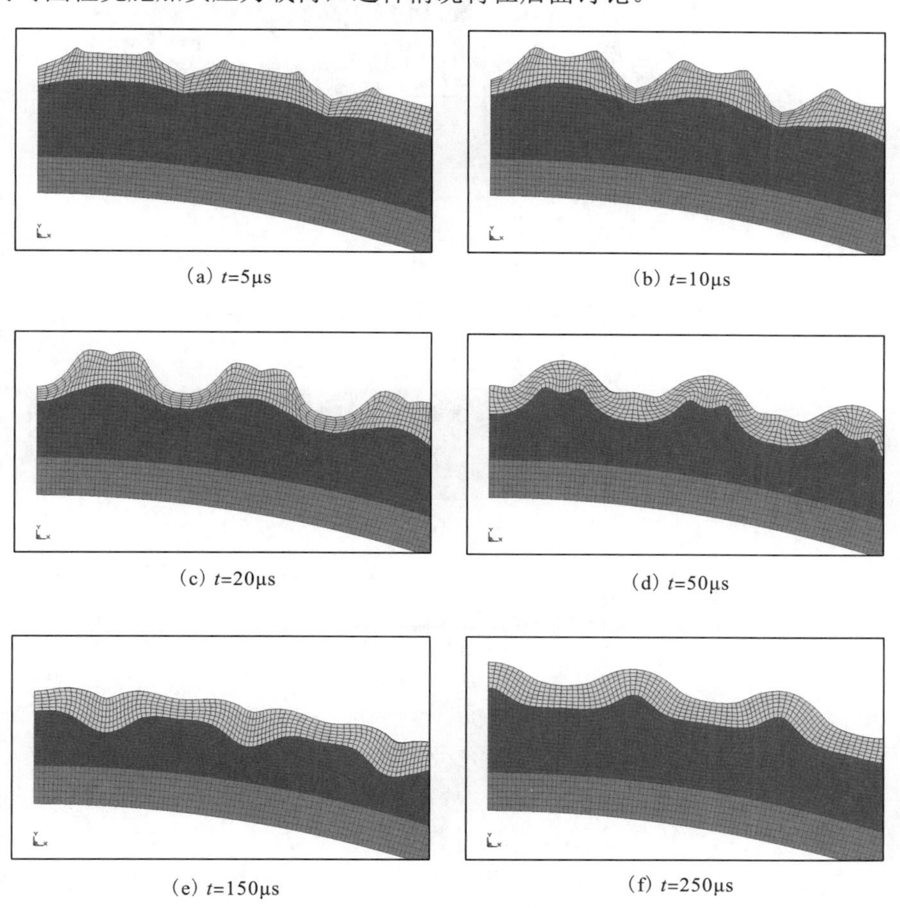

(a) t=5μs　(b) t=10μs

(c) t=20μs　(d) t=50μs

(e) t=150μs　(f) t=250μs

图 4-8　爆轰后 250μs 内缓冲层的变形情况

2. 载荷传递

图 4-9 给出了 0#和 1#炸药条及其邻近空气单元的压力时间历程。由图 4-9(a)可见，两条炸药条的爆轰压力曲线吻合很好，炸药条单元内爆轰压力峰值

在 7.84GPa 左右，压力脉宽在 0.5μs 左右。但随着距离的增加，邻近空气单元中压力峰值急剧衰减，距离炸药条中心 1.87mm 处峰值衰减为 549MPa，2.37mm 处衰减至 14.7MPa；在峰值衰减的同时，压力脉宽不断增加，如图 4-9(b)所示。

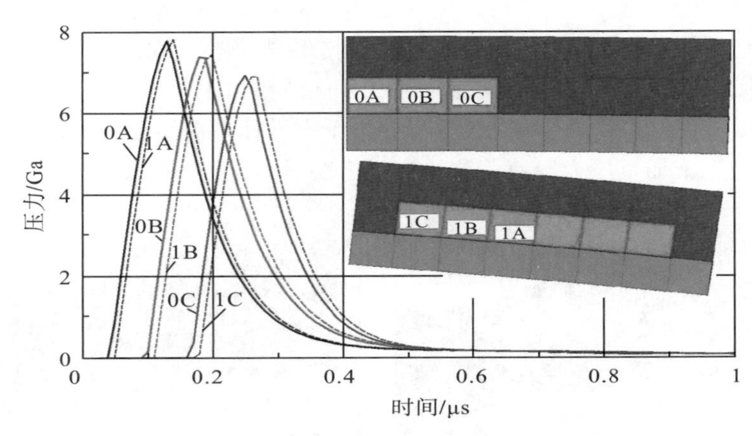

(a) 0#和 1#炸药条所在单元

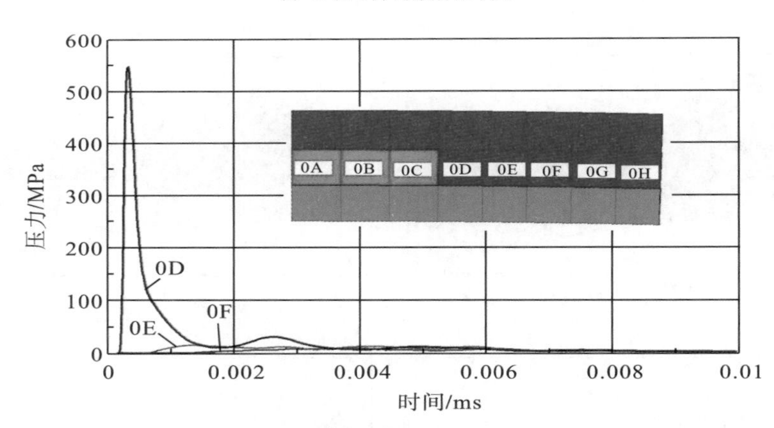

(b) 0#炸药条邻近空气单元

图 4-9　炸药条及其邻近空气单元的压力时间历程

图 4-10 给出了缓冲层表面的压力载荷特征。其中，图 4-10(a)为压力峰值分布，图 4-10(b)为比冲量分布。将图 4-10(b)的分布曲线积分后平均到三个炸药条单元，反算出片炸药的比冲量在 1365Pa·s 左右，与采用机械方式测量的 1437.3Pa·s 基本一致。由该图可以看出，炸药条载荷的压力峰值随着距离的增加急剧衰减，但脉宽的增加导致比冲量的衰减趋势变缓。在距炸药条中心 2.37mm 处，载荷的比冲量只有炸药条中心的 5%左右。由此可见，若直接采用炸药条接触爆炸载荷模拟 X 射线的余弦分布载荷，会产生很强的局部效应，是不可取的。这正是国内外均采用橡胶材料对炸药条载荷进行缓冲整形的原因所在。

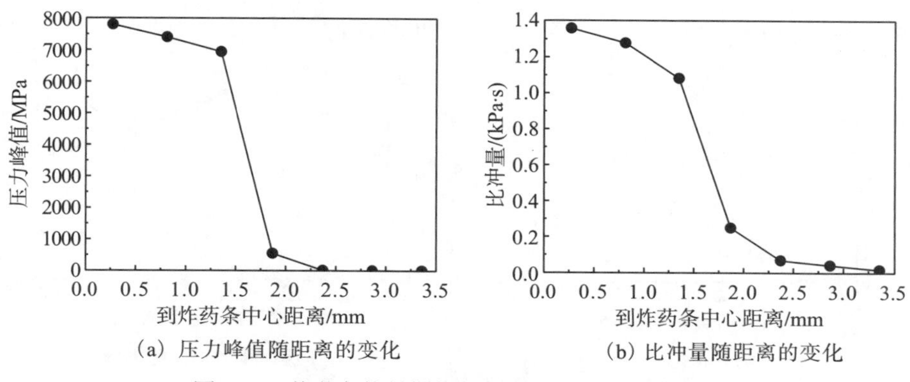

(a) 压力峰值随距离的变化　(b) 比冲量随距离的变化

图 4-10　炸药条接触爆炸的载荷特征(缓冲层表面)

由于 9#炸药条两侧较大范围内无其他炸药条分布，其载荷受到的干扰较小，因此提取该炸药条下方橡胶底层(即圆柱壳表面)单元的压力载荷曲线，用以研究单炸药条载荷经两层橡胶传递后的特征。图 4-11 给出了部分压力时间历程曲线。由该图可见，炸药条正下方的压力起始时间延迟为 50μs 左右，峰值在 9.5MPa 左右，主峰脉宽大约为 50μs。随着周向距离增加，峰值衰减，脉宽增加。到距炸药条中心环向距离 10.4mm 处，压力峰值衰减到 2.1MPa 左右，脉宽增加至约 120μs。也即，在距炸药条中心 10.4mm 处，还有超过 20%的压力峰值。

图 4-12 给出了压力峰值和比冲量随环向距离的衰减情况。由图可见，由于压力脉宽随着距离的增加而增加，比冲量的衰减程度不如压力峰值衰减剧烈。此外，由图 4-12(b)积分反推片炸药的比冲量为 1240Pa·s 左右，考虑到距炸药条中心 10.4mm 外仍然存在部分载荷，因此该数值和机械方式测量结果 1437.3Pa·s 比较吻合。

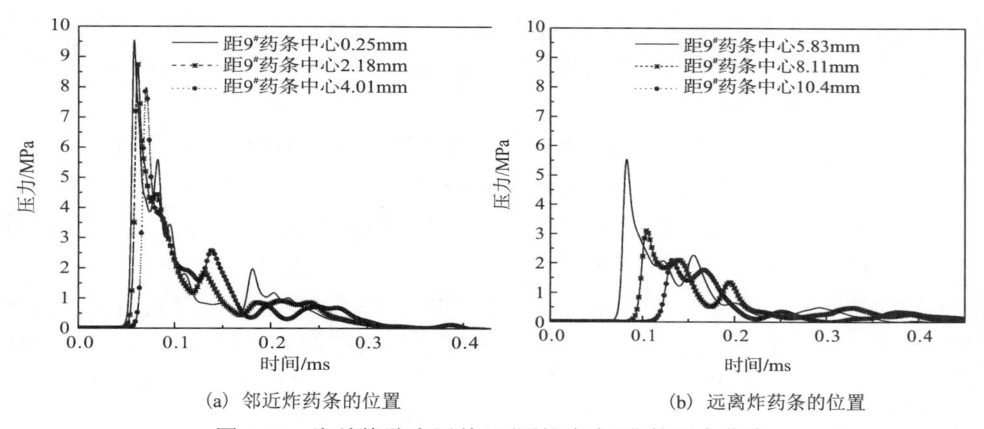

(a) 邻近炸药条的位置　(b) 远离炸药条的位置

图 4-11　海绵橡胶底层单元(圆柱壳表面)的压力曲线

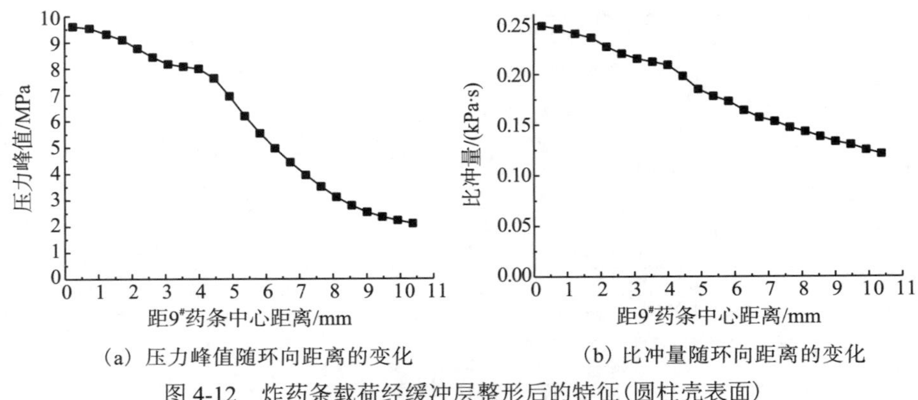

(a) 压力峰值随环向距离的变化 (b) 比冲量随环向距离的变化

图 4-12 炸药条载荷经缓冲层整形后的特征(圆柱壳表面)

3. 应力响应及其与余弦载荷响应的比较

为了方便对比，在记录流固耦合计算结果的同时，也在 4.2.2 小节模型的基础上去掉两层橡胶和空气、炸药，对圆柱壳施加了峰值为 301.2Pa·s 的标准余弦载荷，采用 Lagrange 方法进行了数值模拟。计算结果见图 4-13。

图 4-13(a)、图 4-13(c)、图 4-13(e)给出了圆柱壳内部 0°、90°和 180°的环向应力曲线及其与对应余弦载荷响应的比较。从图中可以看出，由于结构响应与结构模态分布之间具有很强的相关性，三条曲线表现了相似的振荡频率。然而，这三条曲线的特征却与余弦载荷下的响应具有较大差异。

分析认为，在炸药条加载实验中，尽管海绵橡胶与圆柱壳之间采用“粘得牢”粘接，但由于此种黏结剂的强度较低，且在未完全风干、固化的情况下黏性更弱，在拉、剪应力作用下易出现界面的分离、滑移等。此种连接刚度远低于数值模拟中的共节点(固连)粘接方式。因此，基于共节点粘接方式的数值模拟中，附加的橡胶层对结构响应的影响远比实际情况严重。为消除两层橡胶对结构模态的影响，模拟较真实的实验状态，对计算流程上进行了调整，将整个计算分为如下两个阶段：

(1)按照前面的共节点粘接方法计算，至 250μs 停机(由图 4-8 可知，此时加载过程已基本完成，此前橡胶主要受压应力，与壳体粘接紧密)。

(2)采用重启动技术，删除两层橡胶及空气、炸药单元，并对圆柱壳进行应力初始化，继续计算至 5ms 后结束。

按此流程计算，即可在加载基本完成后的自由振动响应阶段消除两层橡胶对壳体结构响应的影响。完成计算后，对两个阶段的计算结果进行对接，得到全时域(0～5ms)的计算结果，并与标准余弦载荷下的响应进行比较，如图 4-13(b)、(d)、(f)所示。

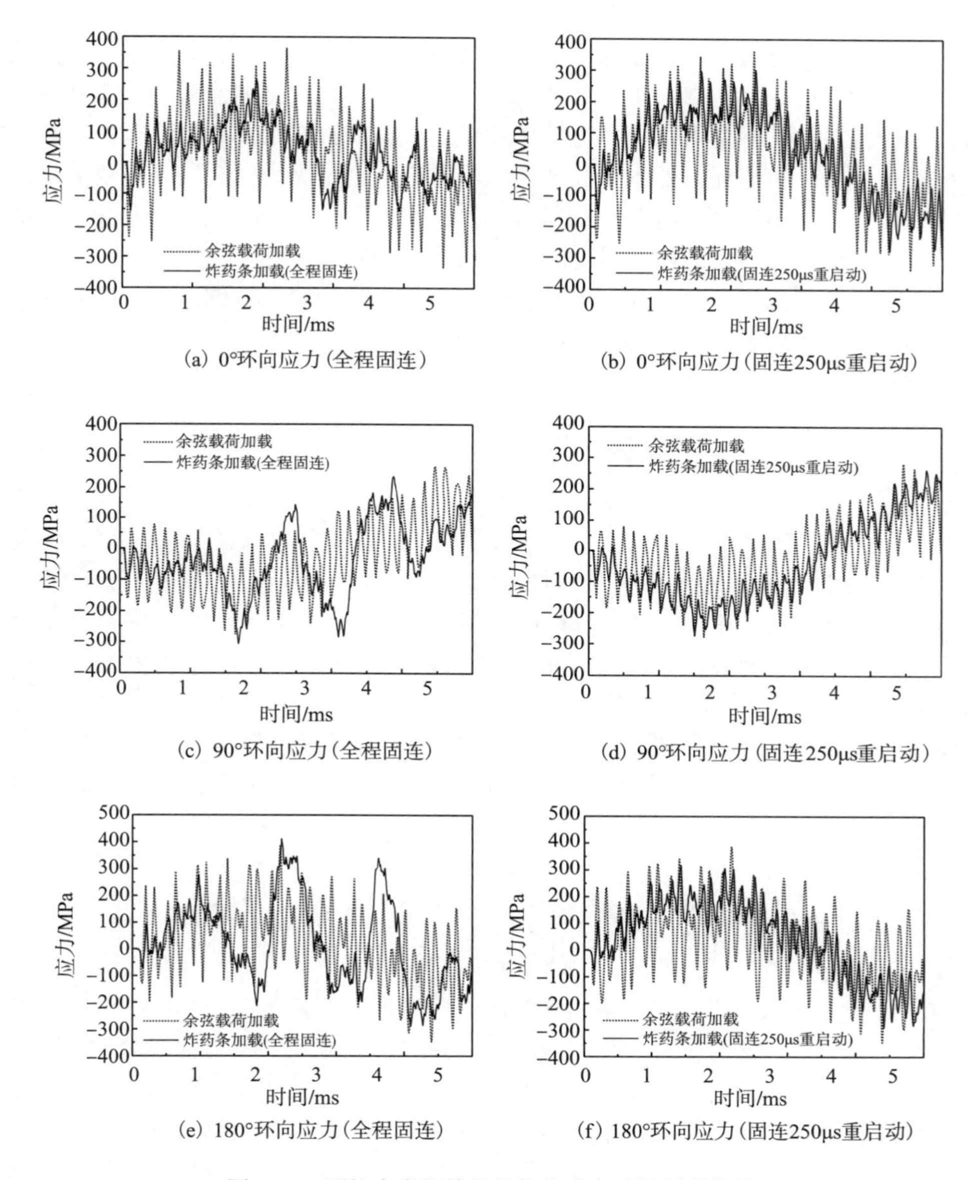

(a) 0°环向应力(全程固连)　(b) 0°环向应力(固连250μs重启动)

(c) 90°环向应力(全程固连)　(d) 90°环向应力(固连250μs重启动)

(e) 180°环向应力(全程固连)　(f) 180°环向应力(固连250μs重启动)

图 4-13　圆柱壳内部特征部位的应力时间历程曲线

由图 4-13 可见，两种计算方法得到的结果有较大的差别。全程固连的计算结果中含有中等频率成分，而固连 250μs 后重启动计算的结果中无此频率。分析认为，两层橡胶与圆柱壳的刚度差若干量级，但质量却占整个圆柱壳的 19%，局部(加载半圆部分)达 38%，此种不可忽略的质量比改变了整个结构的模态特性，从而改变了结构响应的频率和幅值。邓宏见等[14]的数值模拟结果也证实了这一推断，即在炸药条加载下应变波形频率比余弦载荷响应低，曲线特征差异较大。

相比之下，通过重启动删除两层橡胶及空气、炸药单元的计算结果与对应余弦载荷下的响应，在频率和幅值两个方面均吻合较好。根据前面对实验流程中粘接工艺的描述，此种重启动模拟方法更加贴近实验的真实状态。但炸药条加载的结构响应中高频幅值还是低于余弦载荷下的响应。这是因为在全物理过程的流固耦合模拟中，沙漏控制和橡胶板材料均耗散或吸收了部分能量(尤其是高频响应的能量)，而直接施加余弦载荷的计算，其阻尼要小得多。

由以上分析可以看出，在实验件质量较小和(或)刚度较低的情况下，若缓冲层与金属壳体之间采用紧密粘接会给结构响应带来较大影响。采用重启动技术，在加载基本完成后删去橡胶及空气、炸药单元再继续计算，可获得更加真实的计算结果。

4. 简单讨论

由以上建模分析可以看出，全物理过程的流固耦合数值模拟可以完成炸药条加载实验的结构响应分析。但此种方法的计算量太大，即便是本节简单的二维分析，每次也需要耗费数小时的计算机时；而且，由于结构响应中耦合了结构的动力学特性(即模态信息)，因此对于有限长圆柱壳，采用二维分析不可能完全代替全尺寸三维分析；再者，对于锥壳等非圆柱壳结构，其本身就是三维问题，根本就不能采用二维分析。因此，有必要研究直接施加炸药条载荷的解耦分析方法，为进一步的多因素数值实验及模拟等效性分析提供效率更高的分析手段。

4.3 炸药条加载实验的解耦分析方法

前面已经详细介绍，炸药条加载方法采用离散的炸药条载荷模拟连续分布的 X 射线余弦载荷，其时空分布均具有一定的差异，因此实验模拟的等效性评估十分必要。然而，作为等效性研究的重要手段之一，对实验状态的数值模拟因涉及多种材料(固体和流体)和多种本构(状态)方程，建模复杂，效率低下。因此，对该问题的解耦分析，对今后大量数值模拟研究(尤其是多因素数值实验)的开展具有基础性的意义。

前期，邓宏见等[14]及毛勇建等[15,16]均采用解耦的分析方法，即直接施加炸药条载荷的方法研究了壳体的结构响应，但未对解耦的合理性予以论证。同时，文献[14]中仅提取了缓冲层表面的炸药条载荷，解耦模型中仍涉及两层橡胶，其分析结果与实验数据的吻合程度也不甚理想(未考虑缓冲层对模态的影响)。文献[15]和文献[16]虽对实验件施加了经橡胶整形后的炸药条载荷，但作为计算方法的应用实例，载荷模型具有假定成分。

对此，作者在流固耦合数值模拟的基础上，结合实验验证，通过建立经缓冲层整形后的单炸药条载荷模型，建立了炸药条加载实验的解耦分析方法。

本节将以作者团队前期研究成果[17]为基础，对炸药条加载实验的解耦分析方法进行介绍。

4.3.1　单炸药条载荷模型

1. 等宽等厚单炸药条载荷模型

由图 4-11 可见，截面尺寸为 3mm×0.467mm 的单炸药条经缓冲层整形后的载荷脉宽为 50～120μs，起始时差为 50～100μs。以下根据相关计算结果建立单炸药条载荷模型。

为了获得单炸药条载荷的比冲量分布函数，根据图 4-12(b)，采用 Gauss 分布曲线拟合了比冲量随距离的归一化衰减曲线，如图 4-14(a)所示。拟合曲线的表达式为

$$f(x)=\exp\left[-\left(\frac{x}{10.15}\right)^2\right] \tag{4-76}$$

式中，x 为环向坐标(单位为 mm)，并约定炸药条中心位于 $x=0$ 处。

压力脉冲的时域形状简化为等腰三角形，其归一化分布如图 4-14(b)所示，表达式为

$$g(x,t)=\begin{cases}\dfrac{2}{t_\mathrm{w}(x)}\left[t-t_\mathrm{s}(x)\right], & t_\mathrm{s}(x)\leqslant t\leqslant t_\mathrm{s}(x)+\dfrac{t_\mathrm{w}(x)}{2}\\ 2-\dfrac{2}{t_\mathrm{w}(x)}\left[t-t_\mathrm{s}(x)\right], & t_\mathrm{s}(x)+\dfrac{t_\mathrm{w}(x)}{2}<t\leqslant t_\mathrm{s}(x)+t_\mathrm{w}(x)\\ 0, & \text{其他}\end{cases} \tag{4-77}$$

式中，t 为时间；t_s 为载荷起始时刻；t_w 为压力脉宽(这里时间的单位均为 ms)。t_s、t_w 均与 x 相关，根据计算结果，近似为如下线性关系：

$$t_\mathrm{s}(x)=0.05+0.005|x| \tag{4-78}$$

$$t_\mathrm{w}(x)=0.05+0.0025|x| \tag{4-79}$$

再引入压力系数

$$C_\mathrm{P}(x)=\frac{0.05}{t_\mathrm{w}(x)} \tag{4-80}$$

以及压力峰值 $P_{\max}$ (单位为 MPa)，即可构建经橡胶缓冲层整形后的单炸药条载荷模型：

$$P(x,t) = P_{\max} \cdot C_{\mathrm{P}}(x) \cdot f(x) \cdot g(x,t) \tag{4-81}$$

式中，$P(x,t)$表示压力载荷的时空分布(单位为 MPa)。由式(4-81)，并根据图 4-12(b)中的比冲量峰值，可得$P_{\max}=11.99\,\mathrm{MPa}$。进一步地，还可以通过积分反推片炸药比冲量为 1480Pa·s 左右，与采用机械方式测量的结果(1437.3Pa·s)吻合。

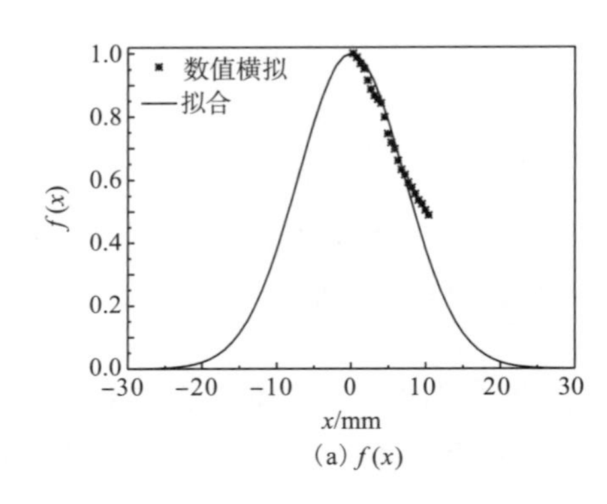

(a) $f(x)$

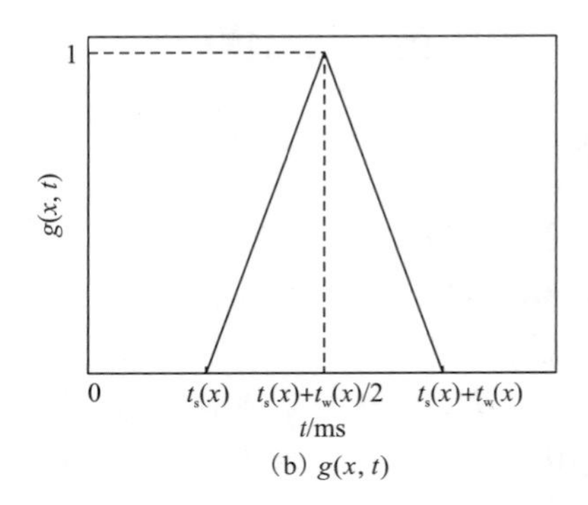

(b) $g(x, t)$

图 4-14 炸药条载荷模型的两个函数因子

2. 变宽变厚的单炸药条载荷模型

前面介绍了 3mm 宽、0.467mm 厚炸药条经缓冲层整形后的载荷模型，并得到了实测结果的旁证。然而，对圆锥壳结构的加载需采用梯形炸药条，且炸药条厚度也是在一定范围内变化的，因此建立不同宽度和厚度的炸药条载荷模型更具实际意义。为此采用数值计算，对不同宽度、厚度炸药条经海绵橡胶、真空橡胶组合缓冲层整形后的载荷模型进行研究。

为了获得不同厚度和宽度的炸药条爆炸载荷变化规律，采用单炸药条加载平板的模型进行了一系列的数值计算。根据实际工程中的应用情况，取炸药条厚度变化范围为$H=0.38$～0.60mm，宽度变化范围为$W=2$～6mm。计算结果见图 4-15 和图 4-16。

图4-15为炸药条厚度和宽度变化情况下经缓冲层整形后三个特征点的压力时间历程曲线。图 4-16 给出了压力峰值随炸药条厚度和宽度的变化情况。三个特征点距炸药条中心正下方的距离分别为 0.25mm、9.25mm 和 19.25mm。

由图 4-15 和图 4-16 可见，通过缓冲层整形后的炸药条载荷具有以下特征：

(1)整形后的压力峰值受到炸药条厚度和宽度的共同影响，压力峰值随炸药条厚度的增加近似线性增加，同时也随宽度的增加而增加，但存在一定的非线性；

(2)压力时间历程曲线的形状及脉宽几乎不受炸药条厚度和宽度的影响。

根据以上结果，在忽略非线性(考虑到压力峰值对结构响应的影响远不及比冲量明显)的情况下，可以在前面截面尺寸为 3mm×0.467mm 的炸药条载荷模型的

基础上，通过修正压力峰值 P_{max} 的方法获得宽度和厚度变化情况下的炸药条载荷模型，即

$$P(x,t)=\frac{H}{0.467}\cdot\frac{W}{3}\cdot P_{max}\cdot C_{P}(x)\cdot f(x)\cdot g(x,t) \tag{4-82}$$

式中，P_{max}、$C_{P}(x)$、$f(x)$、$g(x,t)$ 的定义均同前。

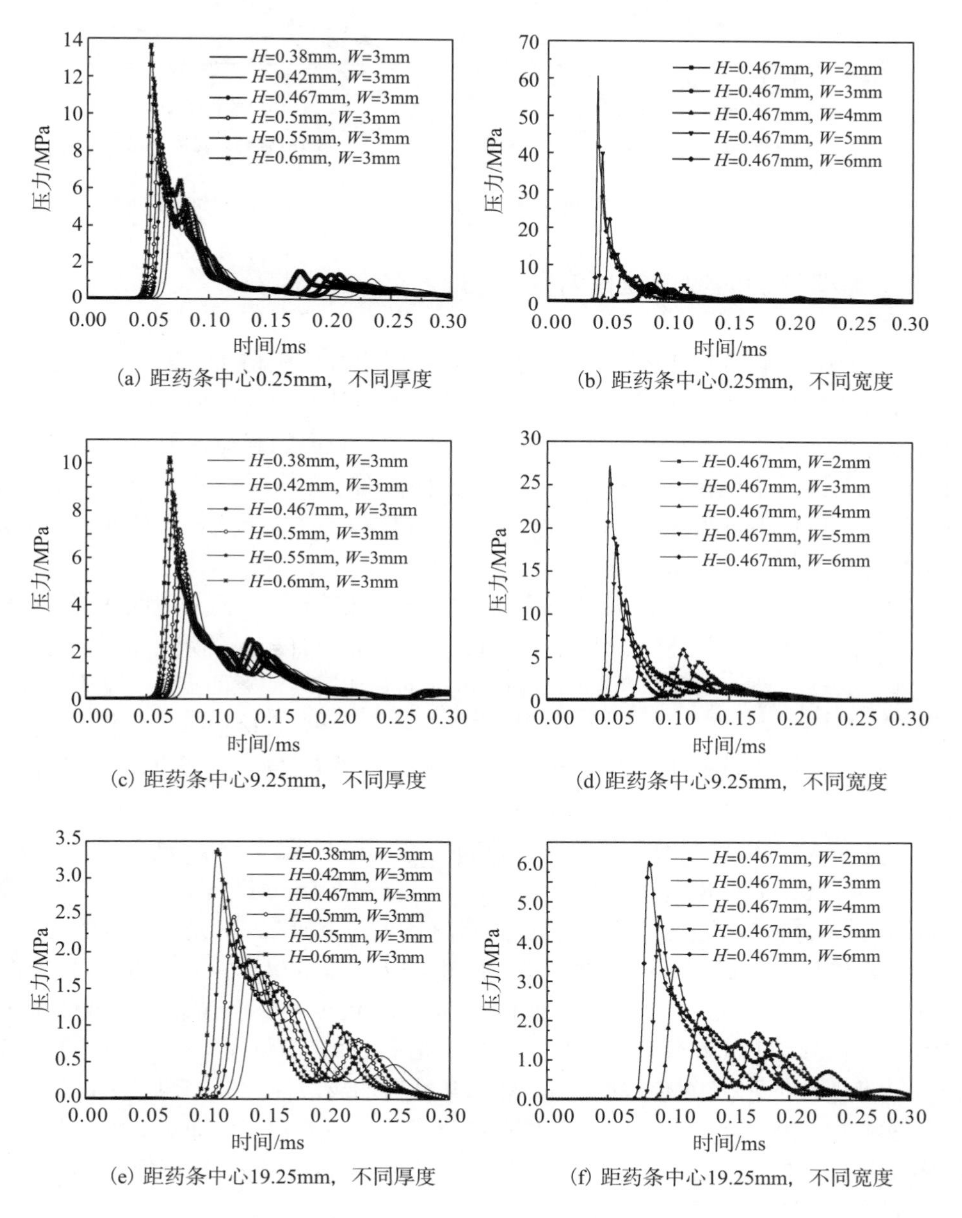

(a) 距药条中心0.25mm，不同厚度　(b) 距药条中心0.25mm，不同宽度

(c) 距药条中心9.25mm，不同厚度　(d) 距药条中心9.25mm，不同宽度

(e) 距药条中心19.25mm，不同厚度　(f) 距药条中心19.25mm，不同宽度

图 4-15　炸药条厚度和宽度变化时经缓冲层整形后的压力时间历程曲线

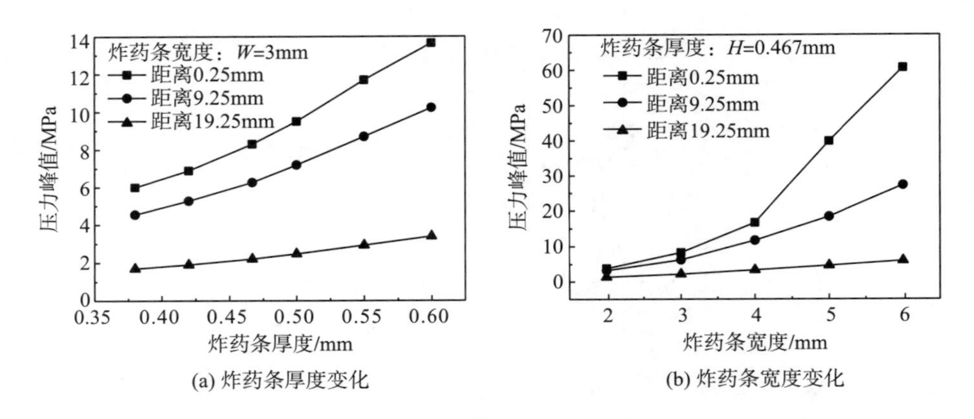

(a) 炸药条厚度变化　　(b) 炸药条宽度变化

图 4-16　炸药条厚度和宽度变化时经缓冲层整形后的压力峰值

4.3.2　解耦分析的数值建模方法

相对而言，解耦分析的数值模型建立与流固耦合分析相比大大简化。模型中不再需要炸药、空气和两层橡胶，只需要建立实验件结构的模型。原本由炸药在空气中爆炸产生并经两层橡胶缓冲层传递到实验件表面的载荷，现在只需要根据前面建立的炸药条载荷模型直接施加在实验件表面。没有了炸药和空气，也就没有了流体，所以不再需要“流固耦合”，也不再需要 ALE 单元，实验件的有限元模型只需用 Lagrange 方法描述。

唯一相对复杂的是，前面只建立了单炸药条的载荷模型，而一般的炸药条加载实验是采用多条炸药条进行爆炸加载。对此，需要根据炸药条的尺寸和位置信息，将单炸药条载荷叠加为多炸药条的载荷。载荷的叠加需要注意两点：一是不同炸药条爆炸产生的压力载荷，在叠加时不用考虑其相互影响，直接按照线性叠加的方式处理即可；二是叠加针对的是压力的“时空分布”，即在同一空间点、同一时间点的压力载荷相加，得到总压力随空间和时间变化的函数。

图 4-17 给出了典型的炸药条载荷叠加结果。其中，图 4-17(a) 是采用式(4-81)描述的单炸药条载荷模型，并根据表 4-1 中加载 Φ265mm 圆柱壳的 19 条炸药条的分布位置，叠加为随空间和时间变化的分布压力；图 4-17(b) 是其对应的比冲量分布及其与对应余弦分布载荷的比较。由图 4-17 可以看出，由于炸药条的空间分布具有中间(周向角接近 0°)密、两侧(周向角接近±90°)疏的特征，叠加而成的炸药条载荷在中间部分均匀性较好，特别是在±30°范围内与余弦分布基本吻合，但随着周向角(绝对值)的增加，炸药条载荷的离散性逐渐表现出来，呈幅度不断增加的波浪状起伏。模拟载荷与真实载荷的这种差异，也即离散炸药条载荷与连续分布余弦载荷之间的差异，正是需要开展实验模拟等效性研究(见第 5 章)的一个重要原因。

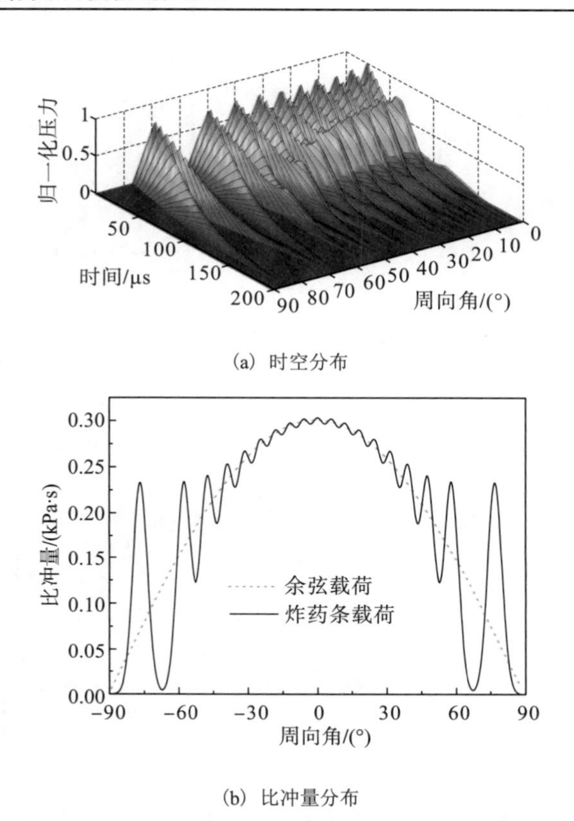

(a) 时空分布

(b) 比冲量分布

图 4-17　19 条炸药条加载 Φ265mm 圆柱壳时产生的爆炸冲击载荷

4.3.3　二维解耦分析实例

本小节算例是在 4.2.2 小节模型基础上进行的二维解耦分析，并分别与余弦载荷响应、流固耦合分析结果进行比较。

模型中的实验件结构尺寸、材料同 4.2.2 小节，施加的载荷如图 4-17 所示。分析结果及其与对应余弦载荷响应、全物理过程流固耦合模拟(固连 250μs)结果的比较见图 4-18。由图 4-18(a)、(c)、(e)可见，解耦分析得到的应力响应与对应余弦载荷响应的频率特性吻合，幅值基本相当。但解耦分析中炸药条载荷激起的部分高频响应略低于余弦载荷。由图 4-18(b)、(d)、(f)可见，解耦分析与全物理过程流固耦合模拟的结果基本吻合，频率、幅值及最大应力值基本相当。这说明解耦分析代替全物理过程流固耦合模拟是可行的。

全物理过程流固耦合模拟采用 ALE 方法，模型庞大，计算效率低；而解耦分析只需要建立实验件模型，直接施加炸药条载荷，计算规模大幅降低，计算效率大幅增加。因此，本节关于解耦可行性的结论及建立的单炸药条载荷模型对进一步的研究具有重要的意义。

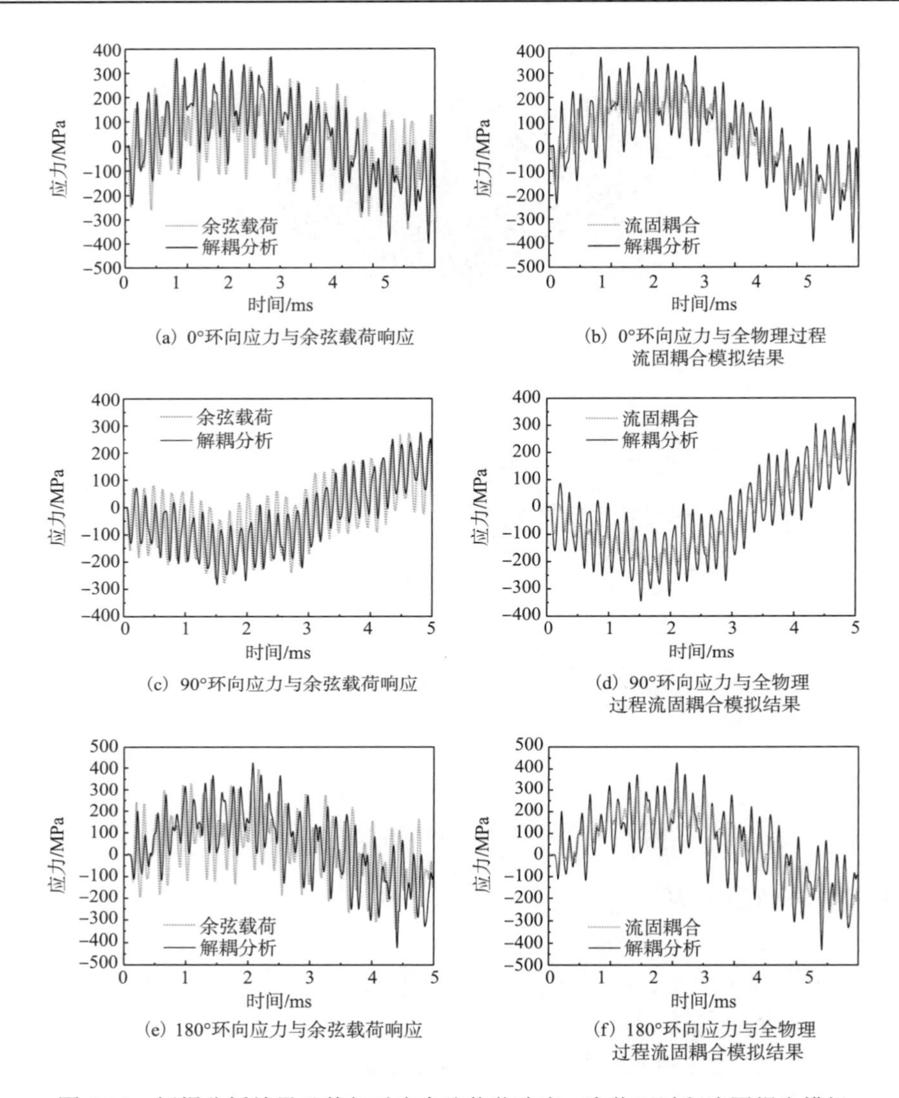

(a) 0°环向应力与余弦载荷响应

(b) 0°环向应力与全物理过程流固耦合模拟结果

(c) 90°环向应力与余弦载荷响应

(d) 90°环向应力与全物理过程流固耦合模拟结果

(e) 180°环向应力与余弦载荷响应

(f) 180°环向应力与全物理过程流固耦合模拟结果

图4-18 解耦分析结果及其与对应余弦载荷响应、全物理过程流固耦合模拟(固连250μs后重启动)结果的比较

4.3.4 三维解耦分析实例与实验验证

前面介绍的全物理过程模流固耦合模拟及解耦计算均为二维分析。由于在平面应变简化中，忽略了圆柱壳的轴向变形，截取了部分模态，因此尚不能完全代替三维问题。为此在采用二维模拟验证解耦分析方法合理性的基础上，为进一步与实验结果比对，本小节对前文4.2.2小节描述的实验状态进行三维模拟(即考虑了实验件的长度)，并与实验结果进行比较。

在数值建模中，为控制计算规模，依据对称性建立 1/4 模型，即沿 $X=0$ 截面(0°–180° 截面，过对称轴)和 $Z=0$ 截面(垂直于对称轴)剖开，建立如图 4-19 所示的半截半圆柱壳模型。整个模型共计 360000 个六面体实体单元(采用 Lagrange 方法描述)，455005 个节点。在 $X=0$ 截面和 $Z=0$ 截面施加面对称边界条件，$Z=-190$ mm 端面保持自由。在外层单元表面 0°～90° 内施加图 4-17 所示的动态压力载荷。

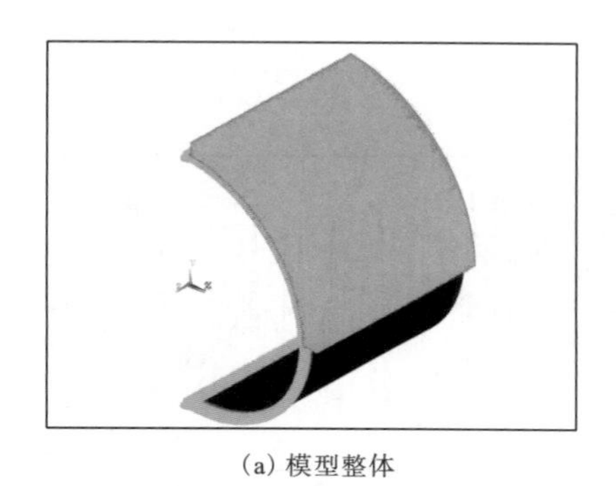

(a) 模型整体

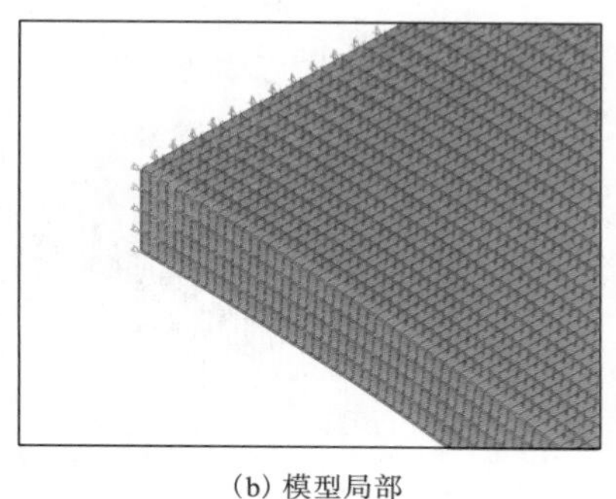

(b) 模型局部

图 4-19　三维(解耦)计算模型及其有限元网格、边界条件和载荷

模型建立后，进行有限元分析，获得了相关特征点的应变结果(由于实验中只能直接测量应变，为对比，这里给出应变结果)。取圆柱壳内部 0°、90°、180° 母线中点的环向、轴向应变，与实验结果进行比较，如图 4-20 所示。

由图 4-20 可见，数值模拟结果与实验结果的波形趋势和频率特征吻合较好，幅值基本相当，这说明建立的炸药条载荷模型和有限元模型总体上能够反映实际的情况。二者的差别主要出现在如下两个方面。一是个别高频响应峰值差异较大。经波形展开分析发现个别地方(尤其是峰值差异较大处)存在毛刺，其形状不符合结构响应特征，频率也高于测试系统通频带，属于高频干扰信号；同时，炸药条的不均匀性等因素也造成了实验状态和数值模型的不一致。二是二者波形衰减幅度具有一定的差别，这是因为数值模拟中给定的阻尼不完全准确，但此种差别基本不影响峰值判读。

以上情况说明，通过解耦建立的三维数值模型能够较真实地反映实验状态，可以得到比较可信的结构响应计算结果。但遗憾的是，上述三维模拟仍然比较耗时，对于如此简单的圆柱壳结构，每次计算时间都在若干小时；同时，如果要改变炸药条分布，还需要耗费大量的时间修改模型。因此，尽管解耦后的数值模拟比全物理过程流固耦合模拟的效率大大提高，但对于多因素数值实验来讲，仍然存在诸多不便，效率仍然不理想。但不论如何，解耦分析方法的建立为进一步的数值模拟研究奠定了良好的基础。

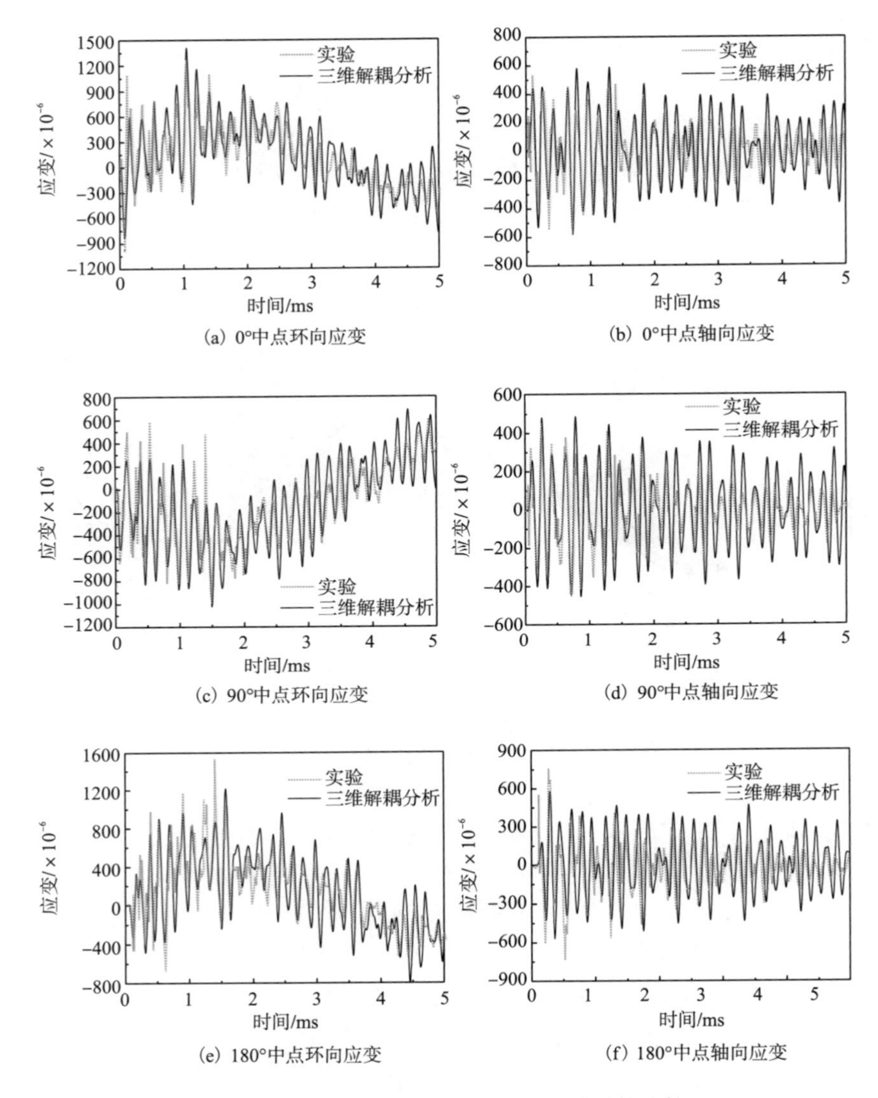

(a) 0°中点环向应变

(b) 0°中点轴向应变

(c) 90°中点环向应变

(d) 90°中点轴向应变

(e) 180°中点环向应变

(f) 180°中点轴向应变

图 4-20　三维解耦数值模拟与实验结果的比较

4.4　旋转相似载荷下轴对称结构弹性响应的快速算法——旋转叠加法

4.2 节介绍了炸药条加载圆柱壳全物理过程的二维流固耦合数值模拟方法与实例。但对实验状态数值模拟的出发点之一是要分析炸药条模拟实验的等效性，需要进行大量的多因素数值实验，并且有的问题(如圆锥壳)还不能简化为二维问题，因此若采用此模拟方法，耗时耗力，或者几乎不太可能。为此，4.3 节又通过解耦分析，发现可以将整形后的炸药条载荷提取出来，直接施加在壳体表面进行二维或三维计算。此方法可以避免流固耦合和其他非线性因素，减少了计算规模和时间，但仍然不便用于大量的多因素数值实验。因此，若能建立一种效率更高的快速算法，提高多因素数值实验的计算效率，则将对实验模拟等效性研究起到事半功倍的效果。

前面已经介绍，本书的研究对象主要是轴对称壳体结构。事实上，轴对称结构是工程中最常见的结构形式之一，其静、动力学分析一直受到重视。其中，结构、载荷和边界条件均满足轴对称条件的问题，即轴对称问题，均可简化为二维问题进行求解；结构剖面尺寸、载荷分布和边界条件均与长度无关的问题，也可简化为二维问题。除此之外的情况，一般只能按三维问题求解。相比而言，后一种情况比前两种的求解更复杂，尤其是在复杂分布载荷或多种工况的分析中，将导致更高的计算复杂性和计算成本。因此，研究此类问题的简化算法或快速算法对上述领域的工程分析和研究具有重要的意义。

对此，作者经长期反复思考和探索[15,18]，通过引入“旋转相似载荷”的概念，采用坐标旋转和线性叠加的方法，建立了一种求解旋转相似载荷下轴对称结构弹性响应的快速算法——旋转叠加法[16]。该方法可以应用于结构轴对称、载荷旋转相似(包括部分相似)这一大类问题的弹性响应分析，具有一定的普适性，也具有一定的工程价值和应用前景。

本节在介绍旋转相似载荷定义的基础上，推导了旋转叠加法的计算公式，给出了 4 个算例用以证明算法的正确性和有效性，并就相关问题进行了简要讨论。

4.4.1　旋转相似载荷的定义

设轴对称体 V ，受载荷(向量) $\boldsymbol{F}(r,\theta,z,t)$，作用于点集 $\Omega(r,\theta,z)\subseteq V$ 。按某种方法分解 $\boldsymbol{F}$ ：

$$\boldsymbol{F}(r,\theta,z,t)=\sum_{i=0}^{n-1}\boldsymbol{F}_i(r,\theta,z,t),\quad n\geqslant 2 \tag{4-83}$$

式中，r 、θ 、z 为柱坐标(r 为半径，θ 为角度，z 沿对称轴方向)；t 为时间；n 为载荷子集总数；$\boldsymbol{F}_i$ 为载荷子集。若 $\Omega_i(r,\theta,z)\subseteq\Omega$ 为载荷子集 $\boldsymbol{F}_i$ 的作用区域，且满足

$$\Omega_i(r,\theta-\Delta\theta_i,z)=\Omega_0(r,\theta,z),\qquad i=1,2,\cdots,n-1 \tag{4-84}$$

且此时存在比例关系：

$$\boldsymbol{F}_i(r,\theta-\Delta\theta_i,z,t-\Delta t_i)=k_i\boldsymbol{F}_0(r,\theta,z,t),\quad i=1,2,\cdots,n-1 \tag{4-85}$$

则称轴对称体 V 受到的载荷 $\boldsymbol{F}$ 具有旋转相似性，或称载荷 $\boldsymbol{F}$ 为旋转相似载荷。

以上是旋转相似载荷的数学表达。事实上，可以简单地理解为：载荷的每个

子集绕对称轴旋转一定的角度($\Delta\theta_i$)，若都能和某子集(如$\boldsymbol{F}_0$)具有相同的作用区域和作用方向，以及相似的时域分布(允许具有一定时差Δt_i)，幅值呈比例关系(系数为k_i)，则该载荷具有旋转相似性。所谓旋转相似，即“旋转”一定角度后具有“相似”关系。

需要指出的是，这里的轴对称结构并非只是几何形状的轴对称。若材料为各向同性，则只要几何轴对称即可；但若材料为各向异性，则需要材料的力学性能也满足轴对称条件。例如，由复合材料制成的轴对称体，只有当其纤维绕制或敷设也呈轴对称时，才可以认为是这里定义的轴对称结构。

另外，式(4-83)所表示的载荷分解，可以是人为划分，也可以是天然离散。

4.4.2 旋转叠加法的推导

假设所分析的问题为线弹性力学问题，某轴对称结构V受到的载荷$\boldsymbol{F}$具有旋转相似性，并按照式(4-83)的分解方法，得到$\boldsymbol{F}_i$($i=1,2,\cdots,n-1$)。记结构在载荷$\boldsymbol{F}_i$作用下的响应为

$$\boldsymbol{R}_i=\boldsymbol{R}_i\left(r,\theta,z,t\right),\quad i=0,1,2,\cdots,n-1 \tag{4-86}$$

式中，$\boldsymbol{R}_i$代表结构在$\boldsymbol{F}_i$作用下的应力、应变、位移等结构响应在柱坐标系下的分量。假设现在已经采用某种方法得到了载荷$\boldsymbol{F}_0$作用下的结构响应：

$$\boldsymbol{R}_0=\boldsymbol{R}_0\left(r,\theta,z,t\right) \tag{4-87}$$

由于载荷$\boldsymbol{F}$具有旋转相似性，即满足式(4-85)，因此再由线弹性假设，即可通过坐标旋转再乘以载荷系数的方法得到载荷$\boldsymbol{F}_i$作用下的结构响应：

$$\boldsymbol{R}_i\left(r,\theta,z,t\right)=k_i\boldsymbol{R}_0\left(r,\theta-\Delta\theta_i,z,t-\Delta t_i\right),\quad i=1,2,\cdots,n-1 \tag{4-88}$$

式中，k_i为载荷系数，由式(4-85)确定，即$k_i=\dfrac{\boldsymbol{F}_i}{\boldsymbol{F}_0}$。若式(4-85)只是近似满足，则$k_i$可由$\boldsymbol{F}_i$和$\boldsymbol{F}_0$幅值的平均值得到。另外，式(4-85)和式(4-88)中，k_i为仅与下标i相关的常数，否则将无法建立载荷单元$\boldsymbol{F}_i$与$\boldsymbol{F}_0$之间的比例关系，以及对应响应$\boldsymbol{R}_i$与$\boldsymbol{R}_0$之间的联系。

根据线弹性力学解的叠加原理，总的响应为n个载荷子集作用下响应的线性叠加，即

$$\boldsymbol{R}\left(r,\theta,z,t\right)=\sum_{i=0}^{n-1}\boldsymbol{R}_i\left(r,\theta,z,t\right)=\sum_{i=0}^{n-1}k_i\boldsymbol{R}_0\left(r,\theta-\Delta\theta_i,z,t-\Delta t_i\right) \tag{4-89}$$

由上述推导可见，只要计算出载荷子集$\boldsymbol{F}_0$作用下的响应$\boldsymbol{R}_0$，就可以通过坐标旋转得到其他载荷子集下的响应$\boldsymbol{R}_i$($i=1,2,\cdots,n-1$)，从而通过线性叠加得到原载荷$\boldsymbol{F}$作用下的响应$\boldsymbol{R}$。显然，该方法的精髓在于对结构响应的坐标旋转和线性叠

加，因此称为旋转叠加法。

4.4.3　旋转叠加法的应用及验证

1. 算例一：圆柱壳受侧向连续分布动态面载荷

1) 问题描述

假设有一外形尺寸为 Φ300mm×105mm、壁厚为 5mm 的钢质圆柱壳，其外表面受侧向连续分布的动态面载荷，载荷的特点如下。

(1) 作用方向：沿外法线方向向内。

(2) 时域分布：三角形脉冲，脉宽为 10μs。

(3) 沿周向的幅值分布：如图 4-21 所示，共三种。其中，

载荷 1：$P(\theta)=P_0$, $-19°\leqslant\theta\leqslant19°$，即在 ±19° 范围内均匀分布，该载荷将用于后面对方法和模型的验证。

载荷 2：$P(\theta)=P_0\cos\theta$, $-90°\leqslant\theta\leqslant90°$，即在 ±90° 范围内呈余弦分布，此载荷类似于 X 射线作用于圆柱壳形成的喷射冲量载荷。

载荷 3：$P(\theta)=P_0\cos1.5\theta$, $-60°\leqslant\theta\leqslant60°$，即将载荷 2 分布缩小至 ±60° 范围内，此载荷类似于文献[19]中的空投鱼雷入水冲击载荷。

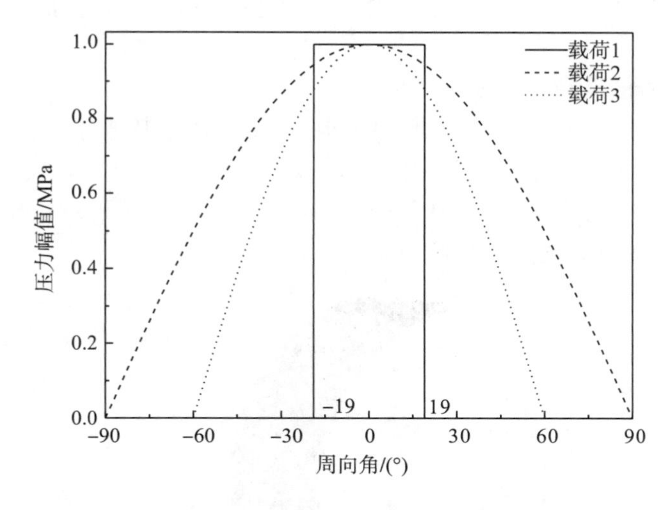

图 4-21　三种连续分布载荷的周向分布

2) 载荷分析

根据前面的描述，该问题中的载荷属于连续分布的动态面载荷，在使用旋转叠加法时需要人为离散。

以载荷2为例，如图4-22所示，采用若干母线将连续分布载荷分割为有限个载荷单元，令0°母线处载荷单元为$\boldsymbol{F}_0$，则位于θ_i的载荷单元$\boldsymbol{F}_i$旋转θ_i后与载荷单元$\boldsymbol{F}_0$的作用区域和方向相同。此时将旋转后的载荷单元$\boldsymbol{F}_i$乘以系数k_i，则可以发现两个单元的幅值近似，但其分布不完全相同。然而，若将载荷单元划分得足够小，则可以忽略两个载荷单元的差别，这与有限元离散和逼近的方法类似。

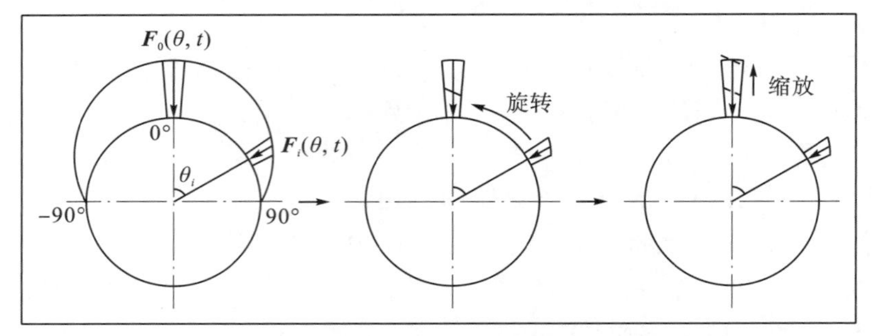

图4-22 连续分布载荷的人工离散和旋转相似性分析

同理，载荷1和载荷3也有类似的性质。以上分析表明，上述问题满足载荷旋转相似性的要求，因此可以采用旋转叠加法求解。

3) 有限元建模

考虑结构和载荷对称性，建立1/2三维模型，对称面施加面对称边界条件，如图4-23所示。

有限元分析的载荷考虑如下两种。

(1) 载荷单元$\boldsymbol{F}_0$：±0.5°范围内的均布压力，用于其他分布载荷(图4-21中载荷1、载荷2、载荷3)作用下的响应合成。

(2) 图4-21中的载荷1：±19°范围内的均布压力，用于对比和验证(但并非是旋转叠加法所必需的分析内容)。

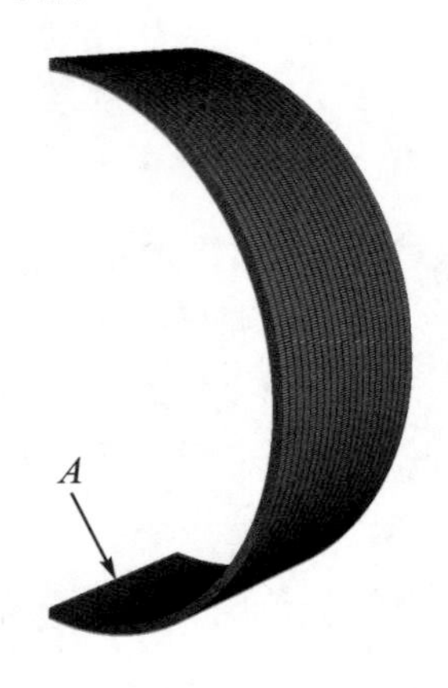

图4-23 圆柱壳有限元模型图

4) 计算结果与处理

载荷单元 $\boldsymbol{F}_0$ 作用下 0°、0.5°、…、180° 内母线中点的应力时间历程见图 4-24。利用这些看似杂乱无章的曲线，采用旋转叠加法合成了载荷 1 作用下圆柱壳 180° 内部母线中点(图 4-23 中 A 点)的应力响应，并与直接计算(直接施加 ±19° 范围内的均布压力)的结果进行了比较，如图 4-25 所示。由图 4-25 可见，采用旋转叠加法得到的计算结果与直接计算的结果完全吻合，这说明了计算方法和模型的正确性与有效性。

在此基础上，再利用 $\boldsymbol{F}_0$ 的计算结果，很容易就得到了载荷 2、载荷 3 作用下的应力响应，如图 4-26 所示。

此例采用有限元法只分析了载荷单元 $\boldsymbol{F}_0$ 作用下的应力响应计算结果，就通过旋转叠加法得到了三种载荷作用下的应力响应。而且旋转叠加过程只需要进行简单算术运算，因此采用该方法进行多工况分析和多因素数值实验具有非常可观的效率。

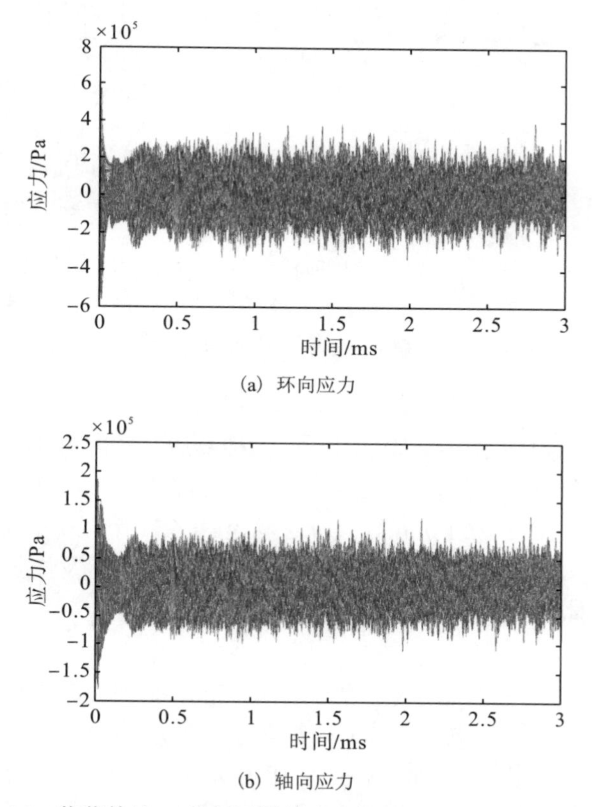

图 4-24　载荷单元 $\boldsymbol{F}_0$ 作用下圆柱壳内部 0°～180°（0.5° 间隔）母线中点的应力响应

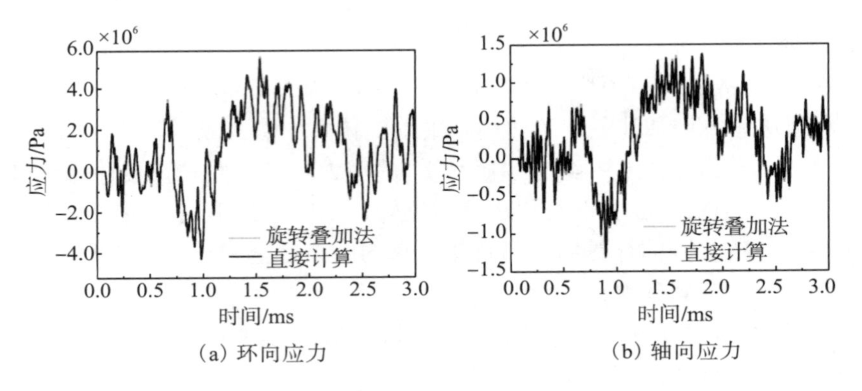

图 4-25 两种方法计算的载荷 1 作用下的应力响应

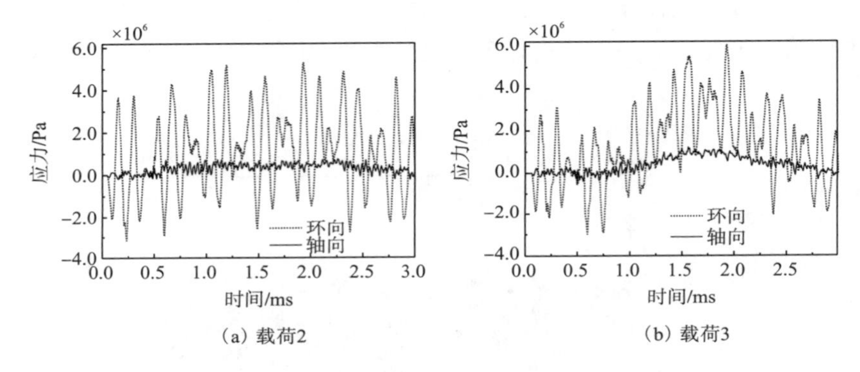

图 4-26 采用旋转叠加法计算的载荷 2、载荷 3 作用下的应力响应

2. 算例二：加环筋圆锥壳受离散炸药条爆炸冲击载荷

1) 问题描述

为了模拟在 X 射线余弦载荷作用下的结构响应，采用第 3 章的方法在一加环筋钢制圆锥壳表面采用炸药条(通过缓冲层)进行爆炸加载。炸药条为梯形，小端宽 2.000mm，平均厚度 0.513mm。缓冲层状态和 4.2 节一致。设计载荷的比冲量峰值为 226.34Pa·s，共计 15 条炸药条。圆锥壳几何结构以及炸药条分布如图 4-27 所示，炸药条具体分布角度见表 4-2。

2) 载荷分析

根据炸药条加载实验及其载荷设计方法，加载圆锥壳的炸药条为梯形，且每条相同。对垂直于对称轴的任一截面，炸药条的宽度总是相同的，每条炸药条所在的周向角度也是一定的。因此，在不计炸药条厚度分散性和起爆时差的情况下，炸药条产生的载荷分布完全相同。任意两条炸药条产生的载荷只是在空间分布上相差一个周向角度。因此，如果将单条炸药条产生的载荷看作一个载荷单元，那么这些天然离散的载荷满足旋转相似性要求，可以采用旋转叠加法进行求解。

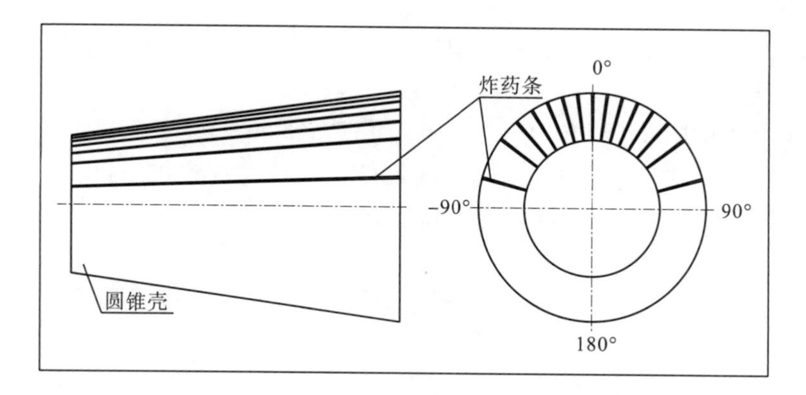

图 4-27　加环筋圆锥壳几何结构及其炸药条分布

表 4-2　15 条炸药条在圆锥壳表面的分布位置

编号	角度/(°)	编号	角度/(°)
$0^{\#}$	0	$\pm4^{\#}$	±32.34
$\pm1^{\#}$	±7.68	$\pm5^{\#}$	±42.02
$\pm2^{\#}$	±15.50	$\pm6^{\#}$	±53.62
$\pm3^{\#}$	±23.64	$\pm7^{\#}$	±75.04

3) 有限元建模

根据问题的面对称性，建立 1/2 模型(0°～180°)，在对称面施加面对称边界条件，其余自由。根据炸药条几何尺寸和由式(4-82)描述的炸药条载荷模型，计算出单条炸药条载荷的具体时空分布。为施加 $0^{\#}$炸药条载荷，以 0° 母线为中心，在附近 3000 多个单元表面施加了相应的动态压力载荷，它们具有不同的幅值和时域形状。

4) 计算结果与处理

(1) $0^{\#}$炸药条单独作用下的有限元计算结果。通过对 $0^{\#}$炸药条载荷作用下的结构响应进行有限元计算，得到了壳体内部距大端面 75mm 处不同周向角度的环向应变时间历程。部分曲线见图 4-28。

(2) 全部(15 条)炸药条作用下的结构响应。先介绍如何使用旋转叠加法合成 15 条炸药条载荷作用下的结构响应。对照表 4-2 和图 4-28(a)容易发现，图 4-28(a)给出的 8 条应变响应曲线的所在周向角度正好近似对应于 $0^{\#}$～$7^{\#}$炸药条的所在位置。容易想象，这 8 条曲线正好就是 $0^{\#}$～$7^{\#}$炸药条单独作用时 0° 位置的响应(注意这里还应用了问题的面对称性)。这就是旋转叠加法中的“旋转”，即式(4-88)中载荷系数为 1、时差为 0 的情况。为了得到 $0^{\#}$～$\pm7^{\#}$共计 15 条炸药条作用下的响应，还需要进一步“叠加”。记 $0^{\#}$炸药条单独作用下 0° 处环向应变为 $\varepsilon(0^{\circ},t)$，其余类推，则由式(4-89)，并利用问题的面对称性，$0^{\#}\sim\pm 7^{\#}$炸药条作用下0°处的环向应变为

$$E(0^{\circ},t)=\varepsilon(0^{\circ},t)+2\varepsilon(7.68^{\circ},t)+2\varepsilon(15.50^{\circ},t)+2\varepsilon(23.64^{\circ},t)+2\varepsilon(32.34^{\circ},t)+2\varepsilon(42.02^{\circ},t)+2\varepsilon(53.62^{\circ},t)+2\varepsilon(75.04^{\circ},t) \tag{4-90}$$

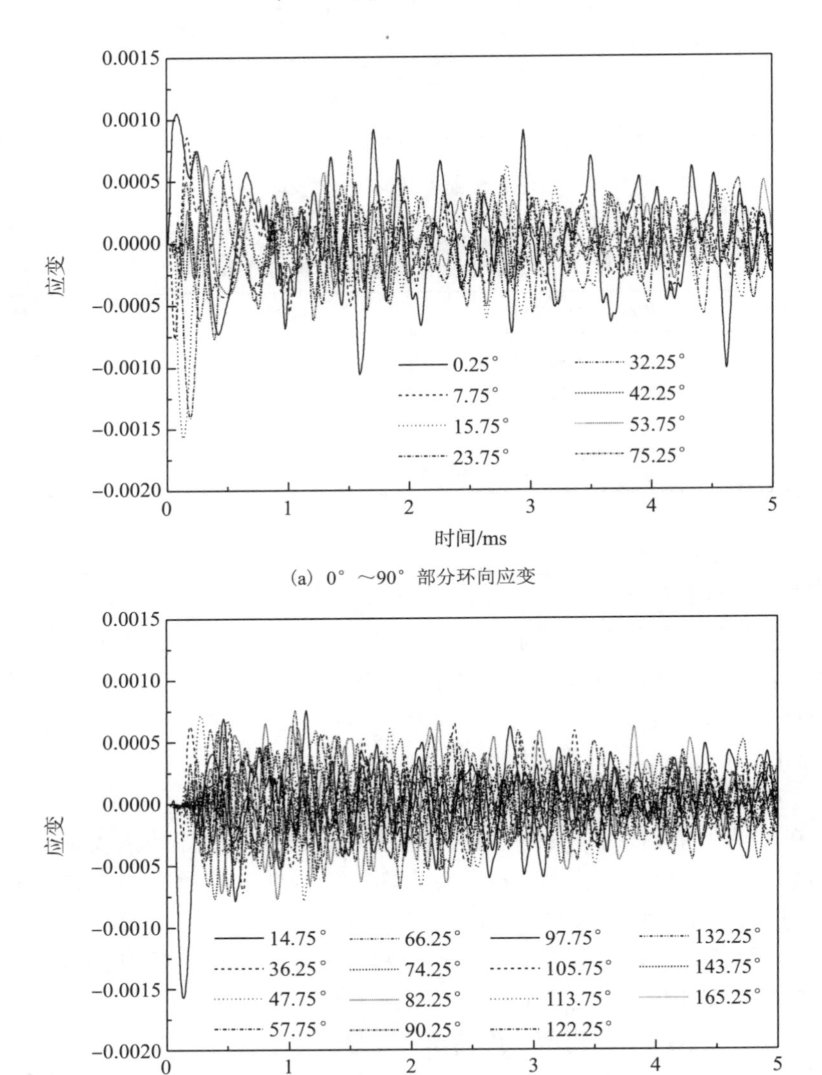

图4-28 $0^{\#}$炸药条作用下壳体内部距大端面75mm处环向应变时间历程

需要注意的是，式(4-90)中第一项系数为 1，其余均为 2。这是因为第一项对应 0#炸药条单独作用时 0° 处的响应，而第二项则包含了-1#和+1#炸药条分别单独作用时 0° 处的响应(由面对称性可知，这两条炸药条对应的 0° 处响应正好相等)，其余类推。

若用图 4-28(a)中的曲线近似代替式(4-90)中的曲线(忽略对应周向角度的微小偏差)，则可得到全部 0#～±7#炸药条作用下 0° 处的环向应变曲线，如图 4-29(a)所示。采用类似的方法，利用图 4-28(b)中曲线可得到 0#～±7#炸药条作用下 90° 处的环向应变曲线，如图 4-29(b)所示。不同的是，由于 90° 处响应的面对称性不再成立，因此这里使用了 15 条应变响应曲线。

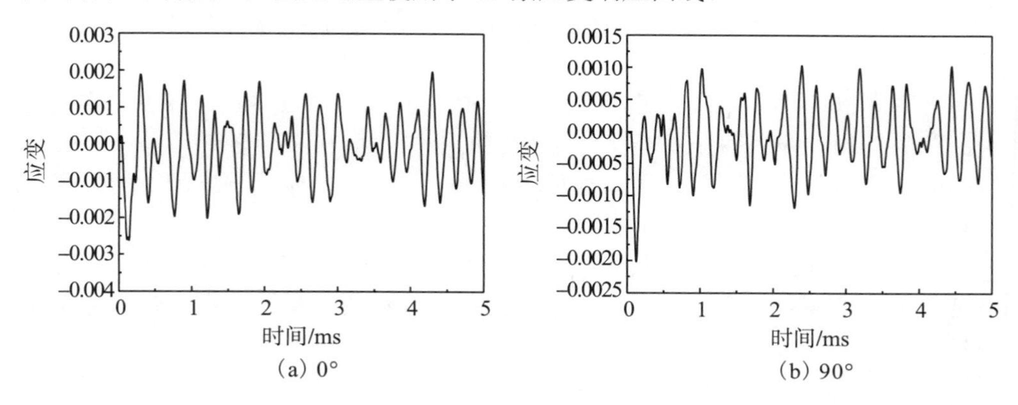

图 4-29　15 条炸药条作用下壳体内部距大端面 75mm 处环向应变时间历程

至此，我们通过简单算术运算，便由 0#炸药条单独作用的有限元计算结果，得到了 0#～±7#炸药条作用下不同位置的响应。

(3) 部分炸药条熄爆时的响应。在炸药条加载实验中，可能会遇到部分炸药条熄爆的情况。根据 0#炸药条作用下的结构响应计算结果，利用旋转叠加法可以很容易地得到相应的结构响应。

以 0#炸药条熄爆为例，对于 0° 处的响应计算，只需要在式(4-90)中去掉 0#炸药条所对应的项(即第一项)即可。即式(4-90)变为

$$
\begin{aligned}
E(0°,t) &= 2\varepsilon(7.68^{\circ},t) + 2\varepsilon(15.50^{\circ},t) \\
&\quad + 2\varepsilon(23.64^{\circ},t) + 2\varepsilon(32.34^{\circ},t) + 2\varepsilon(42.02^{\circ},t) \\
&\quad + 2\varepsilon(53.62^{\circ},t) + 2\varepsilon(75.04^{\circ},t)
\end{aligned} \tag{4-91}
$$

则容易得到此时的应变响应，如图 4-30(a)所示。同样，也很容易得到 90° 处的应变响应，如图 4-30(b)所示。

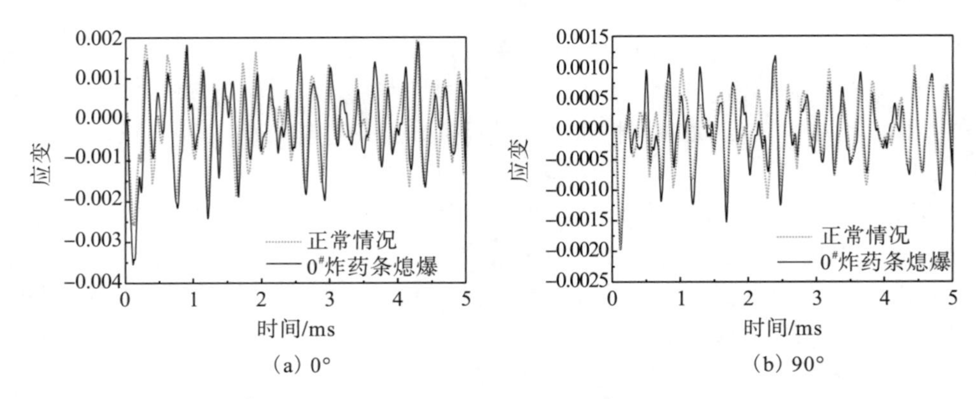

(a) 0° (b) 90°

图 4-30 0#炸药条熄爆时的环向应变时间历程及其与正常情况的比较

由图 4-30 可见，部分炸药条熄爆时，壳体的结构响应不一定减小。这是因为，总的结构响应为每条炸药条激起响应的叠加，而在某个时刻，单条炸药条激起的响应与总响应可能同号，也可能异号，因此若去掉一条炸药条的响应，在某些时刻总的响应反而可能增大。

(4)起爆不同步时的响应。在实际实验中，通常采用单点起爆方式。由于引爆药条的长度难免不一致，因此实际上各加载药条的起爆并不同步，也即各加载药条激起的响应具有一定时差。同样利用 0#炸药条作用下的结构响应计算结果，采用旋转叠加法可以方便地处理此种情况。

为简单计，以 0#炸药条滞后起爆 20μs 为例，对于 0° 处的响应计算，只需要在式(4-90)中将 0#炸药条所对应的项沿时间坐标向后平移 20μs 即可。此时式(4-90)变为

$$\begin{aligned}E(0^{\circ},t)=&\varepsilon(0^{\circ},t-0.02)+2\varepsilon(7.68^{\circ},t)+2\varepsilon(15.50^{\circ},t)\\&+2\varepsilon(23.64^{\circ},t)+2\varepsilon(32.34^{\circ},t)+2\varepsilon(42.02^{\circ},t)\\&+2\varepsilon(53.62^{\circ},t)+2\varepsilon(75.04^{\circ},t)\end{aligned} \tag{4-92}$$

式中，t 的单位为 ms。根据式(4-92)可以很容易地得到此时的应变响应，如图 4-31(a)所示。同样，也可得到 90° 处的应变响应，如图 4-31(b)所示。由图 4-31 可见，炸药条不同步起爆时，也将给壳体的结构响应带来一定的影响，有的峰值变大，有的变小。

(5)改变炸药条数量及分布的情况。由单条炸药条的计算结果还可以方便地得到不同炸药条数量及分布下的结构响应。作为算例，以下简要分析 13 条和 17 条炸药条的情况，分别对应于比冲量峰值 196.16Pa·s 和 256.52Pa·s 的余弦载荷，其药条分布位置由表 4-3 和表 4-4 给出，注意这里假定了炸药条尺寸和特性保持一致，即每条炸药条产出的载荷一致，因此由于炸药条数量的增加，加载的比冲量峰值也是增加的。

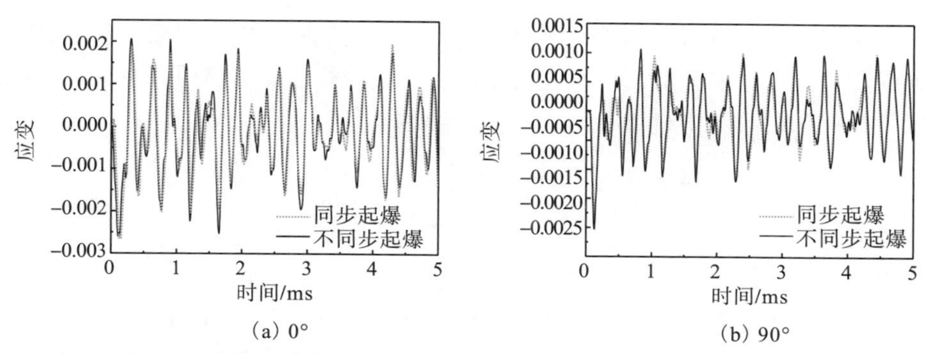

(a) 0°　(b) 90°

图 4-31　起爆不同步时的环向应变时间历程及其与同步情况的比较

表 4-3　13 条炸药条在圆锥壳表面的分布位置(196.16Pa·s)

编号	角度/(°)	编号	角度/(°)
0#	0	±4#	±38.20
±1#	±8.88	±5#	±50.80
±2#	±17.98	±6#	±79.30
±3#	±27.60	—	—

表 4-4　17 条炸药条在圆锥壳表面的分布位置(256.52Pa·s)

编号	角度/(°)	编号	角度/(°)
0#	0	±5#	±36.14
±1#	±6.77	±6#	±45.10
±2#	±13.63	±7#	±55.90
±3#	±20.71	±8#	±75.96
±4#	±28.14	—	—

按照前面的方法，叠加得到这两种情况下的应变响应及其与 15 条炸药条加载结果的比较，如图 4-32 所示。

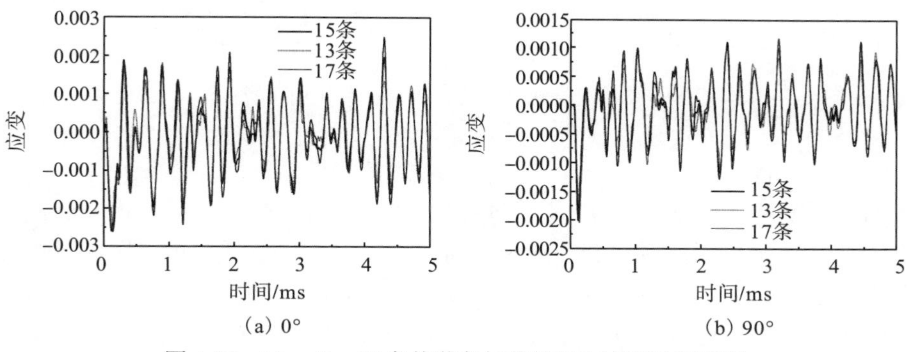

(a) 0°　(b) 90°

图 4-32　13、15、17 条炸药条加载的环向应变时间历程

本例通过简要分析加环筋圆锥壳结构的炸药条加载实验，说明了旋转叠加法在处理此类问题时的优势。这里仅仅举例说明旋转叠加法的应用，对此类问题的系统分析将在第5章中给出。

3. 算例三：双层球壳受水中爆炸冲击波载荷

1) 问题描述

设有一钢质双层球壳，几何结构及参数(单位为mm)见图4-33(a)。

球壳在水中受到爆炸冲击波作用，假设冲击波波头历时100μs，并呈三角形时域分布，压力幅值为10MPa，作用方向沿外法线向内。忽略结构与水的相互耦合作用，并假设各点压力峰值分布为角度ϕ和θ的函数，受载范围为上半球外表面，呈面对称形式(考虑爆炸源为点源和线源的情况)，如图4-33(b)所示。假设载荷分布公式为

$$P(\phi,\theta)=P_0\cdot C_1(\phi)\cdot C_2(\theta),\ -\pi/2\leqslant\phi\leqslant\pi/2;\ -\pi/2\leqslant\phi\leqslant\pi/2 \tag{4-93}$$

图4-34给出了载荷分布系数，其中，随ϕ的分布考虑一种，随θ的分布考虑两种，即载荷1和载荷2。

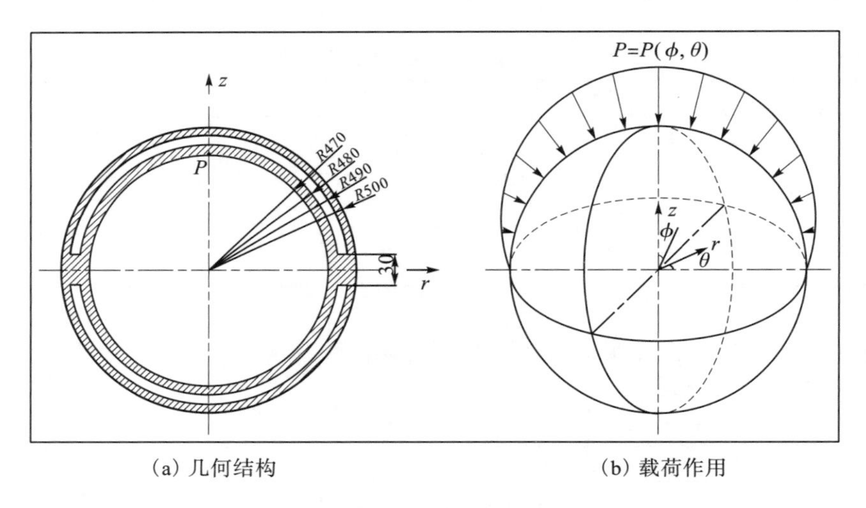

(a) 几何结构　　(b) 载荷作用

图4-33　双层球壳几何结构及载荷作用示意图

2) 载荷分析

如图4-35所示，将载荷进行人为离散。假设载荷单元$\boldsymbol{F}_0$和$\boldsymbol{F}_i$面积相同，则$\boldsymbol{F}_i$旋转θ_i后，其作用区域重合。整个载荷作用方向沿外法线向内，因此经旋转后两个载荷单元的作用方向一致。由于载荷幅值随ϕ(也可理解为沿母线)具有相同的分布曲线，因此载荷单元$\boldsymbol{F}_i$旋转θ_i后，其沿ϕ的分布形状与$\boldsymbol{F}_0$相同，大小近

似呈比例关系(情况同算例一)。

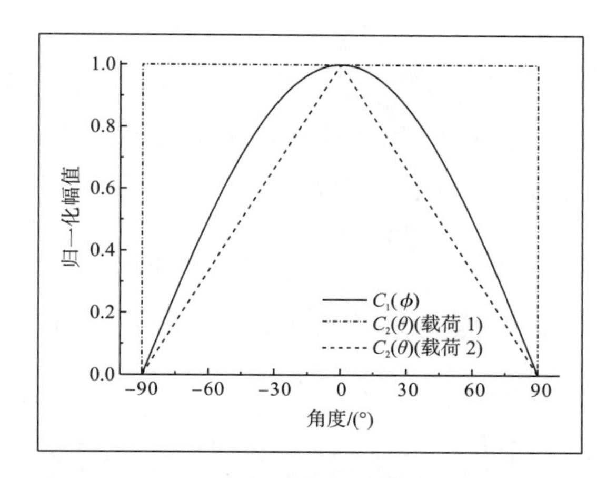

图 4-34　载荷的幅值分布

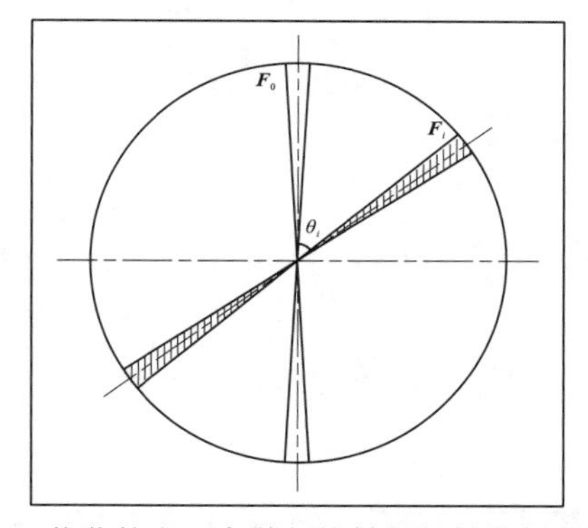

图 4-35　载荷的人工离散与旋转相似性分析(俯视图)

综上所述，本问题中载荷满足旋转相似性条件，可以用旋转叠加法求解。

3) 有限元建模

同样依据结构的面对称性，沿 X=0 和 Z=0 两个截面剖开，建立 1/4 有限元模型，在对称面施加面对称边界条件，其余自由。划分 $\theta=\pm1^{\circ}$ 范围内的载荷为载荷单元 $\boldsymbol{F}_0$，取压力峰值 P_0=1MPa，施加于相应区域的单元外表面。

4) 计算结果

(1) $\boldsymbol{F}_0$ 作用下的计算结果。载荷单元 $\boldsymbol{F}_0$ 作用下 P 点轴(Z)向加速度时间历程曲线如图 4-36(a)所示。该结果将用于合成载荷 1 和载荷 2 作用下的 P 点加速度。

(2) 载荷 1 和载荷 2 作用下的加速度响应。这里分析不同分布载荷作用下的 P 点加速度。由于 P 点正好在对称轴上(半径 r=0，与圆周角 θ 无关)，且由于结构的轴对称性和载荷的旋转相似性，任一载荷单元 $\boldsymbol{F}_i$ 作用下 P 点的响应均与 $\boldsymbol{F}_0$ 作用下的响应呈比例关系，因此无须对相应的坐标进行旋转。

为此，图 4-36(a)所示结果记为 $a_0(t)$，根据 $a_0(t)$ 及图 4-35 载荷分布函数，载荷 1 作用下 P 点的 Z 向加速度为

$$a_1(t)=\frac{180^\circ}{2^\circ}\times 10a_0(t)=900a_0(t) \tag{4-94}$$

载荷 2 作用下 P 点的 Z 向加速度为

$$a_2(t)=\frac{180^\circ}{2^\circ}\times\frac{1}{2}\times 10a_0(t)=450a_0(t) \tag{4-95}$$

载荷 1 和载荷 2 作用下 P 点的 Z 向加速度响应曲线见图 4-36(b)。

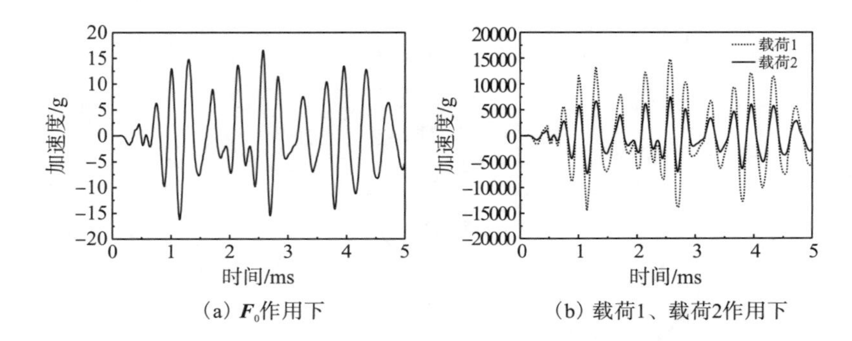

(a) F_0作用下　　(b) 载荷1、载荷2作用下

图 4-36　F_0 及载荷 1、载荷 2 作用下的 P 点 Z 向加速度时间历程曲线

4. 算例四：双锥结构受轴向爆炸分离冲击载荷

1) 问题描述

在航天工程中，经常采用爆炸螺栓等火工装置完成某些硬件的预定动作，如级间分离、头体分离等。这些火工装置的动作过程会对结构或部组件造成较高量级的冲击，从而可能影响某些结构的完整性或硬件的正常工作。为此，国内外都非常重视爆炸分离冲击问题。这里采用所建立的旋转叠加法分析爆炸螺栓引起的结构响应[20]，以便为结构设计和响应规律分析提供计算工具。

现假设有一个双圆锥壳结构，内部安装一圆柱形模拟部件，材料均为钢，几何结构见图 4-37。假设该结构安装在火箭发动机上，由爆炸螺栓连接。在飞行中的某一时刻，爆炸螺栓点火，双锥结构与发动机分离，并对结构产生冲击载荷。现考察在不同数量的爆炸螺栓(安装在同一圆周上，包括同步和不同步起爆的情况)作用下模拟部件的冲击环境条件，也即安装板上的加速度响应(图 4-37 中 P 点，位于 0°)，用于考察模拟部件的冲击环境适应性。

单只爆炸螺栓动作产生的冲击载荷在圆锥壳结构底端框表面，简化为在 Φ20mm 范围内均布、幅值为 250MPa、脉宽为 50μs 的三角形压力脉冲，模拟 1.96N·s

的冲量载荷。

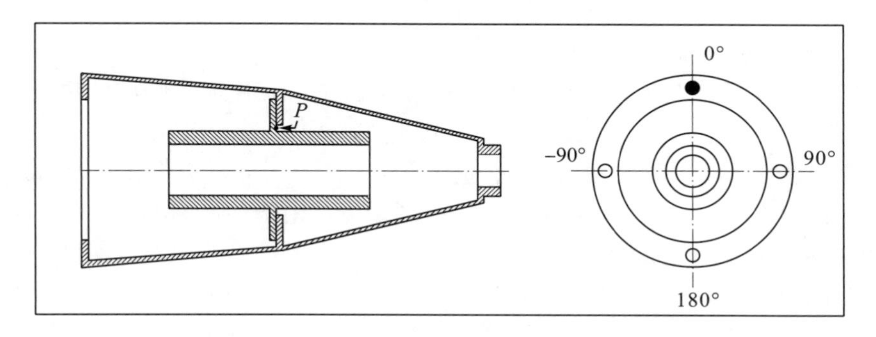

图 4-37　双锥壳结构示意图

2) 载荷分析

由前所述，爆炸螺栓的载荷沿轴向，作用区域为以爆炸螺栓安装位置为中心的 Φ20mm 范围内，圆心在同一圆周上。因此容易理解，任一只爆炸螺栓的载荷在旋转一定角度后均能与其他某一螺栓的载荷重合。故本问题中的载荷具备旋转相似性。

3) 有限元建模

考虑到结构和载荷的面对称性，将其沿 0°–180° 截面剖开，建立 1/2 模型，在对称面施加面对称边界条件，其余自由。在 0° 爆炸螺栓处施加载荷单元 $\boldsymbol{F}_0$，载荷峰值 P_0=1MPa，脉宽为 50μs，脉冲形状与爆炸螺栓载荷相同，作用区域为相应的单元外表面。

4) 计算结果

(1) $\boldsymbol{F}_0$ 作用下的计算结果。载荷单元 $\boldsymbol{F}_0$ 作用下 P 点所在圆周沿轴(Z)向的部分加速度时间历程曲线如图 4-38 所示。这些结果将用于合成不同数量爆炸螺栓载荷作用下的 P 点加速度。

(2) 4 只和 8 只爆炸螺栓作用下的加速度响应。考虑 4 只爆炸螺栓的情况，利用结构对称性、载荷旋转相似性及问题的面对称性，可得 4 只爆炸螺栓载荷作用下 P 点轴向加速度为

$$A_{(4)} = 250\left(a_1 + 2a_3 + a_5\right) \tag{4-96}$$

计算得到的加速度曲线及爆炸螺栓分布如图 4-39(a) 所示。同理，8 只爆炸螺栓作用的加速度为

$$A_{(8)} = 250\left(a_1 + 2a_2 + 2a_3 + 2a_4 + a_5\right) \tag{4-97}$$

计算得到的加速度曲线及爆炸螺栓分布如图 4-39(b) 所示。

现考虑 4 只爆炸螺栓起爆不同步的情况。以 0° 爆炸螺栓起爆时刻为零时，±90° 螺栓延时 0.25ms，180° 螺栓延时 0.5ms，则对式(4-97) 中每项沿时间坐标

进行相应平移后，按上述方法叠加得到此种情况下的 P 点加速度响应为

$$A_{(4)'} = 250\left[a_1(t) + 2a_3(t-0.25) + a_5(t-0.5)\right] \tag{4-98}$$

得到的加速度响应曲线如图 4-40 所示。

由图 4-40 可见，在不同步起爆情况下，P 点的加速度时域响应的幅值略高于正常情况。

将上述三种情况下的加速度时间历程曲线进行冲击响应谱(shock response spectrum, SRS)分析，如图 4-41 所示。由图可见，由于加速度响应的频率成分较高(主频达 20kHz)，因此在关心的 10kHz 以内，最大冲击响应谱幅值低于时域幅值；在正常情况下，8 只爆炸螺栓激起的冲击响应谱在 10kHz 范围内均高于 4 只的情况；同为 4 只爆炸螺栓，不同步起爆情况下的冲击响应谱在中频范围内略低于正常情况，高频则更高。

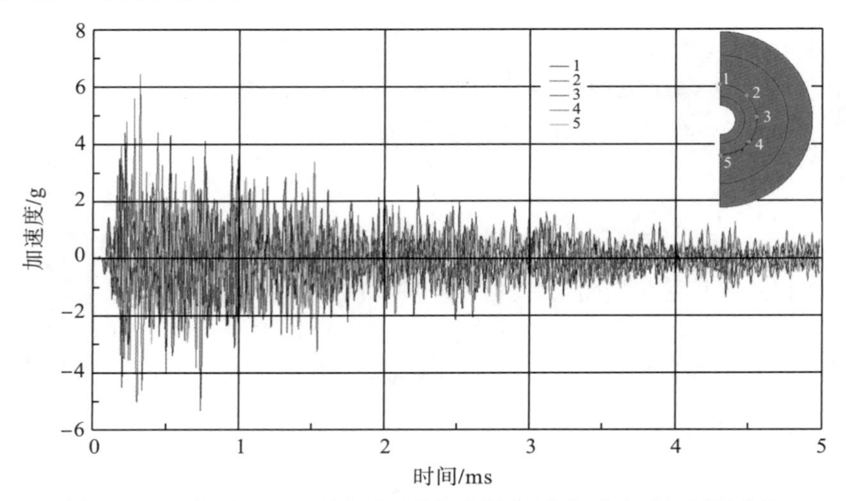

图 4-38　$\boldsymbol{F}_0$ 作用下 P 点所在圆周的部分轴(Z)向加速度时间历程曲线

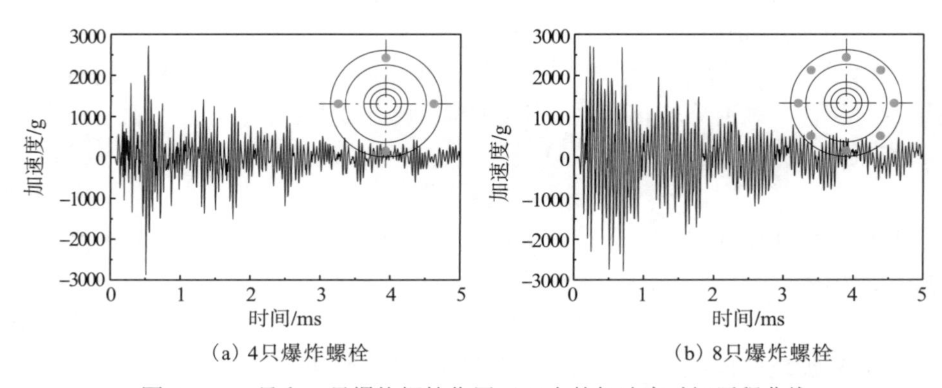

图 4-39　4 只和 8 只爆炸螺栓作用下 P 点的加速度时间历程曲线

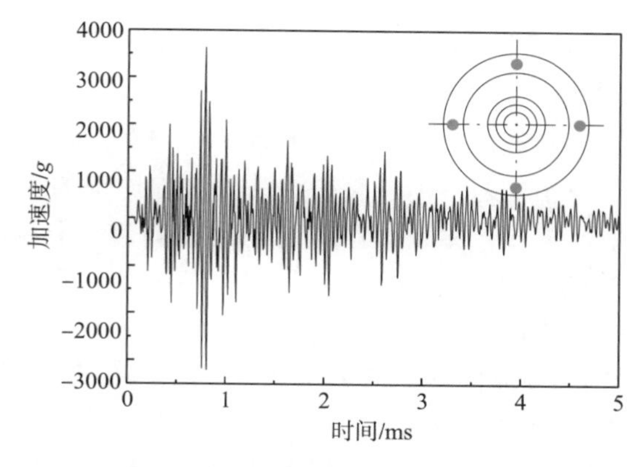

图 4-40　4 只爆炸螺栓不同步起爆时 P 点的加速度时间历程曲线

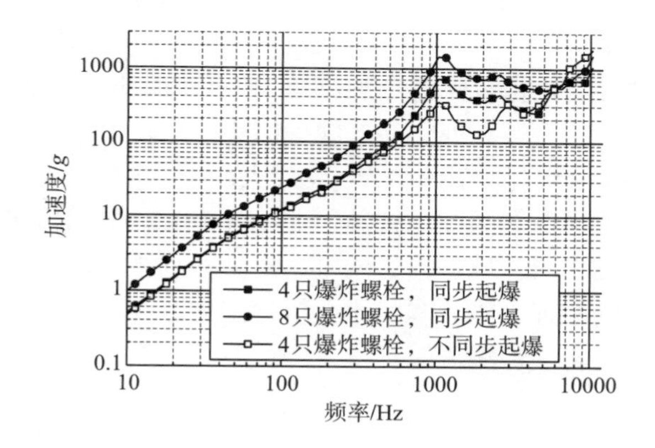

图 4-41　三种情况下 P 点的冲击响应谱分析

4.4.4　几点讨论

1. 关于应用范围

在旋转叠加法的推导过程中，要求结构轴对称、载荷旋转相似，但该方法的应用范围还可以进一步拓展。若轴对称结构受到的载荷 $\boldsymbol{F}$ 不具有旋转相似性，但按某种方法分解后，全部或部分载荷子集具有旋转相似性，则可以对每个子集进行分析。其中满足旋转相似性的子集可用旋转叠加法计算，其余用传统方法分析，最后再次应用叠加原理获得结构在载荷 $\boldsymbol{F}$ 作用下的响应。

由此可见，旋转叠加法只要求结构轴对称和载荷旋转相似(或部分相似)。在理论研究和工程应用中，满足这两个条件的情况是非常多的，因此旋转叠加法具有一定的普遍适用性。

另外，在推导中将载荷及响应表示为时间 t 的函数，即考虑为动态问题，但作为动态问题的一种特殊情况，(准)静态问题也是适用的，此时，在公式中去掉 t 即可。

2. 关于叠加原理的应用

作为弹性力学的基本理论之一，叠加原理历史悠久，在理论研究和工程实践中的应用十分广泛。但相比之下，旋转叠加法对叠加原理的应用更为巧妙。在传统的叠加原理应用中，每一个载荷子集 $\boldsymbol{F}_i$ 的响应 $\boldsymbol{R}_i$ 都需要分别计算，然后叠加成整个载荷 $\boldsymbol{F}$ 作用下的响应 $\boldsymbol{R}$，是“多对一”或“多对多”的关系；而在旋转叠加法中，由于利用了结构的轴对称性和载荷的旋转相似性，只需要一次计算，就可以得到某一载荷子集(如 $\boldsymbol{F}_0$)作用下的 $\boldsymbol{R}_0$，即可得到其他载荷子集 $\boldsymbol{F}_i$ 作用下的响应 $\boldsymbol{R}_i$，从而叠加为不同载荷下的响应，属于“一对多”的关系。并且该方法在叠加过程中只需要简单的算术运算，因此极大地简化了复杂分布载荷下的结构响应分析，提高了计算效率。尤其对于多工况分析和多因素数值实验，具有“一劳永逸”的突出优点。

但旋转叠加法的局限性也来自叠加原理。该原理的应用范围只能是线性问题，不能包含材料塑性、接触、大变形等非线性因素，这在一定程度上限制了旋转叠加法的推广应用。但在实际应用中，大多工程结构依据弹性设计准则，不允许材料在使用过程中发生屈服。因此，在其他非线性因素较弱的情况下，旋转叠加法对结构的分析和评估仍具应用价值。同时，对轴对称结构的响应规律研究，以及相关模拟实验方法的验证、确认和对比分析等工作，并不需要涉及材料等非线性行为，因此也可用旋转叠加法求解。

3. 关于响应的求解手段

前面给出的算例都是基于有限元的。事实上，前面的推导只是对解的旋转和叠加，不需要限制解的获得方法。因此，无论是有限元还是其他理论或数值方法，均可结合旋转叠加法进行快速求解。

正如 4.4.3 小节中给出的算例，旋转叠加法和有限元结合后，与传统的分析手段相比具有明显优势。与解析和半解析方法相比，旋转叠加法具有概念简单、应用方便的优点；与传统的有限元分析(直接模拟)相比，旋转叠加法在复杂分布载荷处理和多工况分析、多因素数值实验等方面均具有较大的优势。

参 考 文 献

[1] 宁建国, 王成, 马天宝. 爆炸与冲击动力学. 北京: 国防工业出版社, 2012.

[2] 毛勇建, 李玉龙, 陈颖, 等. 炸药条加载圆柱壳的数值模拟(I)：流固耦合模拟. 高压物理学报，2012, 26(2): 155-162.

[3] Dobratz B M, Crawford P C. LLNL explosives handbook. UCRL-52997, 1985.

[4] 盖京波. 舰船结构在爆炸冲击载荷作用下的局部破坏研究. 哈尔滨: 哈尔滨工程大学, 2005.

[5] Blatz P J, Ko W L. An application of finite element theory to the deformation of rubbery materials. Transactions of Society of Rheology, 1962, 6: 223-251.

[6] Mooney M A. A theory of large elastic deformation. Journal of Applied Physics, 1940, 6: 582.

[7] Holzapfel G A. Nonlinear Solid Mechanics, A Continuum Approach for Engineering. New York: Wiley, 2001.

[8] Ogden R W. Large deformation isotropic elasticity—on the correlation of theory and experiment for incompressible rubberlike solids. Philosophical Transactions of the Royal Society of London, 1972, A326: 565-584.

[9] Ogden R W. Non-linear Elastic Deformations. Chichester: Ellis Horwood Limited, 1984.

[10] Shergold O A, Fleck N A, Radford D. The uniaxial stress versus strain response of pig skin and silicone rubber at low and high strain rates. International Journal of Impact Engineering, 2006, 32: 1384-1402.

[11] Miller K, Chinzei K. Mechanical properties of brain tissue in tension. Journal of Biomechanics, 2002, 35: 483-490.

[12] Jerrams S J, Kaya M, Soon K F. The effects of strain rate and hardness on the material constants of nitrile rubbers. Materials and Design, 1998, 19: 157-167.

[13] Mao Y J, Li Y L, Chen Y, et al. Hyperelastic behaviors of two rubber materials under quasi-static and dynamic compressive loadings: testing, modeling and application. Polimery, 2015, 60(7-8): 516-522.

[14] 邓宏见, 肖宏伟, 何荣建, 等. 片炸药爆炸加载下壳体结构响应研究//第八届全国爆炸力学学术会议论文集, 2007: 206-212.

[15] Mao Y J, Li Y L, Deng H J, et al. Responses of cylindrical shell loaded by explosive rods to simulate X-ray effects: Numerical simulation and fidelity analysis//Computational Methods in Engineering—Proceedings of the 3rd Asia-Pacific International Conference on Computational Method in Engineering (ICOME 2009), 2009.

[16] 毛勇建, 李玉龙, 黄含军, 等. 旋转相似载荷下轴对称结构弹性响应的快速算法：旋转叠加法及其应用. 固体力学学报, 2011, 32(3): 306-312.

[17] 毛勇建, 李玉龙, 陈颖, 等. 炸药条加载圆柱壳的数值模拟(II)：解耦分析与实验验证. 高压物理学报, 2013, 27(1): 76-82.

[18] 毛勇建, 李玉龙, 邓宏见, 等. 求解轴对称结构侧向冲击响应的一种快速算法. 计算力学学报, 2010, 27(3): 563-568.

[19] 江松青, 李永池, 陈正翔. 侧向不均匀冲击下环向加筋圆柱壳的动力响应. 计算力学学报, 2001, 18(4): 443-448, 462.

[20] Mao Y J, Li Y L, Huang H J, et al. Fast simulation of pyroshock responses of a conical structure using rotation-superposition method. Applied Mathematics & Information Sciences, 2011, 5(2): 185S-193S.

第 5 章　炸药条加载实验的模拟等效性分析方法与实例

第 3 章已述，炸药条加载实验方法是采用空间上离散的炸药条载荷模拟连续分布的 X 射线载荷，从而研究结构在 X 射线载荷作用下的动力响应。然而，两种载荷在空间和时间两个维度上都存在一定的固有差异，因此必定会带来结构响应的差异。那么，结构响应的差异有多大？差异的大小受哪些因素影响？如何才能将差异控制在可接受的范围内？这就是本章将要讨论的等效性问题。事实上，等效性问题是实验方法的基础。只有深入认识和理解了实验模拟的等效性，才可能更好地应用炸药条加载模拟实验来研究结构的 X 射线冲击响应，或者评估某些结构或功能部件对此种环境的适应性。

尽管炸药条加载模拟实验方法已经建立并应用多年，但对其模拟等效性的研究，直到近年来才得到有效开展。之前为数不多的一些研究工作，均是基于个例的。例如，Rivera 等[1]针对圆环、何明辉等[2]及蔡成钟等[3]针对圆锥壳，采用数值模拟方法计算 X 射线载荷作用下的结构响应，通过与炸药条加载实验结果的比较获得了两种载荷作用下结构响应等效性的定性认识；邓宏见等[4]通过数值模拟两种载荷下的响应，并结合实验结果分析了炸药条加载圆柱壳和圆锥壳的结构响应模拟等效性。这些工作之所以仅仅针对具体个例，最重要的原因就是缺少研究手段。等效性研究需要定量分析多种因素的影响，而大量的物理实验和数值模拟均具有很高的难度和很大的代价。

在不能开展真实效应测试的情况下，等效性研究只能依赖以数值模拟为主的技术手段。4.2 节介绍的流固耦合数值模拟方法能够模拟炸药条加载的全物理过程，但效率太低，不适合用于多因素数值实验。4.3 节在流固耦合模拟的基础上，建立了单炸药条的载荷模型，叠加后直接施加于壳体表面进行了解耦分析，并由实验结果予以验证。结果表明，解耦的数值模拟能够代替流固耦合模拟，从而较大幅度地提高了计算效率(数十倍)。尽管如此，此方法仍然不能满足大量数值模拟的效率需求。4.4 节基于叠加原理，利用结构轴对称性和载荷旋转相似性，建立了一种适用于多工况分析和多因素数值实验的快速算法——旋转叠加法，从而彻底解决了大量数值模拟的效率问题。本章将结合 4.3 节和 4.4 节中的方法，进行大量数值实验，系统研究炸药条加载模拟 X 射线余弦载荷的结构响应等效性及其受各因素的影响规律。本章的部分内容(圆柱壳部分)已经在文献[5]中发表。

5.1　模拟等效性的概念与研究思路

5.1.1　模拟等效性的概念

前面已经多次阐述，对于炸药条加载模拟实验，其载荷与真实的强脉冲 X 射线载荷具有较大差异，图 4-17(b)所示的圆柱壳周向比冲量分布差异就是一个很好的例证。但从研究目的的角度来看，真正关注的是结构响应，而非载荷本身。因此，这里研究的等效性是指采用炸药条加载模拟结构在强脉冲 X 射线喷射冲量载荷作用下结构响应的等效性。

由于模拟实验的等效性受到多种因素的影响，两种载荷下的结构响应等效程度并不是一成不变的，仅仅研究某一种情况的等效性没有实际意义。因此，研究炸药条加载模拟实验的等效性，必须是研究模拟的响应在不同情况下的等效程度及其受各种因素的影响规律。

由此不难理解，这里要研究的模拟等效性就是炸药条载荷作用下的结构响应与真实强脉冲 X 射线诱导的结构响应之间的等效程度及其受各因素影响的变化规律。

5.1.2　模拟等效性的研究思路

由于没有物理实验的条件，模拟等效性的研究只有通过以数值模拟为主的方法开展。

本章拟针对圆柱壳和圆锥壳两种典型结构形式，在不同尺寸和工况(载荷)下，计算两种载荷作用下的结构响应，对比分析存在的差异及其与各因素之间的关系，获得炸药条模拟的等效性认识。具体研究思路如图 5-1 所示。

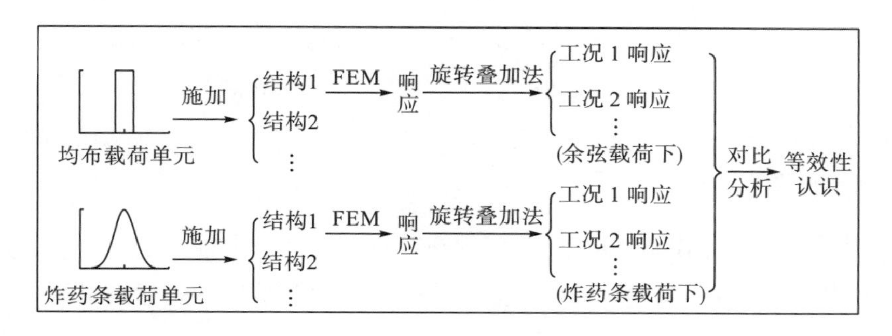

图 5-1　等效性研究的基本思路

由图 5-1 可见，对于某一种结构，只需要两次数值模拟：一次是均布载荷单元作用下的响应，从而用旋转叠加法得到不同工况下的余弦载荷响应；另一次是单炸药条载荷单元作用下的响应，从而用旋转叠加法得到不同工况下分布炸药条载荷的响应。分别对不同结构、不同尺寸、不同工况下两种载荷的响应进行对比分析，可得到系统的等效性认识。

数值模拟中所用到的解耦分析方法和快速计算方法已经在第 4 章得到实验或数值验证，因此本章不再对等效性分析结果进行验证。

5.2 模拟等效性的评价与表征方法

5.2.1 模拟等效性的评价指标定义

要定量研究等效性，就必须定义一个能够评价等效性的指标。这里先针对最简单的圆柱壳结构展开讨论，然后推广到圆锥壳结构。

1. 圆柱壳的等效性评价指标

首先，为了使等效性评价指标具有代表性，考虑三个典型位置，即 0°、90° 和 180° 内侧母线中点(研究表明，在类似载荷作用下，0°、180° 内侧母线上的响应往往较大)；其次，实验研究中，常将实测应变与数值模拟结果进行比较，因此等效性指标最好考虑应变响应；最后，由前面相关结果可知，旋转壳体结构在类似表面动态载荷作用下的应力/应变响应以环向为主，因此以上述三个位置的环向应变作为考察对象。

综上所述，定义上述三点环向应变正、负峰值的平均差异为

$$\overline{\Delta\varepsilon_0}=\frac{1}{2}\left[\frac{\left|\max(\varepsilon_0^{\text{rods}})\right|-\left|\max(\varepsilon_0^{\cos})\right|}{\left|\max(\varepsilon_0^{\cos})\right|}+\frac{\left|\min(\varepsilon_0^{\text{rods}})\right|-\left|\min(\varepsilon_0^{\cos})\right|}{\left|\min(\varepsilon_0^{\cos})\right|}\right] \tag{5-1}$$

$$\overline{\Delta\varepsilon_{90}}=\frac{1}{2}\left[\frac{\left|\max(\varepsilon_{90}^{\text{rods}})\right|-\left|\max(\varepsilon_{90}^{\cos})\right|}{\left|\max(\varepsilon_{90}^{\cos})\right|}+\frac{\left|\min(\varepsilon_{90}^{\text{rods}})\right|-\left|\min(\varepsilon_{90}^{\cos})\right|}{\left|\min(\varepsilon_{90}^{\cos})\right|}\right] \tag{5-2}$$

$$\overline{\Delta\varepsilon_{180}}=\frac{1}{2}\left[\frac{\left|\max(\varepsilon_{180}^{\text{rods}})\right|-\left|\max(\varepsilon_{180}^{\cos})\right|}{\left|\max(\varepsilon_{180}^{\cos})\right|}+\frac{\left|\min(\varepsilon_{180}^{\text{rods}})\right|-\left|\min(\varepsilon_{180}^{\cos})\right|}{\left|\min(\varepsilon_{180}^{\cos})\right|}\right] \tag{5-3}$$

式中，$\varepsilon_0^{\text{rods}}$ 为炸药条载荷作用下 0° 环向应变响应，其余类推；$\varepsilon_0^{\cos}$ 为对应余弦分布载荷作用下 0° 环向应变响应，其余类推。则评价等效性的指标定义为

$$\overline{\Delta\varepsilon}=\frac{1}{3}\left(\overline{\Delta\varepsilon_0}+\overline{\Delta\varepsilon_{90}}+\overline{\Delta\varepsilon_{180}}\right) \tag{5-4}$$

该指标反映了三个典型位置环向应变响应的平均差异，称为平均应变差异。

2. 圆锥壳的等效性评价指标

与圆柱壳相比，圆锥壳结构具有三维特性，响应更为复杂。因此，在针对圆锥壳结构的等效性评价，应该综合考虑不同截面的情况。为此，取距大端面 1/4、1/2、3/4 长度处的三个截面，在圆柱壳等效性评价指标的基础上定义：

$$\overline{\Delta\varepsilon}^{\mathrm{L}}=\frac{1}{3}\left(\overline{\Delta\varepsilon}_0^{\mathrm{L}}+\overline{\Delta\varepsilon}_{90}^{\mathrm{L}}+\overline{\Delta\varepsilon}_{180}^{\mathrm{L}}\right) \tag{5-5}$$

$$\overline{\Delta\varepsilon}^{\mathrm{M}}=\frac{1}{3}\left(\overline{\Delta\varepsilon}_0^{\mathrm{M}}+\overline{\Delta\varepsilon}_{90}^{\mathrm{M}}+\overline{\Delta\varepsilon}_{180}^{\mathrm{M}}\right) \tag{5-6}$$

$$\overline{\Delta\varepsilon}^{\mathrm{S}}=\frac{1}{3}\left(\overline{\Delta\varepsilon}_0^{\mathrm{S}}+\overline{\Delta\varepsilon}_{90}^{\mathrm{S}}+\overline{\Delta\varepsilon}_{180}^{\mathrm{S}}\right) \tag{5-7}$$

分别称为大端平均应变差异、中部平均应变差异和小端平均应变差异。其中，上标 L、M、S 分别表示大、中、小三个截面；未加上标的 $\overline{\Delta\varepsilon}_0$ 、$\overline{\Delta\varepsilon}_{90}$ 和 $\overline{\Delta\varepsilon}_{180}$ 定义参见式(5-1)～式(5-3)。

最后，取三个指标的平均值作为圆锥壳结构响应等效性的综合评价指标，即

$$\overline{\Delta\varepsilon}=\frac{1}{3}\left(\overline{\Delta\varepsilon}^{\mathrm{L}}+\overline{\Delta\varepsilon}^{\mathrm{M}}+\overline{\Delta\varepsilon}^{\mathrm{S}}\right) \tag{5-8}$$

称为总体平均应变差异，或者与圆柱壳的情况一起统称为平均应变差异。

5.2.2　模拟等效性表征方法及其物理意义

等效性的表征方法是在研究过程中通过对数据的反复分析和不断认识建立的。为了解平均应变差异 $\overline{\Delta\varepsilon}$ 与圆柱壳直径（$d=2r$）及炸药条数量(n)之间的关系，图 5-2(a)根据数值模拟结果，绘制了对不同直径圆柱壳加载的 $\overline{\Delta\varepsilon}$-$n$ 曲线。由图可见，对于相同直径的圆柱壳，$\overline{\Delta\varepsilon}$-$n$ 曲线整体上呈单调下降趋势，这说明对于一定直径的圆柱壳，炸药条数量越多，等效性越好。$\overline{\Delta\varepsilon}$-$n$ 曲线在起始阶段(即炸药条数量较少时)下降剧烈，而后随着炸药条数量的增加变得平缓，这说明炸药条数量增加到一定程度后，对等效性的改善不再明显。对于相同的炸药条数量，平均应变差异 $\overline{\Delta\varepsilon}$ 随着圆柱壳直径的增加而增加，即圆柱壳直径越大，等效性越差。

上述分析揭示了等效性指标 $\overline{\Delta\varepsilon}$ 与圆柱壳直径及炸药条数量之间的关系，但由于是与尺寸相关的，对不同的结构尺寸有不同的曲线，因此应用比较困难。对此，进一步分析认为，炸药条在空间上的平均分布密度，也即实验模拟中对原余弦载荷的离散程度，应该是影响模拟等效性的主要因素。在受载的±90° 半圆周范围内，炸药条平均分布密度可以表示为 $n/(\pi r)$ 。为方便应用，根据图 5-2(a)中的数据，绘制了 $\overline{\Delta\varepsilon}$ 和 n/r 之间的关系曲线，如图 5-2(b)所示。容易理解，n/r 与 $n/(\pi r)$ 呈比例关系，同样表征了炸药条平均分布密度。

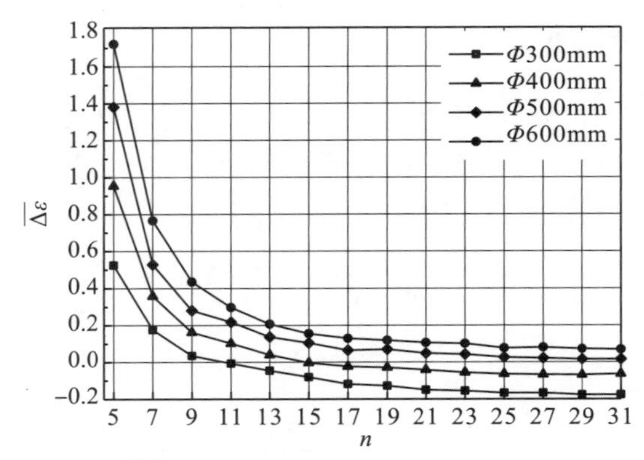

(a) $\overline{\Delta\varepsilon}$ 随圆柱壳直径 d 和炸药条数量 n 的变化

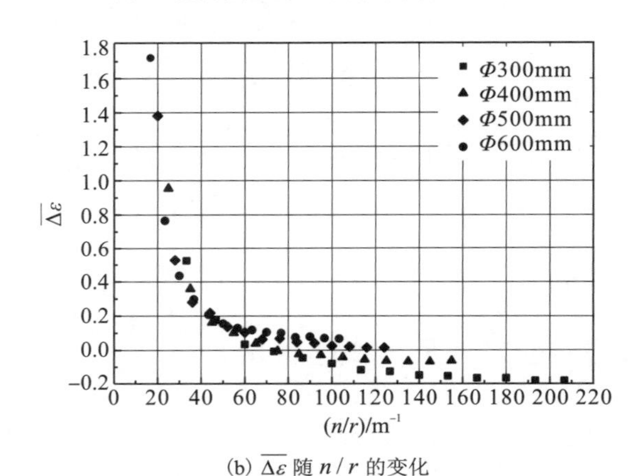

(b) $\overline{\Delta\varepsilon}$ 随 n/r 的变化

图 5-2 炸药条载荷与余弦载荷作用下圆柱壳的平均应变差异

由图 5-2(b)可见，对于不同直径的圆柱壳，$\overline{\Delta\varepsilon}$-$n/r$ 曲线表现出良好的一致性和单调下降趋势。这说明，图 5-2(a)中圆柱壳直径和炸药条数量对 $\overline{\Delta\varepsilon}$ 的影响，实质上可归结为 n/r 对 $\overline{\Delta\varepsilon}$ 的控制。这种关系的获得，对认识和控制炸药条加载实验的模拟等效性具有非常重要的意义。在实际应用中，要提高炸药条模拟实验的等效性，只需要在实验设计中增加 n/r 值即可；要控制 $\overline{\Delta\varepsilon}$ 的范围，只需要控制 n/r 大于某值即可。

另外，由图 5-2(b)还可以看出：在 n/r 较小时，平均应变差异 $\overline{\Delta\varepsilon}$ 为正值，这说明此时炸药条加载的应变响应整体上高于对应的余弦载荷响应；但随着 n/r 增大，$\overline{\Delta\varepsilon}$ 逐渐减小，直至进入±20%区域。然而，对于 r 较小的圆柱壳，随着 n/r 的增加，$\overline{\Delta\varepsilon}$ 穿过零线变为负值(但仍在±20%以内)。此种情况表明，对于 r 较小的情况，炸药条分布密度较高时，模拟响应低于余弦载荷响应。分析认为，当 n/r 较小时，壳体的响应及其等效性主要受载荷空间分布(不均匀性)的影响；但 n/r 增加到一定程度时，载荷时域分布等因素的影响开始显现出来。由单炸药条载荷模型(4-81)可知，由于计入了炸药条滑移爆轰速度，其脉冲压力并非同时加载，这与真实 X 射线载荷是不同的。在此情况下，能量的分散输入导致结构响应峰值减小。对于 r 较小的壳体，特征频率相对较高，对载荷的时域差异就更为敏感。因此就不难理解，r 越小，$\overline{\Delta\varepsilon}-n/r$ 曲线尾部对零线的偏移越明显。由此分析，对于小直径圆柱壳，炸药条过密会引起模拟的响应略微偏小，这是由炸药条载荷的本身特性带来的。

5.3　圆柱壳分析实例

在 5.2 节建立的等效性评价与表征方法基础上，后面分别针对圆柱壳和圆锥壳两种典型结构给出炸药条加载模拟实验的等效性分析实例。本节首先介绍圆柱壳的情况。

5.3.1　计算模型

根据结构响应研究和具体工程应用背景，考虑 4 种不同外形尺寸但呈比例关系的圆柱壳结构，具体尺寸见表 5-1。

表 5-1　4 种圆柱壳结构的外形尺寸

序号	直径/mm	长度/mm	壁厚/mm
1	300	300	4.5
2	400	400	6.0
3	500	500	7.5
4	600	600	9.0

壳体材料均考虑为高强度合金钢，假设其具有足够高的屈服极限，因此总是认为结构在弹性范围内，从而可以采用线弹性本构描述。材料参数如下：密度为 7.83×10^3kg/m^3，弹性模量为 207GPa，泊松比为 0.28。

依据问题的面对称性，沿 0°−180° 截面剖开建立 1/2 有限元模型，如图 5-3(a)所示。在对称面施加面对称边界条件，其余保持自由，如图 5-3(b)、(c)所示。

由于两种载荷单元的空间分布具有较大差异，因此为确保加载精度，对每种结构的加载区域进行了不同的网格剖分。对于均布载荷单元的模拟，4 个模型的网格剖分相似，即厚度方向分为 4 等份，长度方向分为 40 等份，周向每 0.5° 一份，共计 14400 个六面体实体单元。均布载荷单元考虑为±0.5° 范围内的均布压力，脉宽为 10μs，峰值为 1MPa。此情况的单元剖分和载荷施加情况如图 5-3(b)

所示。针对单炸药条载荷单元的模拟，由于炸药条载荷分布与绝对尺寸(而非圆周角)有关，因此为确保载荷施加的精确度和一致性，在距 0° 母线 25mm(周向距离)范围内按每 1.25mm 剖分一份(共 20 份)，其余方向与前相同。单炸药条载荷按式(4-81)施加(炸药条状态与 4.2 节一致)，并考虑传爆速度。在 Z=0 截面起爆并记零时，各位置载荷的起始时刻为式(4-78)中起始时刻 t_s 加上爆轰传播到该点所需的时间。此种情况的单元剖分和载荷施加情况如图 5-3(c)所示。

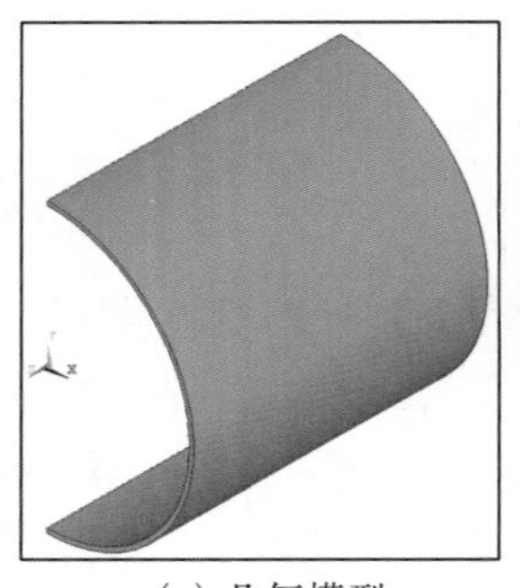

(a) 几何模型

(b) 均布载荷单元

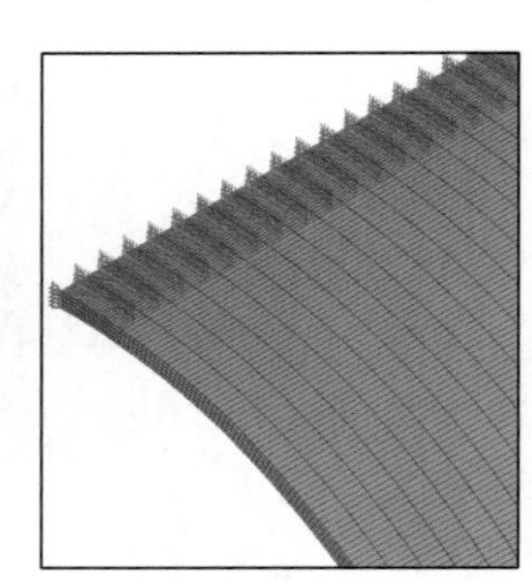

(c) 单炸药条载荷单元

图 5-3 圆柱壳有限元计算模型(以 Φ400mm 为例)

5.3.2 计算结果与分析

在上述 4 种结构、8 种模型的计算中，记录每次计算的中截面内侧所有单元的应变时间历程曲线，并进行坐标变换转化为相应的环向应变，再由旋转叠加法得到不同情况(工况)下 0°、90°、180° 三个位置的环向应变曲线。比较相同(等效)比冲量峰值的余弦载荷和炸药条载荷作用下相同结构的平均应变差异，即可获得相应工况下的结构响应模拟等效性认识。

根据实验研究应用实际，本章分析 5～31 条炸药条加载的情况，炸药条具体分布位置(周向角度)见表 5-2。需要指出的是，这里只给出了 0°～90° 内的炸药条分布，−90°～0° 内与其对称。

表 5-2 不同数量炸药条在圆柱壳表面 0°～90° 内的分布位置 (单位：°)

编号	5 条	7 条	9 条	11 条	13 条	15 条	17 条
0#	0.00	0.00	0.00	0.00	0.00	0.00	0.00
1#	24.20	16.80	12.93	10.52	8.88	7.68	6.77
2#	63.43	35.48	26.61	21.43	17.98	15.50	13.63
3#	—	67.79	42.40	33.28	27.60	23.64	20.71
4#	—	—	70.53	47.21	38.20	32.34	28.14
5#	—	—	—	72.45	50.80	42.02	36.14

续表

编号	5 条	7 条	9 条	11 条	13 条	15 条	17 条
6#	—	—	—	—	73.90	53.62	45.10
7#	—	—	—	—	—	75.04	55.90
8#	—	—	—	—	—	—	75.96

编号	19 条	21 条	23 条	25 条	27 条	29 条	31 条
0#	0.00	0.00	0.00	0.00	0.00	0.00	0.00
1#	6.05	5.47	4.99	4.59	4.25	3.96	3.70
2#	12.17	10.99	10.03	9.21	8.53	7.93	7.42
3#	18.44	16.62	15.14	13.90	12.85	11.95	11.17
4#	24.95	22.42	20.38	18.68	17.25	16.02	14.96
5#	31.83	28.48	25.80	23.60	21.76	20.19	18.83
6#	39.28	34.92	31.49	28.72	26.41	24.46	22.79
7#	47.65	41.92	37.56	34.10	31.27	28.89	26.87
8#	57.81	49.82	44.18	39.86	36.39	33.52	31.10
9#	76.74	59.42	51.68	46.15	41.87	38.41	35.53
10#	—	77.40	60.81	53.30	47.89	43.66	40.22
11#	—	—	77.96	62.03	54.74	49.44	45.27
12#	—	—	—	78.46	63.11	56.01	50.82
13#	—	—	—	—	78.90	64.07	57.16
14#	—	—	—	—	—	79.30	64.94
15#	—	—	—	—	—	—	79.65

1. 炸药条数量变化时的等效性

炸药条加载是采用空间离散的炸药条载荷模拟连续分布的余弦载荷。由离散逼近的思想容易理解，炸药条数量越多、分布越密，模拟效果就越好。而由炸药条分布设计方法可知，在结构尺寸确定的情况下，炸药条的分布密度与其数量直接相关。因此，炸药条数量对模拟等效性具有不可避免的影响。

以往的工作[1-4,6,7]曾研究过一定尺寸结构在一定数量炸药条加载下的结构响应等效性，但属个例分析，未形成全面、系统的认识。这里将利用载荷单元作用下的数值模拟结果，由旋转叠加法得到不同结构和不同工况下的结构响应，通过比较分析得到炸药条数量变化对等效性的影响。利用旋转叠加法的具体计算方法可参见式(4-90)，这里不再赘述。

关于炸药条数量变化对模拟等效性的影响分析结果已经在 5.2.2 小节的等效性表征方法讨论中给出(见图 5-2)。图 5-2 揭示了炸药条数量变化时的圆柱壳结构响应模拟等效性，平均应变差异 $\overline{\Delta\varepsilon}$ 随炸药条数量与圆柱壳半径之比 n/r 的增加而单调减小，当 n/r 达到 45m^{-1} 时，$\overline{\Delta\varepsilon}$ 可控制在±20%以内。因此，n/r 是实验模拟等效性控制的关键指标。

2. 少量炸药条熄爆时的等效性

在工程实际应用中，由于所用片炸药厚度已经接近类似炸药稳定传爆的极限尺寸(约 0.36mm)，加之制造工艺不稳定导致的厚度甚至成分的分散性，炸药条的传爆并不完全可靠，因此无论是国内还是国外，少量炸药条熄爆的情况时有发生。炸药条熄爆的情况一旦发生，模拟载荷的整体性和对称性将遭到破坏，从而将导致结构响应的变化。在此情况下，由于某些实验(如系统级实验)的成本较高，重复实施比较困难且存在过考核风险，因此研究少量炸药条熄爆对结构响应的影响，定量掌握对结构响应造成的差异，对这种带瑕疵实验结果的评估具有重要意义。为此，这里专门研究少量炸药条熄爆情况下的结构响应模拟等效性。

仍然采用前面的数值模拟结果，针对前述 4 种圆柱壳和 14 种炸药条数量(共计 56 种工况)，依次进行计算。对于每种工况，又分别针对任意一条炸药条熄爆，找出平均应变差异 $\overline{\Delta\varepsilon}$ 的绝对值最大者。利用面对称性，只需要分析 0°～90° 内每条炸药条熄爆的情况，共需要 532 次计算。其中，应用旋转叠加法时对熄爆情况的处理参见式(4-91)。为了清楚地了解每一条炸药条熄爆对结构响应模拟等效性的影响，图 5-4 给出了 0°～90° 内任一炸药条熄爆情况下的平均应变差异 $\overline{\Delta\varepsilon}$。

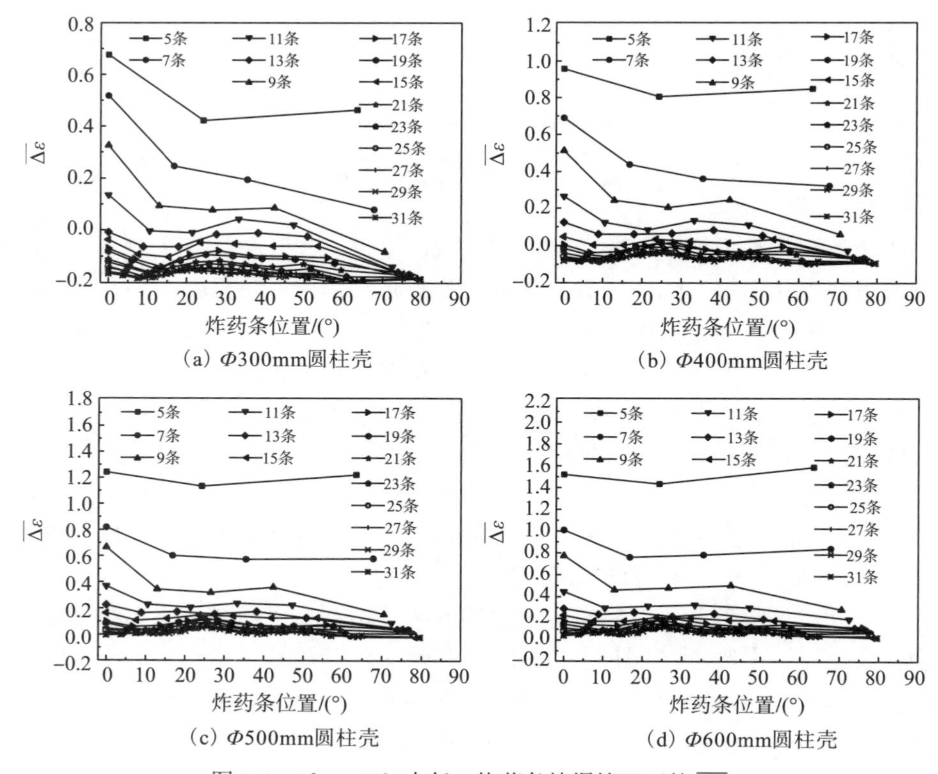

(a) Φ300mm圆柱壳 (b) Φ400mm圆柱壳

(c) Φ500mm圆柱壳 (d) Φ600mm圆柱壳

图 5-4 0°～90° 内任一炸药条熄爆情况下的 $\overline{\Delta\varepsilon}$

由图 5-4 可见，炸药条越少，$\overline{\Delta\varepsilon}$ 总体上就越高，该现象与图 5-2 所示的正常情况也是吻合的。对比图 5-2(a)可见，炸药条越少，单条炸药条熄爆对 $\overline{\Delta\varepsilon}$ 的影响越明显。图 5-4 中所有情况均表现出同一规律，即总体上 0#炸药条熄爆的影响最大，而其余炸药条熄爆的影响相对较小，随着其分布位置的不同而表现出一定的差异。

为了方便应用，我们进一步给出了少量(1～2 条)炸药条熄爆情况下的最大 $\overline{\Delta\varepsilon}$ 绝对值包络，如图 5-5 所示。这里的“最大 $\overline{\Delta\varepsilon}$ 绝对值包络”，是指从多个 $\overline{\Delta\varepsilon}$ 值中找出绝对值最大的那一个，但并不改变其符号，后面为简便，统一称为“$\overline{\Delta\varepsilon}$ 包络”。其中，图 5-5(a)给出了 $\overline{\Delta\varepsilon}$ 包络随直径和炸药条数量的变化情况，并与正常情况下的数据进行了比较。由该图可见，单条炸药条熄爆时的 $\overline{\Delta\varepsilon}$ 包络均大于正常加载的情况。图 5-5(b)给出了包络的 $\overline{\Delta\varepsilon}$-$n/r$ 曲线及其与正常加载情况的比较。由该图可见，$n/r \geqslant 60\text{m}^{-1}$ 时，$\overline{\Delta\varepsilon}$ 包络可进入±20%区域内，较正常情况 $n/r \geqslant 45\text{m}^{-1}$ 的要求更高。

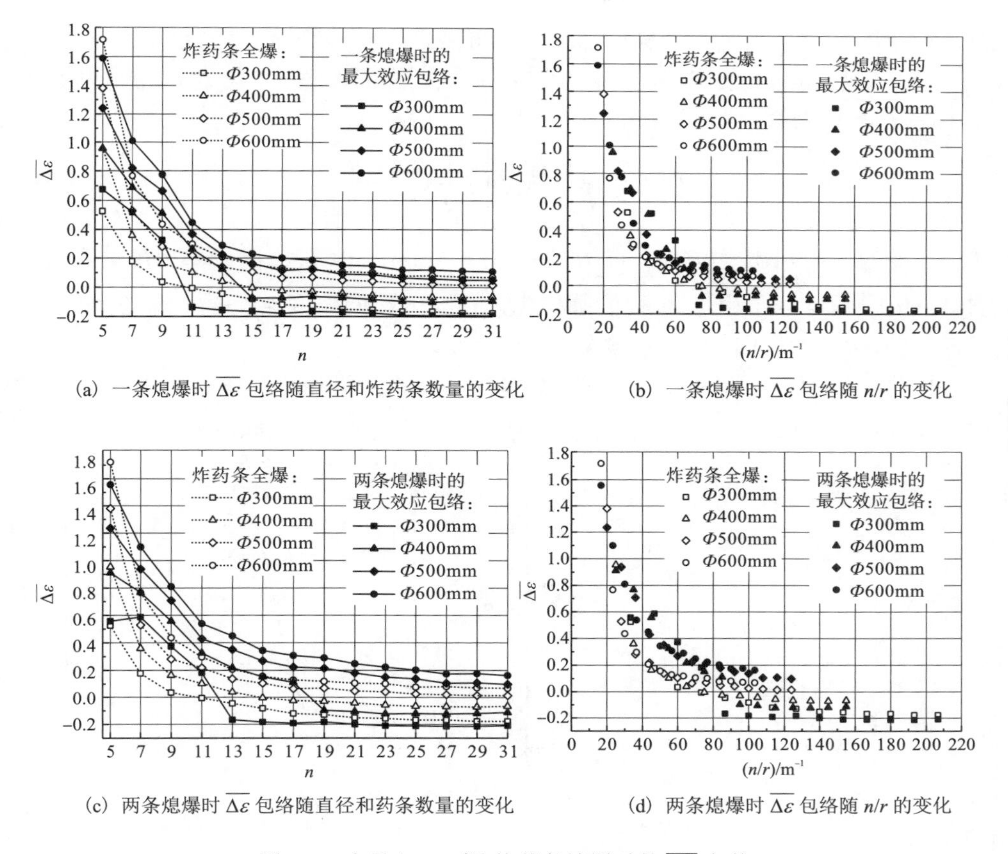

(a) 一条熄爆时 $\overline{\Delta\varepsilon}$ 包络随直径和炸药条数量的变化

(b) 一条熄爆时 $\overline{\Delta\varepsilon}$ 包络随 n/r 的变化

(c) 两条熄爆时 $\overline{\Delta\varepsilon}$ 包络随直径和药条数量的变化

(d) 两条熄爆时 $\overline{\Delta\varepsilon}$ 包络随 n/r 的变化

图 5-5　少量(1～2 条)炸药条熄爆时的 $\overline{\Delta\varepsilon}$ 包络

图5-5(c)、(d)所示$\overline{\Delta\varepsilon}$包络是通过对任意两条炸药条熄爆的情况进行枚举得到的包络结果，分析工况达$4\times(C_5^2+C_7^2+\cdots+C_{31}^2)=10388$种。由图5-5(c)、(d)可见，两条炸药条熄爆导致的等效性变化更为明显，要达到$\overline{\Delta\varepsilon}$包络进入±20%的要求，$n/r$必须达到$90\text{m}^{-1}$，并且此时小直径的情况还可能超出±20%的界限。上述结果表明，在保守情况下，两条炸药条熄爆对结构响应模拟的等效性影响非常明显，因此在没有充足证据的情况下，此种情况的实验结果应当慎用。

3. 考虑炸药条位置误差的等效性

前面的所有分析均是基于炸药条精确分布的。但在实际的实验中，炸药条是根据设计结果由人工画线、定位和粘贴的。此过程必然会带来一定的位置误差，并由此给模拟实验的等效性带来影响。此前，该问题还没有得到过定量分析。这里仍然采用数值实验，系统分析炸药条位置误差对实验模拟等效性的影响，以期获得定量认识。

仍然利用前面载荷单元计算结果，人为造成各炸药条的位置误差概率密度分布，利用旋转叠加法进行随机抽样分析，得到平均应变差异$\overline{\Delta\varepsilon}$的包络。

根据实验操作工艺水平，假定炸药条周向位置误差Δx(单位为mm)服从正态分布，其概率密度函数为

$$f(\Delta x)=\frac{1}{\sqrt{2\pi}\sigma}\exp\left[-\frac{1}{2}\left(\frac{\Delta x-\mu}{\sigma}\right)^2\right] \tag{5-9}$$

式中，μ为均值；σ^2为方差。取$\mu=0$，$\sigma=1\,\text{mm}$，可得Δx的概率密度分布，如图5-6(a)所示。对于不同直径的圆柱壳，换算为周向角度误差$\Delta\theta$(单位为°)，可得如图5-6(b)所示的概率密度分布。

按照图5-6(b)所示概率密度分布，对每种结构的每种炸药条分布进行了1000次抽样分析(至$\overline{\Delta\varepsilon}$包络不再明显改变为止)，分析工况为56000种。

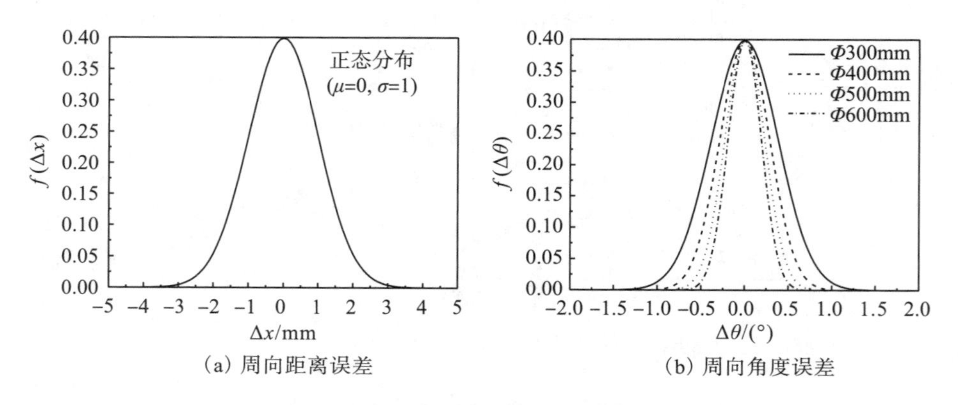

(a) 周向距离误差　(b) 周向角度误差

图5-6　炸药条位置误差的概率密度分布

为了给出炸药条位置误差对结构响应的影响范围(极限)，图 5-7 给出了 56000 次抽样得到的 $\overline{\Delta\varepsilon}$ 包络。对于每一次抽样，在利用旋转叠加法计算圆柱壳结构响应的过程中，为考虑炸药条位置的误差，需要在计算时选取炸药条载荷单元作用下计及误差位置的响应来代替之前理论位置的响应，从而得到计及误差位置时的炸药条分布下的结构响应。

由图 5-7(a)可见，考虑图 5-6 所示炸药条位置误差分布的 $\overline{\Delta\varepsilon}$ 包络较理想情况(炸药条精确分布)具有一定程度的增大，但不及图 5-5(a)和(b)中一条炸药条熄爆的影响明显。换算为 $\overline{\Delta\varepsilon}$-$n/r$ 关系，如图 5-7(b)所示，这种变化表现得也不明显，在 $n/r \geqslant 55\text{m}^{-1}$ 时，$\overline{\Delta\varepsilon}$ 包络仍可进入±20%范围内，较炸药条精确分布的情况($n/r \geqslant 45\text{m}^{-1}$)变化不大。

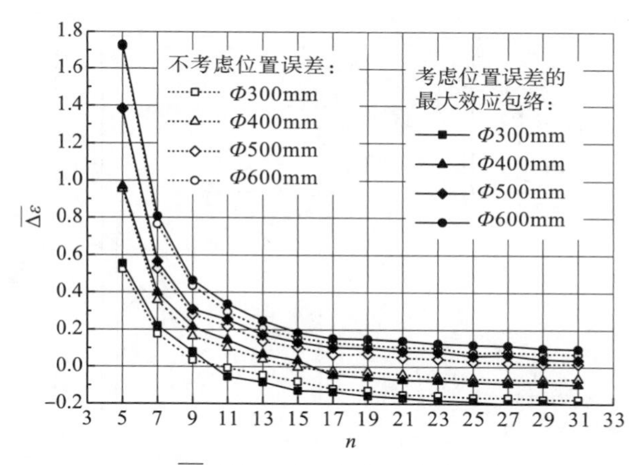

(a) $\overline{\Delta\varepsilon}$ 包络随直径和炸药条数量的变化

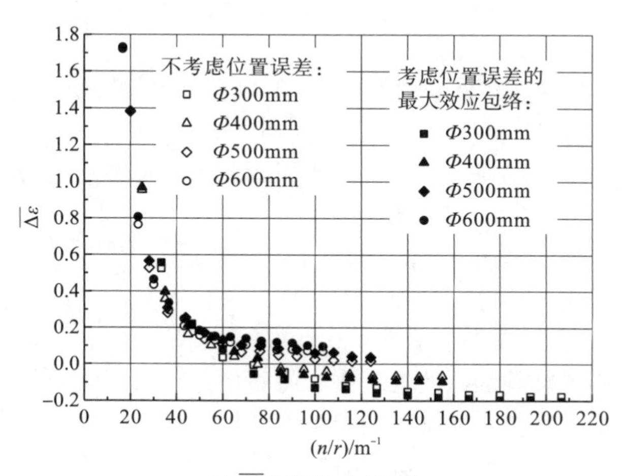

(b) $\overline{\Delta\varepsilon}$ 包络随 n/r 的变化

图 5-7　考虑炸药条位置误差的 $\overline{\Delta\varepsilon}$ 包络

由于上述分析的保守性，可以认为，按 $\mu=0$，$\sigma=1\,\mathrm{mm}$ 正态分布的炸药条位置误差对结构响应的影响是不明显的，只要将每条炸药条的位置误差控制在一定的范围内，其带来的影响在大多数情况下可以忽略不计。

4. 考虑引爆时差的等效性

前面均视所有炸药条同时起爆，未考虑引爆时差。事实上，在实际实验中，一般采用单点起爆方式，因此同时起爆是不易实现的。如图 5-8 所示，起爆点一般高于壳体端面，并距 0° 母线有一定的水平距离。根据其空间几何关系，可计算出每条引爆药条的长度。以炸药条 i 为例，其引爆药条长度可以表示为

$$L_i=\sqrt{\left[(r+d)-r\cos\theta_i\right]^2+(0+r\sin\theta_i)^2+(h-0)^2},\ i=0,\pm1,\cdots,\pm(n-1)/2 \quad (5\text{-}10)$$

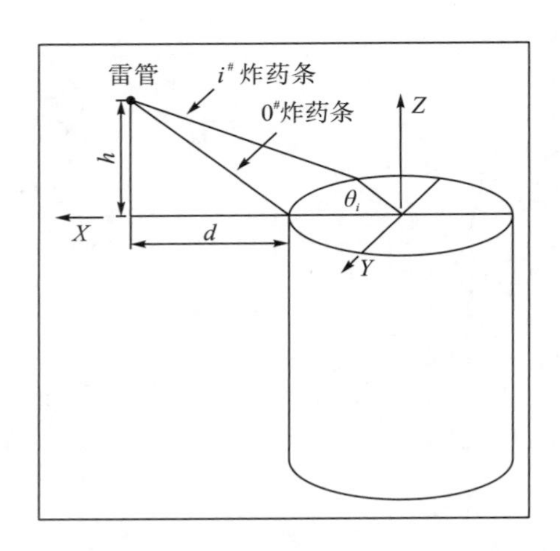

图 5-8 炸药条加载实验的典型引爆状态

式中，n 为炸药条数量，其余变量见图 5-8。则引爆药条的长度差为

$$\Delta L_i=L_i-L_0,\quad i=0,\pm1,\cdots,\pm(n-1)/2 \quad (5\text{-}11)$$

此时引入炸药条的爆速 D，即可得各加载药条的起爆延时为

$$\Delta t_i=\Delta L_i/D,\quad i=0,\pm1,\cdots,\pm(n-1)/2 \quad (5\text{-}12)$$

以下根据典型的实验状态，取 d=400mm，h=200mm 进行分析。按照式(5-12)，代入圆柱壳半径和炸药条分布位置，即可计算出每条加载药条的起爆延时。作为例子，表 5-3 给出了 21 条炸药条加载 Φ400mm 圆柱壳时各炸药条的长度差异和起爆延时。在使用旋转叠加法的过程中，将每条炸药条所对应的项沿时间坐标平移对应的延时，即可获得考虑延时情况下的结构响应，并与对应余弦载荷响应比较得到此种情况的等效性认识。旋转叠加过程中坐标平移的具体方法，可参考式(4-92)和式(4-98)。

表 5-3　21 条炸药条加载 Φ400mm 圆柱壳的起爆延时(典型状态)

编号	引爆药条长度差/mm	相对延时/μs	编号	引爆药条长度差/mm	相对延时/μs
0	0.00	0.00	±6	45.95	6.56
±1	1.22	0.17	±7	64.08	9.15
±2	4.89	0.70	±8	86.79	12.40
±3	11.07	1.58	±9	116.61	16.66
±4	19.84	2.83	±10	175.40	25.06
±5	31.37	4.48	—	—	—

图 5-9 给出了起爆不同步对平均应变差异 $\overline{\Delta\varepsilon}$ 的影响规律。由图 5-9(a) 可见，在所考虑的典型起爆状态下，加载不同步对 $\overline{\Delta\varepsilon}$ 的影响较小。转化到如图 5-9(b) 所示的 $\overline{\Delta\varepsilon}$-$n/r$ 关系，同样可以看到这种变化并不太明显。在 $n/r \geqslant 55\text{m}^{-1}$ 时，可确保 $\left|\overline{\Delta\varepsilon}\right| \leqslant 20\%$ 。

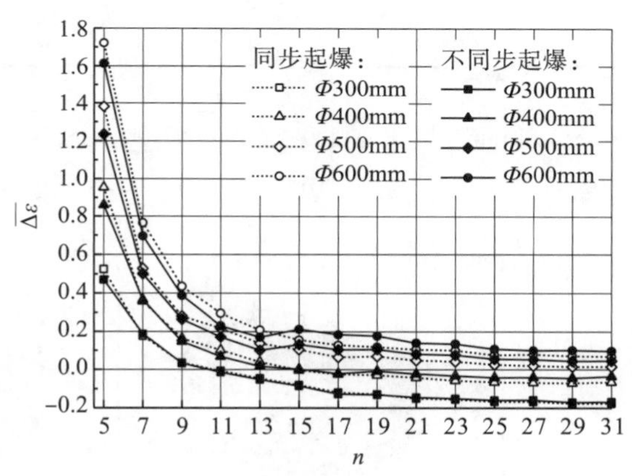

(a) $\overline{\Delta\varepsilon}$ 随直径和药条数量的变化

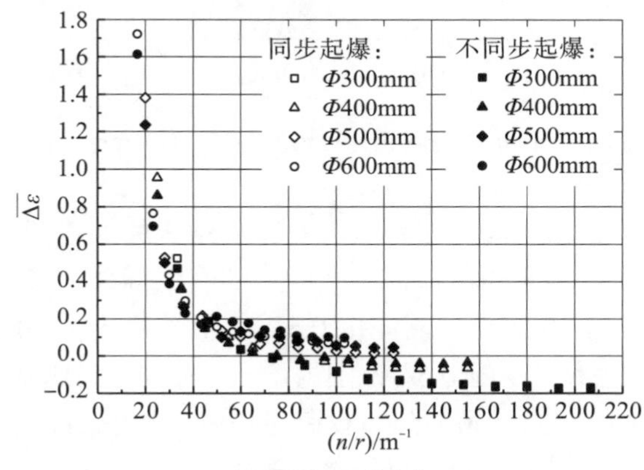

(b) $\overline{\Delta\varepsilon}$ 随 n/r 的变化

图 5-9　典型起爆不同步状态下的 $\overline{\Delta\varepsilon}$

5.4 圆锥壳分析实例

5.4.1 计算模型

考虑三种不同外形尺寸但呈比例关系的圆锥壳结构，具体尺寸见表5-4。为方便叙述，表中还给定了三种圆锥壳的代号。壳体材料及其本构模型、参数均与5.3.1小节的圆柱壳相同。

表5-4 三种圆锥壳结构的外形尺寸

序号	代号	大端直径/mm	小端直径/mm	长度/mm	壁厚/mm
1	LΦ400mm	400	287.57	400	6.0
2	LΦ500mm	500	359.46	500	7.5
3	LΦ600mm	600	431.35	600	9.0

将壳体沿0°–180°截面剖开建立1/2有限元模型，如图5-10(a)所示。在对称面施加面对称边界条件，其余自由，如图5-10(b)、(c)所示。

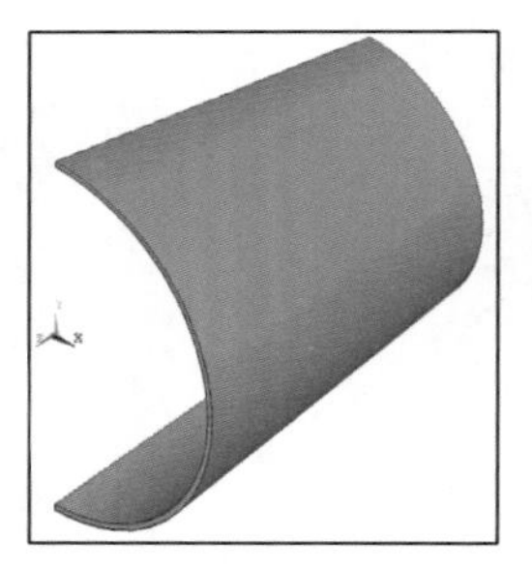

(a) 几何模型

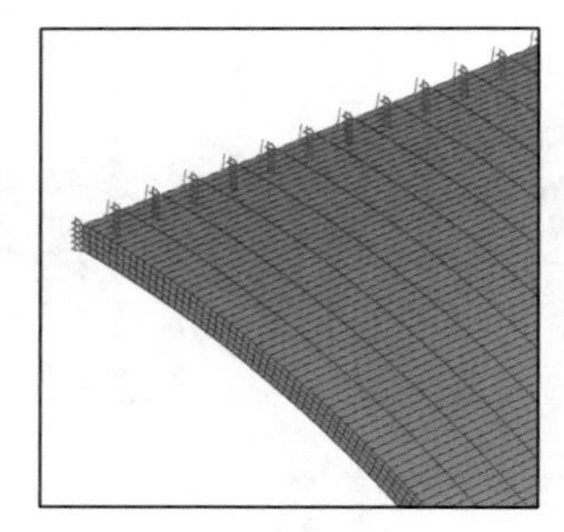

(b) 均布载荷单元

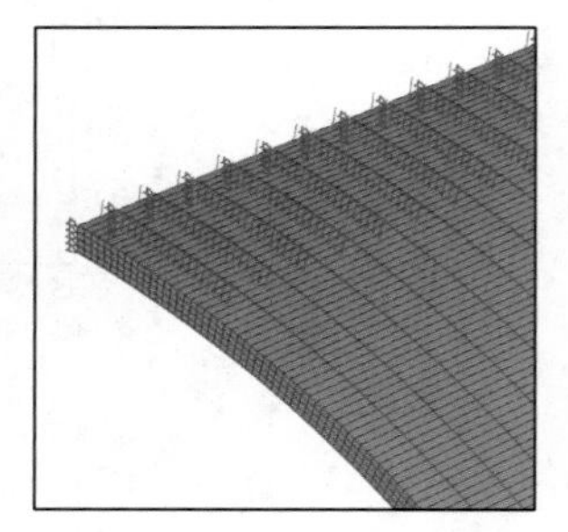

(c) 单炸药条载荷单元

图5-10 圆锥壳有限元计算模型(以LΦ400mm为例)

根据两种载荷单元的空间分布特点，对每种结构的加载区域进行了不同的网格剖分。对于均布载荷单元的模拟，三个模型的网格剖分相似，即厚度方向分为4等份，长度方向分为40等份，周向每0.5°一份，共计14400个六面体实体单元。均布载荷单元在空间上为±0.5°范围内均布，时域上为脉宽10μs、峰值1MPa的三角形脉冲。此种情况的单元剖分和载荷施加情况如图5-10(b)所示。对于单炸药条载荷单元的模拟，采用一条外母线将加载区域剖分出来，该母线在壳体小端面距0°母线的周向距离为25mm。在网格剖分中，对此区域沿周向取20等份，即每 0.5° 一份，其余方向与前面相同。根据锥壳结构的炸药条加载设计方法，取炸药条尺寸为大端 3mm 宽、小端 2.16mm 宽，呈梯形。该炸药条除宽度沿长度方向变化外，其余状态同前。单条梯形炸药条的载荷按式(4-82)施加，仍考虑爆速。在 Z=0 截面起爆并记零时，各位置载荷的起始时刻为式(4-78)中起始时刻 t_s 加上爆轰传播时间。此情况的单元剖分和载荷施加情况如图 5-10(c)所示。

5.4.2　计算结果与分析

与 5.3.2 小节类似，在上述三种结构、6 种模型的数值模拟中，记录大、中、小三个截面内侧所有单元的应变时间历程曲线，并得到相应的环向应变。由旋转叠加法得到不同情况下 9 个位置的环向应变曲线，具体位置参见式(5-5)～式(5-7)。最后通过对等效性指标的比较分析，获得等效性认识。

与对圆柱壳的分析一样，本小节仍然分析 5～31 条炸药条(周向角度的分布同表 5-2)的情况。

1. 炸药条数量变化时的等效性

图 5-11 给出了三种结构的等效性指标随炸药条数量的变化曲线。由图可见，大端的 $\overline{\Delta\varepsilon}^{\mathrm{L}}$ 较中部的 $\overline{\Delta\varepsilon}^{\mathrm{M}}$ 及小端的 $\overline{\Delta\varepsilon}^{\mathrm{S}}$ 偏高，而 $\overline{\Delta\varepsilon}^{\mathrm{M}}$ 与 $\overline{\Delta\varepsilon}^{\mathrm{S}}$ 比较接近。对于 LΦ400mm 圆锥壳，在炸药条数量达到 13 后，三个截面的平均应变差异均能进入±20%范围。但随着圆锥壳直径的增加，大端的 $\overline{\Delta\varepsilon}^{\mathrm{L}}$ 曲线逐渐上移。对于 LΦ500mm 和 LΦ600mm 圆锥壳，炸药条数量需分别达到 19 和 27，才能使三个截面的平均应变差异均进入±20%范围。以上情况表明，对于圆锥壳结构，采用炸药条加载得到的大端结构响应要偏高一些，且壳体结构尺寸越大，偏高越明显。这种现象产生的根源是，对于同种结构和工况，炸药条数量 n 是一定的，但壳体半径 r 是变化的。在圆锥壳的大端，n/r 相对较小，因此模拟等效性相对要差一些。这和圆柱壳的分析结论吻合。

图 5-12(a)给出了三种圆锥壳的总体平均应变差异 $\overline{\Delta\varepsilon}$ 随炸药条数量 n 的变化曲线。由图 5-12(a)可见，三种圆锥壳结构的 $\overline{\Delta\varepsilon}$ 表现了相似的衰减趋势，并与相近尺寸的圆柱壳计算结果接近。图 5-12(b)绘出了 $\overline{\Delta\varepsilon}$-$n/r$ 曲线(对于圆锥壳，r 为平均半径)，并与圆柱壳的情况进行了比较。由该图可见，圆锥壳的 $\overline{\Delta\varepsilon}$-$n/r$ 曲线与圆柱壳吻合较好。当 $n/r \geqslant 50\,\mathrm{m}^{-1}$ 时，圆锥壳的总体平均应变差异可进入±20%范围，这与圆柱壳 $n/r \geqslant 45\,\mathrm{m}^{-1}$ 的要求基本相当。以上结果表明，5.2.1 小节定义的总体平均应变差异 $\overline{\Delta\varepsilon}$，以及采用平均半径定义的 n/r 使圆柱壳和圆锥壳的等效性规律得到了统一表达，也得到了一个相对统一的标准，这对今后工程应用更具实用价值。

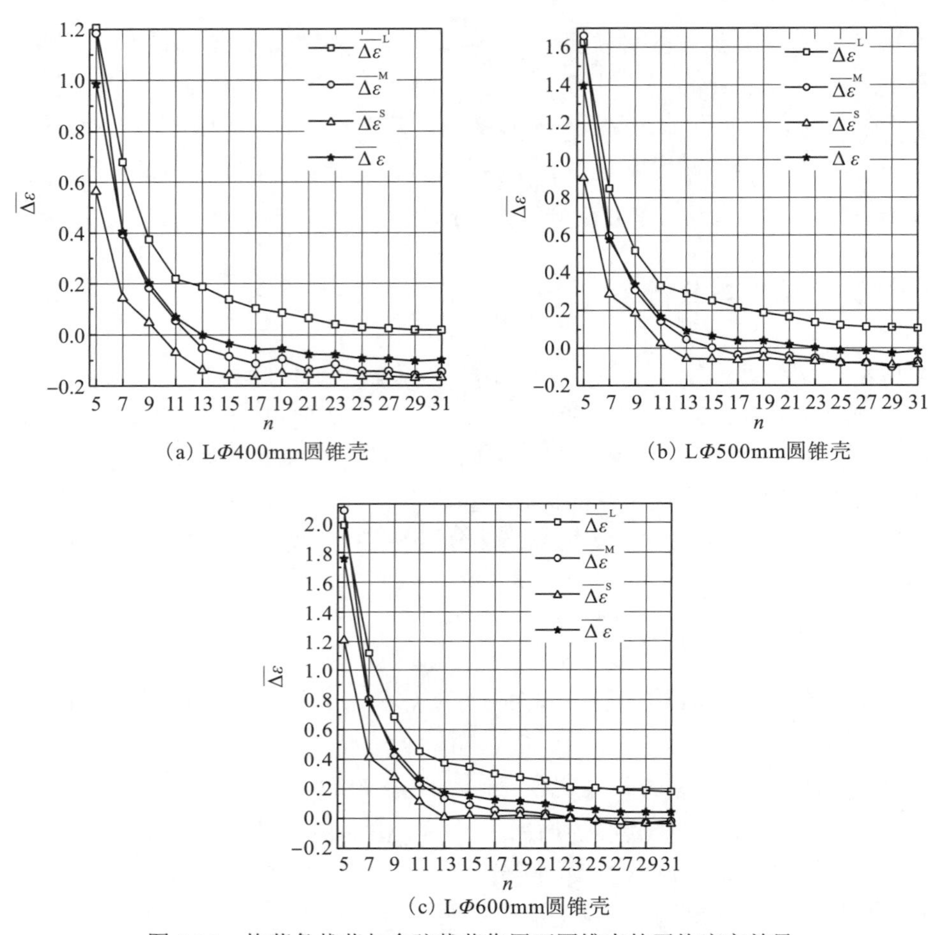

(a) LΦ400mm圆锥壳

(b) LΦ500mm圆锥壳

(c) LΦ600mm圆锥壳

图 5-11 炸药条载荷与余弦载荷作用下圆锥壳的平均应变差异

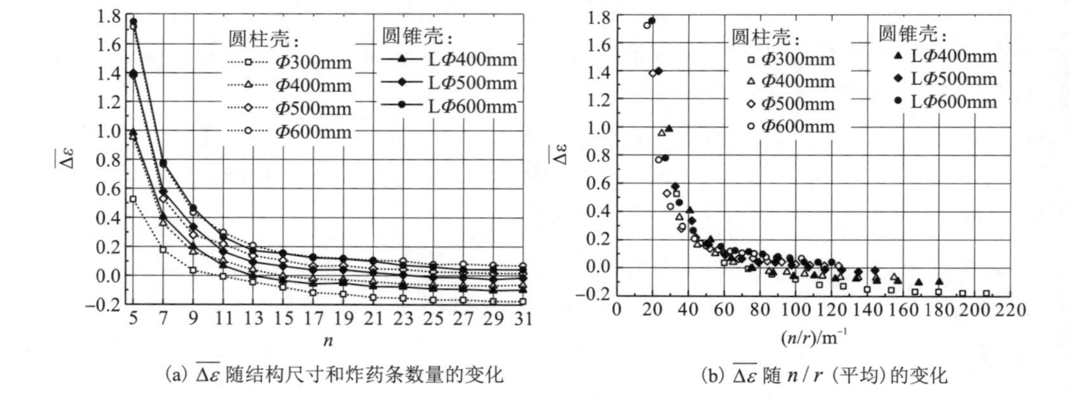

(a) $\overline{\Delta\varepsilon}$ 随结构尺寸和炸药条数量的变化

(b) $\overline{\Delta\varepsilon}$ 随 n/r (平均) 的变化

图 5-12 炸药条载荷与余弦载荷作用下圆锥壳的总体平均应变差异

2. 少量炸药条熄爆时的等效性

仿照 5.3.2 小节，采用前面圆锥壳的数值模拟结果，针对前述三种尺寸圆锥壳和 14 种炸药条数量，依次进行分析。对于每种情况，又分别针对任意一条炸药条熄爆的情况，找出总体平均应变差异 $\overline{\Delta\varepsilon}$ 包络绝对值的最大者，从而获得每种工况中单条炸药条熄爆引起的最大结构响应差异，并获得其引起的等效性变化情况。对于 0°～90° 内任一炸药条熄爆的情况，分析工况为 399 种。

图 5-13 给出了 0°～90° 内任一炸药条熄爆情况下的总体平均应变差异 $\overline{\Delta\varepsilon}$。由该图可见，总体上，炸药条越少，$\overline{\Delta\varepsilon}$ 就越高。对比图 5-12(a)可见，炸药条越少，单条炸药条熄爆对 $\overline{\Delta\varepsilon}$ 的影响越明显。同时，图 5-13 中三种尺寸的圆锥壳均表现出同一规律，即 0#炸药条熄爆的影响最大，而其余炸药条熄爆的影响相对较小，随着其分布位置的不同而表现出一定的差异。这些现象与圆柱壳的情况相似。

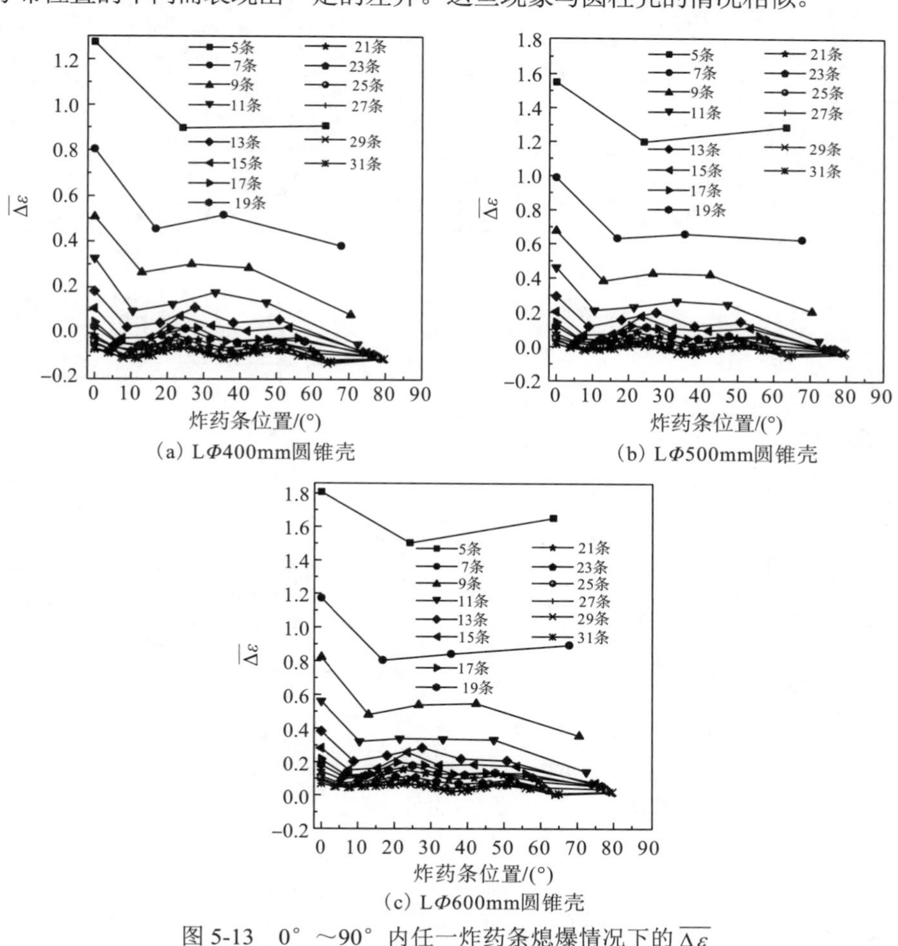

(a) LΦ400mm圆锥壳　(b) LΦ500mm圆锥壳

(c) LΦ600mm圆锥壳

图 5-13　0°～90° 内任一炸药条熄爆情况下的 $\overline{\Delta\varepsilon}$

图 5-14(a)、(b)为单条炸药条熄爆情况下的$\overline{\Delta\varepsilon}$包络。其中，图 5-14(a)给出了$\overline{\Delta\varepsilon}$包络随结构尺寸和炸药条数量的变化情况，并与正常情况下的数据进行了比较。由该图可见，单条炸药条熄爆时的$\overline{\Delta\varepsilon}$绝对值均大于正常加载情况。图 5-14(b)给出了包络的$\overline{\Delta\varepsilon}$-$n/r$曲线，并与正常加载情况以及圆柱壳(单条炸药条熄爆)的情况进行了比较。由该图可见，$n/r \geqslant 70\text{m}^{-1}$时，$\overline{\Delta\varepsilon}$包络可进入±20%范围，较正常情况的$n/r \geqslant 50\text{m}^{-1}$要求更高。同时，尽管对圆柱壳的要求只有$n/r \geqslant 60\text{m}^{-1}$，但在$\overline{\Delta\varepsilon}$包络进入±20%范围后，圆锥壳的$\overline{\Delta\varepsilon}$-$n/r$曲线分布比圆柱壳的更集中。综合以上情况，从总体上讲，对于单条炸药条熄爆对实验模拟等效性的影响，圆锥壳和圆柱壳的情况是基本相当的。

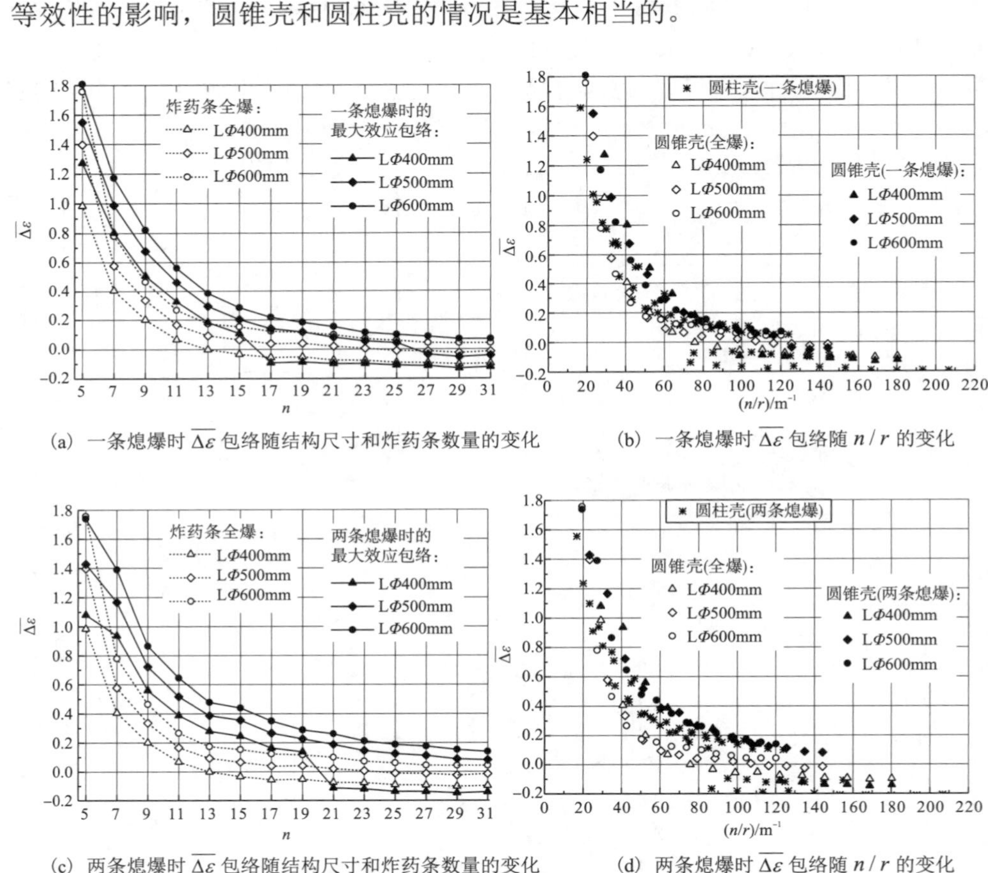

(a) 一条熄爆时$\overline{\Delta\varepsilon}$包络随结构尺寸和炸药条数量的变化

(b) 一条熄爆时$\overline{\Delta\varepsilon}$包络随$n/r$的变化

(c) 两条熄爆时$\overline{\Delta\varepsilon}$包络随结构尺寸和炸药条数量的变化

(d) 两条熄爆时$\overline{\Delta\varepsilon}$包络随$n/r$的变化

图 5-14 少量(1～2 条)炸药条熄爆时的$\overline{\Delta\varepsilon}$包络

图 5-14(c)、(d)给出了任意两条炸药条熄爆的$\overline{\Delta\varepsilon}$包络，分析工况为$3\times(C_5^2+C_7^2+\cdots+C_{31}^2)$=7791 种。由图 5-14(c)、(d)可见，两条炸药条熄爆导致的

等效性变化更为明显，要达到 $\overline{\Delta\varepsilon}$ 包络进入±20%范围的要求，n/r 必须达到 95m^{-1}，并由图中变化趋势可以预测，此时小直径的情况还可能超出±20%的范围。另外，在相近尺寸情况下，两条炸药条熄爆导致的 $\overline{\Delta\varepsilon}$ 包络，圆锥壳明显高于圆柱壳。因此与圆柱壳类似，在保守情况下，两条炸药条熄爆对结构响应模拟的等效性影响也非常明显，因此若无充分证据，此种情况的实验结果也应慎用。

根据前面对单条和两条炸药条熄爆对等效性影响的分析，不难看出圆锥壳和圆柱壳的情况是基本吻合的，这为制定统一的设计和评估标准奠定了基础。

3. 考虑炸药条位置误差的等效性

与前面对圆柱壳的分析类似，利用载荷单元的有限元计算结果和图 5-6 所示的炸药条随机分布误差，采用随机抽样的方法，对每种结构的每种炸药条分布进行 1000 次抽样分析，共计 42000 次，获得 $\overline{\Delta\varepsilon}$ 包络如图 5-15 所示。

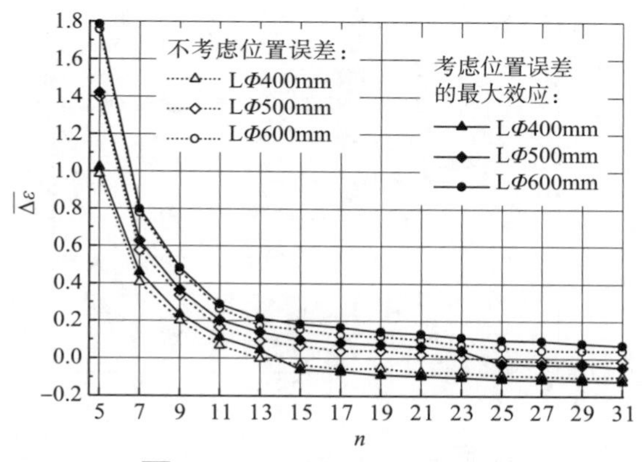

(a) $\overline{\Delta\varepsilon}$ 包络随结构尺寸和炸药条数量的变化

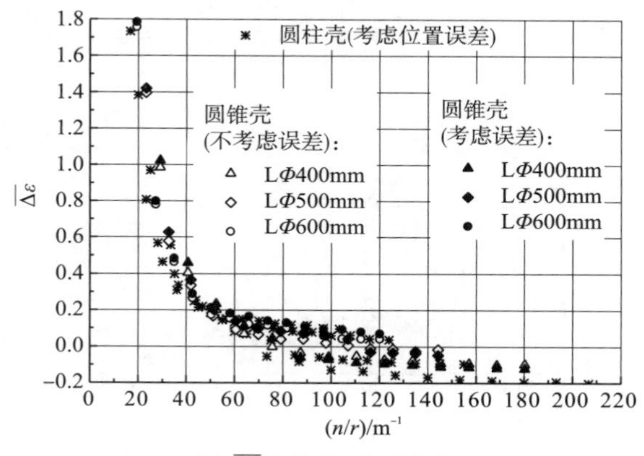

(b) $\overline{\Delta\varepsilon}$ 包络随 n/r 的变化

图 5-15　考虑炸药条位置误差时的 $\overline{\Delta\varepsilon}$ 包络

由图 5-15(a)可见，与前面圆柱壳的情况类似，考虑炸药条位置误差的$\overline{\Delta\varepsilon}$包络与精确分布情况相比有一定的增大，但不及图 5-14(a)、(c)中一条炸药条熄爆的影响明显。换算为如图 5-15(b)所示的$\overline{\Delta\varepsilon}$-$n/r$关系，这种变化表现得也不太明显，在$n/r>55\text{m}^{-1}$(同圆柱壳的情况)时，可确保$\left|\overline{\Delta\varepsilon}\right|\leqslant 20\%$，与炸药条精确分布的情况相比变化不大。由于分析的保守性，可以认为炸药条位置误差对结构响应的影响不明显，其影响在大多数情况下可以忽略不计。

4. 考虑引爆时差的等效性

实验中圆锥壳通常采用大端朝上、小端朝下的悬吊方式，如图 3-16 所示。采用 5.3.2 小节的方法，可确定各加载药条的起爆时差，获得起爆不同步对平均应变差异$\overline{\Delta\varepsilon}$的影响规律，如图 5-16 所示。

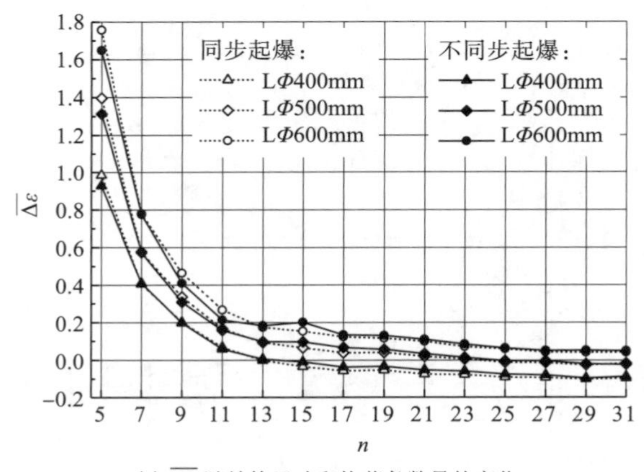

(a) $\overline{\Delta\varepsilon}$ 随结构尺寸和炸药条数量的变化

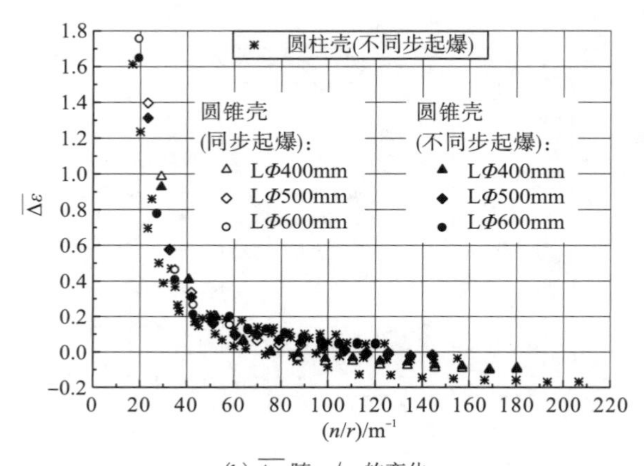

(b) $\overline{\Delta\varepsilon}$ 随 n/r 的变化

图 5-16 典型起爆不同步状态下的$\overline{\Delta\varepsilon}$

由图 5-16(a)可见，在所考虑的典型起爆状态下，不同步起爆对 $\overline{\Delta\varepsilon}$ 的影响较小，与完全同步的情况相比变化不大。转化到如图 5-16(b)所示的 $\overline{\Delta\varepsilon}$-$n/r$ 关系，可以看到这种变化也不太明显，并且与圆柱壳的情况也基本相当，在 $n/r \geqslant 55\text{m}^{-1}$ 时，可确保 $\left|\overline{\Delta\varepsilon}\right| \leqslant 20\%$。

上述分析结果表明，圆锥壳和圆柱壳一样，其结构响应等效性对典型状态的起爆时差并不敏感。

5.5　进一步讨论

前面在定义等效性评价指标、建立等效性表征方法的基础上，针对典型的圆柱壳、圆锥壳结构进行了炸药条加载实验的结构响应模拟等效性分析，得到了每一种因素影响下的 $\overline{\Delta\varepsilon}$-$n/r$ 曲线，从而可以在实验设计和评估中根据 $\overline{\Delta\varepsilon}$-$n/r$ 曲线，通过控制(或判断) n/r 的大小来控制(或判断)结构响应模拟的等效性。分析结果还表明，对于圆柱壳和圆锥壳两种结构，炸药条数量、部分熄爆、位置误差以及起爆不同步对等效性的影响具有相似性和基于总体意义上的统一性。此种现象的意义在于，在实验设计、结果评估及标准制定中，可以将圆柱壳、圆锥壳两种结构形式统一起来。这种简便实用的结论对今后的工程应用具有实际意义。

然而，前面的分析主要是基于炸药条分布密度，对正常(理想)和非正常(非理想)情况下的模拟等效性进行分析和讨论。经过多年的研究和应用实践，我们还发现并研究了影响等效性的其他两个因素，在此作进一步讨论。

5.5.1　载荷脉宽对等效性的影响

强脉冲 X 射线辐照结构表面形成的脉冲载荷脉宽在 μs 量级；而对于化爆加载模拟实验，不同加载方式的载荷脉宽不同，光敏炸药加载的载荷脉宽在几个微秒，柔爆索和片炸药加载的载荷脉宽在几十甚至上百微秒。即使是同种加载方式，受实验实施和材料、工艺等因素的不确定性影响，本身也会使载荷的脉宽产生分散性。这两种载荷脉宽的差异必然会影响 X 射线结构响应模拟的等效程度。本小节简要介绍作者对此问题的研究和认识[8]。

1. 等效性评价指标

为对比分析圆柱壳结构在不同脉宽载荷作用下的响应差异，了解响应与载荷脉宽之间的关系，仿照 5.2.1 小节，以 0°、90° 和 180° 内侧母线中点环向应变为考察对象，定义脉宽为 a 的载荷作用下相对于脉宽为 5μs 载荷作用下的应变正、负峰值的平均差异为

$$\overline{\Delta\varepsilon_0} = \frac{1}{2}\left[\left|\frac{\left|\max(\varepsilon_0^a)\right| - \left|\max(\varepsilon_0^5)\right|}{\left|\max(\varepsilon_0^5)\right|}\right| + \left|\frac{\left|\min(\varepsilon_0^a)\right| - \left|\min(\varepsilon_0^5)\right|}{\left|\min(\varepsilon_0^5)\right|}\right|\right] \tag{5-13}$$

$$\overline{\Delta\varepsilon_{90}} = \frac{1}{2}\left[\left|\frac{\left|\max(\varepsilon_{90}^a)\right| - \left|\max(\varepsilon_{90}^5)\right|}{\left|\max(\varepsilon_{90}^5)\right|}\right| + \left|\frac{\left|\min(\varepsilon_{90}^a)\right| - \left|\min(\varepsilon_{90}^5)\right|}{\left|\min(\varepsilon_{90}^5)\right|}\right|\right] \tag{5-14}$$

$$\overline{\Delta\varepsilon_{180}} = \frac{1}{2}\left[\left|\frac{\left|\max(\varepsilon_{180}^a)\right| - \left|\max(\varepsilon_{180}^5)\right|}{\left|\max(\varepsilon_{180}^5)\right|}\right| + \left|\frac{\left|\min(\varepsilon_{180}^a)\right| - \left|\min(\varepsilon_{180}^5)\right|}{\left|\min(\varepsilon_{180}^5)\right|}\right|\right] \tag{5-15}$$

式中，ε_0^a 为脉宽为 a 的载荷作用下 0° 环向应变；ε_0^5 为脉宽为 5μs 载荷作用下 0° 环向应变响应，其余类推。平均应变差异的定义同式(5-4)。

2. 计算结果与讨论

对不同直径的圆柱壳(尺寸见表 5-5)在不同脉宽(5μs、10μs、25μs、50μs、75μs、100μs)余弦载荷加载下的结构响应进行数值计算，获得平均应变差异与脉宽变化的关系，得到载荷脉宽对等效性影响的认识。图 5-17 给出了脉宽占比 a/τ 对平均应变差异 $\overline{\Delta\varepsilon}$ 的影响趋势。其中，τ 为脉冲载荷所引起的扰动(即应力波)沿环向传播一周所用的时间。

表 5-5 4 种圆柱壳结构的尺寸

序号	直径/mm	长度/mm	壁厚/mm
1	265	380	4
2	300	380	4
3	400	380	4
4	500	380	4

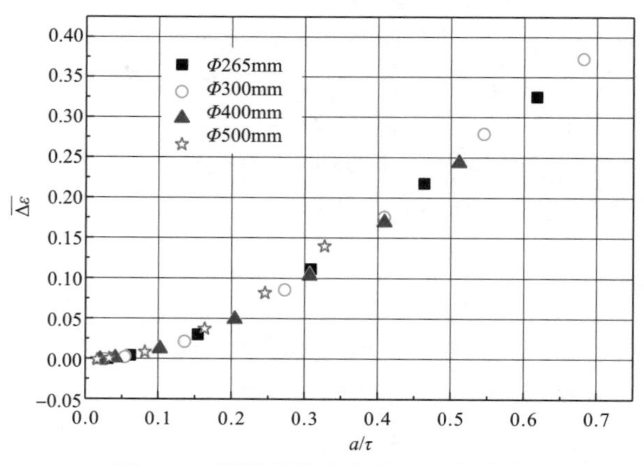

图 5-17 $\overline{\Delta\varepsilon}$ 随脉宽占比 a/τ 的变化

由图 5-17 可以看出，对于不同直径的圆柱壳结构，$\overline{\Delta\varepsilon}-a/\tau$ 曲线表现了良好的一致性，并呈单调递增趋势，平均应变差异 $\overline{\Delta\varepsilon}$ 随 a/τ 的值增大而增大，可见 $\overline{\Delta\varepsilon}$ 主要受 a/τ 控制。a/τ 为 0.16 时，$\overline{\Delta\varepsilon}$ 约为 0.035，符合文献[9]描述的规律，即"脉宽小于扰动沿实验件环向传播一个弧度的时间，可认为不影响响应"；当 a/τ 在 0.45 以内时，$\overline{\Delta\varepsilon}$ 可控制在 20%以内。

5.5.2　滑移载荷对等效性的影响

用炸药条及柔爆索加载的方法模拟 X 射线作用时，由于炸药条及柔爆索以一定的爆速传爆，必然会产生滑移爆轰效应。例如，用炸药条加载长为 800mm 的实验件，假设其爆速为 8000m/s，首尾会有 100μs 的滑移爆轰时差，而真实的 X 射线载荷，在时间上是同步的。因此在同步和滑移两种不同载荷的作用下，结构的响应必定存在差异，但这种差异有多大？受哪些因素影响？怎么评价？这些问题对实验模拟来讲都值得关注。

本小节结合作者前期相关工作[10]对该问题展开讨论。

1. 等效性评价指标

为了定量分析不同结构在滑移载荷和同步载荷作用下的结构响应差异，同样以各圆柱壳的 0°、90° 和 180° 内侧母线中点三个位置环向应变为观测对象，定义滑移载荷相对同步载荷作用下的应变正、负峰值的平均差异为

$$\overline{\Delta\varepsilon_0}=\frac{1}{2}\left[\left|\frac{\left|\max(\varepsilon_0^{\mathrm{m}})\right|-\left|\max(\varepsilon_0^{\mathrm{s}})\right|}{\left|\max(\varepsilon_0^{\mathrm{s}})\right|}\right|+\left|\frac{\left|\min(\varepsilon_0^{\mathrm{m}})\right|-\left|\min(\varepsilon_0^{\mathrm{s}})\right|}{\left|\min(\varepsilon_0^{\mathrm{s}})\right|}\right|\right] \tag{5-16}$$

$$\overline{\Delta\varepsilon_{90}}=\frac{1}{2}\left[\left|\frac{\left|\max(\varepsilon_{90}^{\mathrm{m}})\right|-\left|\max(\varepsilon_{90}^{\mathrm{s}})\right|}{\left|\max(\varepsilon_{90}^{\mathrm{s}})\right|}\right|+\left|\frac{\left|\min(\varepsilon_{90}^{\mathrm{m}})\right|-\left|\min(\varepsilon_{90}^{\mathrm{s}})\right|}{\left|\min(\varepsilon_{90}^{\mathrm{s}})\right|}\right|\right] \tag{5-17}$$

$$\overline{\Delta\varepsilon_{180}}=\frac{1}{2}\left[\left|\frac{\left|\max(\varepsilon_{180}^{\mathrm{m}})\right|-\left|\max(\varepsilon_{180}^{\mathrm{s}})\right|}{\left|\max(\varepsilon_{180}^{\mathrm{s}})\right|}\right|+\left|\frac{\left|\min(\varepsilon_{180}^{\mathrm{m}})\right|-\left|\min(\varepsilon_{180}^{\mathrm{s}})\right|}{\left|\min(\varepsilon_{180}^{\mathrm{s}})\right|}\right|\right] \tag{5-18}$$

式中，$\varepsilon_0^{\mathrm{m}}$ 为滑移载荷作用下 0° 环向应变响应；$\varepsilon_0^{\mathrm{s}}$ 为同步载荷作用下 0° 环向应变响应；其余类推。平均应变差异的定义同式(5-4)。

2. 计算结果与讨论

以不同几何尺寸的圆柱壳为研究对象，通过加载同步载荷和滑移载荷，对比分析两种载荷作用下的结构响应差异及其变化规律。结构具体考虑为 4 种直径的圆柱壳，每一直径又分 7 种长度、3 种厚度。

图 5-18、图 5-19 分别给出了平均应变差异 $\overline{\Delta\varepsilon}$ 随径厚比 d/t 、细长比 d/l 的变化趋势。其中，d 为圆柱壳直径；t 为厚度；l 为圆柱壳长度。

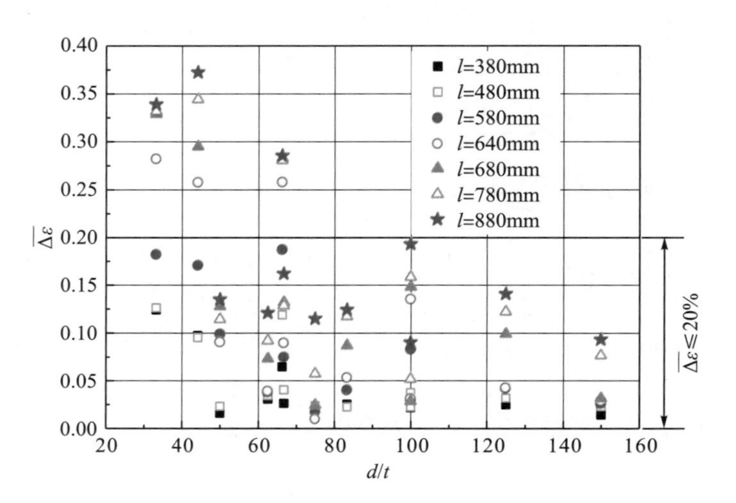

图 5-18　$\overline{\Delta\varepsilon}$ 随径厚比 d/t 的变化

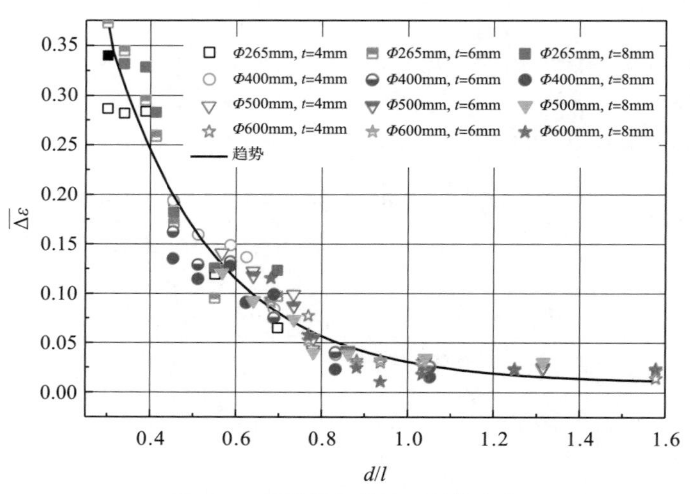

图 5-19　$\overline{\Delta\varepsilon}$ 随细长比 d/l 的变化

由图 5-18 可见，若以 20%的相对差异为界，长度 l 小于 580mm 的结构，其平均应变差异全部小于 20%，只有在长度大于 580mm 时，$d/t \leqslant 66.25$ 的圆柱壳结构才有部分 $\overline{\Delta\varepsilon}$ 大于 20%。可见，$\overline{\Delta\varepsilon}$ 随径厚比 d/t 的变化情况和长度相关。

由图 5-19 可知，对于 4 种直径、3 种厚度下的不同长度的圆柱壳结构，$\overline{\Delta\varepsilon}$-$d/l$ 曲线表现出了较好的一致性，并呈单调递减趋势，可见在滑移载荷作用下 $\overline{\Delta\varepsilon}$ 主

要受细长比 d/l 控制，而对壳体厚度 t 并不敏感。当细长比 d/l 在 0.45 以上时，$\overline{\Delta\varepsilon}$ 可控制在 20%以内。分析上述规律的机理认为，直径大的结构，特征周期相对较长，对载荷的时域差异敏感性较低；对相同直径而言，长度短的结构，滑移载荷持续时间较短，能量的输入相对集中，滑移载荷的持续时间对结构响应的影响小。

参考文献

[1] Rivera W G, Benham R A, Duggins B D. Explosive technique for impulse loading of space structures. SAND99-3175C, 1999.

[2] 何明辉, 刘得成, 聂景旭. 圆锥薄壳体瞬态动力响应分析. 振动与冲击, 2006, 25(6): 157-161.

[3] 蔡成钟, 陈浩. 截锥壳在强脉冲载荷作用下的动响应分析. 导弹与航天运载技术, 2007, (4): 52, 53.

[4] 邓宏见, 肖宏伟, 何荣建, 等. 片炸药爆炸加载下壳体结构响应研究//第八届全国爆炸力学学术会议论文集, 2007: 206-212.

[5] 毛勇建, 李玉龙, 陈颖, 等. 炸药条加载圆柱壳的数值模拟(III)：对 X 射线力学效应的模拟等效性分析. 高压物理学报, 2013, 27 (5): 711-718.

[6] Mao Y J, Li Y L, Deng H J, et al. Responses of cylindrical shell loaded by explosive rods to simulate X-ray effects: Numerical simulation and fidelity analysis//Computational Methods in Engineering-Proceedings of the 3rd Asia-Pacific International Conference on Computational Method in Engineering (ICOME 2009). Nanjing, 2009.

[7] 毛勇建, 李玉龙, 黄含军, 等. 旋转相似载荷下轴对称结构弹性响应的快速算法：旋转叠加法及其应用. 固体力学学报, 2011, 32(3): 306-312.

[8] 王军评, 毛勇建, 狄飞, 等. 载荷脉宽对圆柱壳瞬态响应的影响分析. 振动与冲击, 2015, 34(3): 108-113.

[9] Benham R A, Mathews F H, Higgins P B. Application of light-initiated explosive for simulating X-ray blow-off impulse effects. SAND76-9019, 1976.

[10] 王军评, 毛勇建, 狄飞, 等. 滑移和同步脉冲载荷下圆柱壳瞬态响应的对比分析. 高压物理学报, 2016, 30(6): 491-498.

第 6 章　柔爆索加载模拟实验技术

由前面的内容容易看出，对于强脉冲 X 射线诱导的结构响应模拟，片炸药加载技术是使用最早的方法，但这种方法只是一种粗略的模拟。后来为改善载荷及响应模拟的等效性，逐步发展为现在的炸药条加载技术。

在大量采用炸药条加载技术之前，为弥补片炸药加载技术只能粗略模拟的缺点，国外[1,2]和国内[3-12]外发展了柔爆索加载(spray lead at target，SPLAT)技术。

本章结合作者团队相关工作及国内外文献，对柔爆索加载模拟实验技术进行简要介绍。

6.1　基本原理与实验流程

柔爆索是柔性导爆索(mild detonating fuse, MDF)的简称，主要用于爆轰波传播、炸药起爆以及多点起爆中的时序控制等，在兵器、航天、工程爆破等领域的应用非常广泛。柔爆索的基本结构主要包括药芯和包覆层。药芯一般由猛炸药制成，如奥克托金等；包覆层材料有非金属和金属两种，非金属主要有棉麻、塑料、尼龙等，金属主要有银、铅等。另外，在航天工程等要求较高的领域，一般还要在金属外壳表面再包覆一层非金属(如尼龙等)材料，以防止爆炸产生的碎片影响周围的装备。柔爆索加载技术正是对这种爆炸碎片的利用。

外层无包覆的金属壳在柔爆索爆炸后会产生大量的颗粒状碎片，撞击在结构表面可产生冲击载荷。柔爆索加载技术就是利用其碎片撞击产生的冲击载荷，模拟强脉冲 X 射线辐照结构表面产生的喷射冲量。在结构表面附近排布一定数量的柔爆索，通过改变柔爆索的间距和距结构表面的径向距离，可获得近似余弦分布的 X 射线喷射冲量载荷，模拟其结构响应。由于爆炸产生的高速碎片具有一定的破坏效应，因此一般会避免其直接撞击实验件表面，这就需要在实验件表面粘贴一定的防护层。

柔爆索加载模拟实验的基本流程与 3.2 节及图 3-3 炸药条加载的情况类似，不同之处包括以下几点。

(1)基本参数确定。炸药条分布设计需要两个基本前提：一是炸药条的最小稳定传爆尺寸及其搭接方式；二是片炸药的比冲量。而柔爆索分布设计一般只需要线动量(即单位长度柔爆索爆炸产生的动量)一个参数，可采用滑杆法或弹道摆法测量(与片炸药比冲量标定装置类似)。

(2)柔爆索分布设计。炸药条分布设计是确定炸药条在实验件壳体表面的分布(周向角度)，只用一个自由度描述；而柔爆索分布设计是确定柔爆索在实验件端面所在平面的周向角度和径向距离(对于圆锥壳结构，两个端面的分布一般不同)，需要用多个自由度描述。

(3)防护层准备。炸药条加载要用缓冲层对载荷整形，柔爆索加载采用防护层，主要功能是保护实验件，当然也有对载荷整形的作用。

(4)柔爆索的切割与布置。柔爆索的切割比炸药条简单，只是按照设计的长度截断即可。但由于其分布具有多个自由度，且不与实验件壳体直接接触，因此一般要采用具有一定刚度的固定板或固定支架，对每一条柔爆索进行固定，这个过程较炸药条粘贴更复杂。

6.2　柔爆索的爆炸特性及其测量方法

柔爆索的爆炸特性主要包括爆速、碎片的大小和飞散速度、线动量等。这里以赵国民等[4,5]对铅壳柔爆索的研究为例，简要介绍柔爆索的爆炸特性及其实验研究方法。

所研究的铅壳柔爆索直径为 2.0mm，药芯直径约为 1.6mm，药芯材料为黑索金，装药线密度为 2.6g/m。

6.2.1　爆速

利用柔爆索外壳导电的特点，在其附近沿长度方向按一定距离布置一系列探针。当柔爆索爆炸时，其外壳在爆轰产物的作用下膨胀，使各个探针依次与外壳导通，形成回路，从而产生一系列的脉冲信号。用数据采集系统或示波器记录这些脉冲信号，判读爆轰波通过各探针位置的时间，再根据各探针间的距离即可计算出爆速。

按照上述测试方法，测得该铅壳柔爆索的爆速为(6.95±0.06)km/s。

6.2.2　碎片的粒度

采用水介质回收铅壳柔爆索的爆炸碎片，利用粒度仪进行粒度分析。分析结果如图 6-1 所示。由图 6-1 容易看出，对于上述铅壳柔爆索，粒度小于 5μm 的碎片总质量约占铅壳质量的 40%，碎片的最大粒度约为 50μm。

柔爆索爆炸碎片的粒度主要受壳体材料及药芯状态影响。上述铅壳柔爆索的碎片粒度较小，我们曾使用的银壳柔爆索，碎片的最大尺寸超过 1mm。

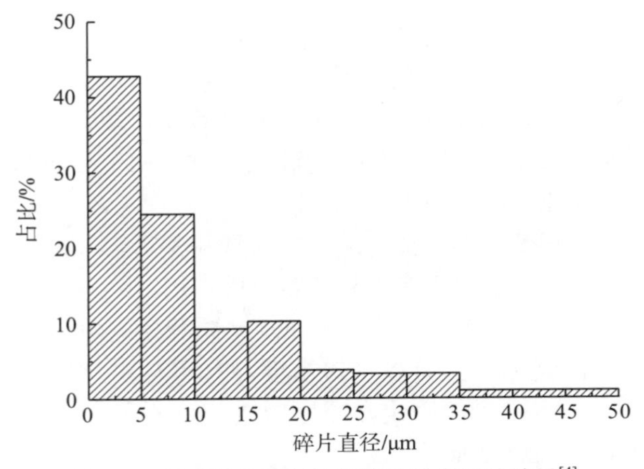

图 6-1 铅壳柔爆索爆炸碎片的粒度测试结果[4]

6.2.3 碎片飞散角度与速度

碎片的飞散角度采用高速摄影测量。测得飞散角度后，利用以下公式计算飞散速度：

$$u = D\tan\beta \tag{6-1}$$

式中：D 为爆速；β 为飞散角。

按照上述方法，测得铅壳柔爆索爆炸碎片的飞散角和飞散速度如表 6-1 所示。由表 6-1 可见，飞散角和飞散速度均随时间衰减。

表 6-1 铅壳柔爆索爆炸碎片的飞散角和飞散速度[4]

时间/μs	飞散角	飞散速度/(km/s)
4	12°50′	1.58
8	11°7′	1.37
12	9°21′	1.14
16	8°34′	1.05
20	8°21′	1.02

6.2.4 线动量

柔爆索爆炸产生的线动量是单位长度柔爆索产生的所有碎片动量之和。若用 m 表示柔爆索金属外壳的线密度，u 表示爆炸后金属碎片的飞散速度，则柔爆索的线动量可以表示为 $I = mu$ 。

柔爆索的线动量一般可通过实验测量或理论估算获得。

1. 实验测量

1) 方法一：滑杆法

图 6-2 所示为滑杆式冲量测试装置，其中滑杆速度的测量采用了光电方法。

柔爆索爆炸产生的碎片打击在靶板表面，靶板与传信杆一端相连，传信杆另一端加工有一系列的环形槽。传信杆靠轴承支承在圆柱形的铝套筒内，并可自由滑动，靶板受冲量载荷作用后推动传信杆运动，环形槽依次切断发光管至光电管的光路，形成一系列的通断光现象，从而使光电管输出一系列的脉冲信号。判读脉冲信号的时间间隔，再由已知的环形槽宽度和传信杆系统质量计算出靶板的运动速度和受到的冲量，从而转化为柔爆索的线动量。

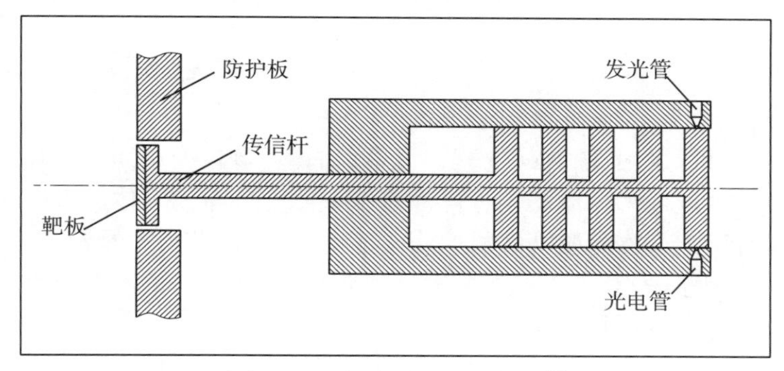

图 6-2　滑杆式冲量测试装置[4]

2) 方法二：弹道摆法

和 3.3.2 小节片炸药比冲量测量方法类似，在距靶板(摆锤)一定距离前布置一根或多根柔爆索，引爆柔爆索产生作用于靶板的冲量，引起摆锤结构的运动。通过测量摆锤的最大摆角，根据角动能守恒原理和角冲量定理，即可计算出摆锤受到的冲量，从而转化为柔爆索的线动量参数[12]。

2. 理论估算

一条柔爆索作用到靶面上任一点的单位面积的线动量可按下式计算：

$$I=\frac{mu}{2\pi h}\cos^3\alpha=\frac{mu}{2\pi d}\cos^2\alpha \tag{6-2}$$

式中，m 为单位长度柔爆索的金属外壳质量(即线密度)；u 为金属碎片的飞散速度；h 为柔爆索与靶板之间的距离。角度 α 和距离 d 的定义见图 6-3。

那么，作用到整个靶板上的线动量为

$$I=\int_A\frac{mu(s)}{2\pi h}\cos^3\alpha\mathrm{d}A \tag{6-3}$$

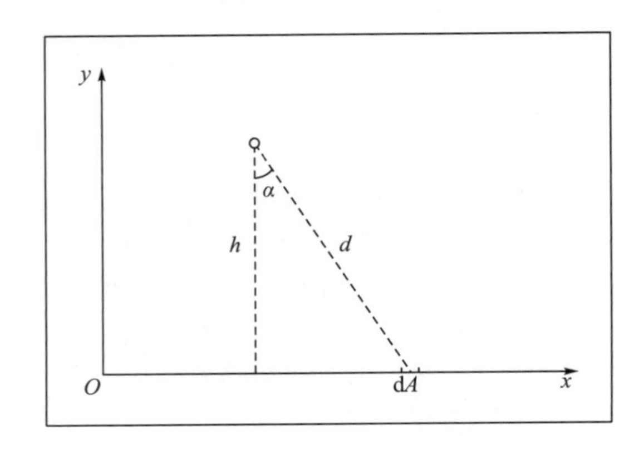

图 6-3 柔爆索与靶板相对位置示意图

式中，$u(s)$ 是由碎片速度的实测结果拟合出的速度 u 随飞行距离 s 的衰减曲线；A 为靶板面积。

另外，也可以采用 Gurney 模型[13]进行估算。该模型认为一维爆轰产物膨胀到一定程度后可近似为密度均匀、碎片速度呈线性分布的气体，应用动量守恒和能量守恒即可确定产物所驱动碎片的法向速度，进一步获得柔爆索产生的线动量。

表 6-2 给出了一组不同悬高(即柔爆索到靶板的距离)情况下铅壳柔爆索产生线动量的实测与理论估算结果。

表 6-2 铅壳柔爆索产生的线动量[4]

悬高 h/mm	滑杆法实测 I_M/(g·m/s)	式(6-3)估算 I_1/(g·m/s)	Gurney 模型估算 I_2/(g·m/s)	I_M/I_2
10	99.9	97.3	89.8	1.11
14	93.1	72.9	74.1	1.26
16	82.3	69.7	67.8	1.21
18	74.1	63.7	62.3	1.19
20	75.2	56.1	57.4	1.31

由表 6-2 中的数据可知，式(6-3)预估结果与 Gurney 模型估算的结果相近，因此在工程上可用 Gurney 模型计算柔爆索爆炸产生碎片的速度，从而进一步估算其冲量和动量。另外，表 6-2 中的实测结果明显高于估算结果，这是由于估算中没有考虑爆轰产物的作用及碎片撞靶后引起的飞溅、反弹等因素的影响。从实测结果 I_M 与 Gurney 模型估算结果 I_2 的比值来看，在悬高 h 从 10mm 到 20mm 的变化范围内，I_M/I_2 值的变化不大。因此，为了工程上使用方便，可用 I_M/I_2 的平均值反映爆轰产物作用等因素对线动量的影响，并通过增加铅壳质量来考虑爆轰产物作用等因素对线动量的贡献。引入柔爆索铅壳的等效质量 m^*，可表示为

$$m^* = \overline{(I_{\mathrm{M}}/I_2)} \cdot m \tag{6-4}$$

式中，$\overline{(I_{\mathrm{M}}/I_2)}$ 为不同悬高下多次测量的 I_{M} / I_2 的平均值，一般取 1.22～1.32 [4,5]。

在载荷设计时，为了考虑爆轰产物等因素对冲量的影响，用等效质量 m^* 代替 m 。

6.3　柔爆索的排布设计方法

6.3.1　针对圆柱壳的二维排布设计方法

基本假定如下：

(1) 柔爆索爆炸产生的金属碎片以同一速度向外飞散且不受临近柔爆索爆炸产生碎片的影响；

(2) 金属碎片撞击靶面后，其垂直于靶面的速度变为零。

在上述假定的基础上，根据动量守恒，可知单条柔爆索作用在单位面积圆柱壳上任一点且与该点切平面垂直的动量(即比冲量)，由式(6-2)得到。

对于多条柔爆索爆炸后，作用在圆柱壳的任意一点的与该点切平面垂直的比冲量可表示为[2]

$$I = \sum_{i=1}^{n} \frac{mu}{2\pi h_i} \cos^3 \alpha_i = \sum_{i=1}^{n} \frac{mu}{2\pi d_i} \cos^2 \alpha_i \tag{6-5}$$

式中，h_i 为柔爆索 i 与过圆柱上某点切平面的垂直距离；m 为单位长度柔爆索的金属壳质量；u 为碎片的飞散速度；α_i 的定义如图 6-4 所示。

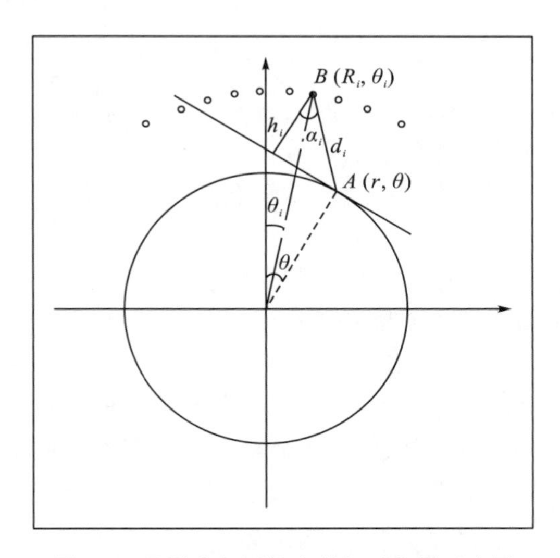

图 6-4　柔爆索与圆柱壳的相对位置示意图

如图 6-4 所示，只有在圆柱壳表面 A 点切平面外侧的柔爆索爆炸后，才能在 A 点产生冲量，在 A 点切平面内侧的柔爆索就不能在 A 点产生冲量。所以，式(6-5)中的 d_i 与 $\cos\alpha_i$ 分别为

$$d_i = \sqrt{(R_i \sin\theta_i - r\sin\theta)^2 + (R_i \cos\theta_i - r\cos\theta)^2} \tag{6-6}$$

$$\cos\alpha_i = \begin{cases} -\dfrac{d_i^2 + r^2 - R_i^2}{2rd_i}, & \cos\alpha_i \geqslant 0 \\ 0, & \cos\alpha_i < 0 \end{cases} \tag{6-7}$$

通过设计柔爆索之间的间距及柔爆索到圆柱壳的距离，可近似得到沿周向呈余弦分布的冲量载荷。由于余弦载荷的分布形式是对称的，因此只需要确定一个象限内柔爆索排布的位置坐标即可。柔爆索的位置坐标一般通过优化设计得到。根据优化方法的原理，其目标函数一般可表示为[9]

$$F(r,\theta) = \sum_{k=1}^{L} \left| I_k(r,\theta) - I_0 \cos\theta_k \right| \tag{6-8}$$

式中，I_k 是圆柱壳外表面第 k 个验证点处的冲量值，由式(6-5)可知，$I_k(r,\theta) = \sum_{i=1}^{n} \dfrac{mu}{2\pi d_i} \cos^2\alpha_i \Big|_k$，它是所有柔爆索产生的冲量载荷在这一点的叠加；$L$ 为需要验证冲量的点数，L 不小于变量的个数，否则变量数多于方程数，方程有不定解；n 为布置的柔爆索总数。

对于上述问题可用遗传算法、变尺度优化等方法求解，这里不再赘述。

6.3.2 针对圆锥壳的三维排布设计方法

1) 基本假定

针对圆锥壳加载的柔爆索三维排布设计，有基本假定如下：

(1) 每根柔爆索爆炸产生的金属碎片在其法平面内运动。

(2) 柔爆索爆炸产生的金属碎片在法平面内均匀分布，且在一定距离以外金属碎片的飞散速度为一定值。

(3) 柔爆索爆炸作用于锥壳表面的载荷只有法向冲量。

(4) 多根柔爆索爆炸产生的金属碎片运动互不影响。

2) 单根柔爆索爆炸产生的碎片对平面微元的作用冲量

由于柔爆索爆炸碎片作用于圆锥壳表面某点微元的冲量等于碎片作用于该点切平面内的相应微元的冲量，因此首先分析单根柔爆索作用于该平面的比冲量。如图 6-5 所示，设柔爆索所在的直线为 L，圆锥壳表面 P 点切平面为 S_1，在直线 L 上点 P_0 取一微元 $\mathrm{d}l$，通过微元 $\mathrm{d}l$ 的两端作两个垂直于该直线的平行平面 S_{n1} 和 S_{n2}，它们与平面 S_1 的夹角为 ϕ，并设 S_{n1} 和 S_{n2} 两个平行平面与平面 S_1 的交线为

B_1和B_2，点P_0到直线B_1的垂直距离设为d，过直线L作垂直于平面S_1的平面S_n，过直线L的平面与平面S_n的夹角设为θ。

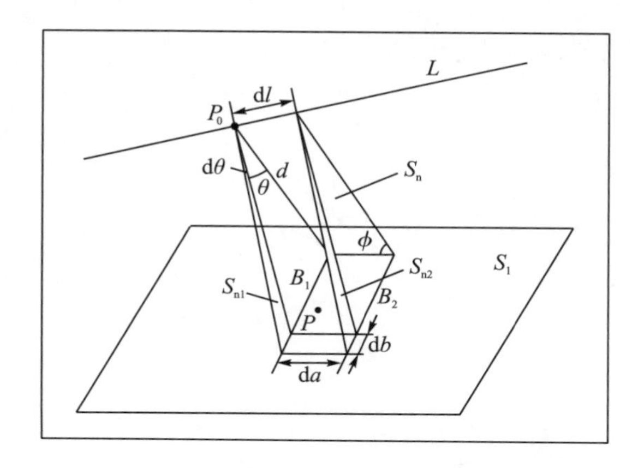

图6-5 单根柔爆索爆炸作用于平面的比冲量示意图

略去高价小量，微元db的推导过程如下：

$$b = d\tan\theta \tag{6-9}$$

对式(6-9)两端微分得

$$\mathrm{d}b = d\sec^2\theta\,\mathrm{d}\theta = \frac{d}{\cos^2\theta}\mathrm{d}\theta \tag{6-10}$$

由图6-5可知微元da为

$$\mathrm{d}a = \frac{1}{\sin\phi}\mathrm{d}l \tag{6-11}$$

由式(6-10)和式(6-11)可得面积微元dS为

$$\mathrm{d}S = \mathrm{d}a\,\mathrm{d}b = \frac{d}{\sin\phi\cos^2\theta}\mathrm{d}\theta\,\mathrm{d}l \tag{6-12}$$

在微元dl和dθ内，柔爆索爆炸产生的碎片的冲量为

$$\mathrm{d}I = \frac{mu}{2\pi}\mathrm{d}l\,\mathrm{d}\theta \tag{6-13}$$

将式(6-12)代入式(6-13)可得

$$\mathrm{d}I = \frac{mu}{2\pi}\sin\phi\cos^2\theta\frac{1}{d}\mathrm{d}S \tag{6-14}$$

由式(6-14)可得单根柔爆索爆炸产生的碎片作用于平面上某点P的比冲量表达式为

$$I_P = \frac{\mathrm{d}I}{\mathrm{d}S} = \frac{mu}{2\pi}\sin\phi\cos^2\theta\frac{1}{d} \tag{6-15}$$

3) 圆锥壳结构表面模拟余弦分布载荷的柔爆索分布设计方法

如图 6-6 所示，首先分析单根柔爆索作用于圆锥壳表面的冲量。设圆锥壳的锥角为α，小端的半径为r_1，轴线方向的长度为l_0，X轴在圆锥壳轴线上，第i根柔爆索的位置由圆锥壳两端面与其交点A_{1i}、A_{2i}确定。

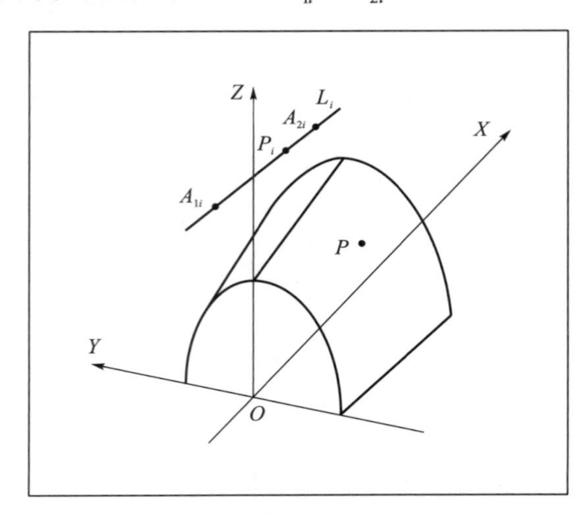

图 6-6 圆锥壳表面上方第i根柔爆索位置示意图

图 6-6 中，A_{1i}点的坐标为

$$\begin{cases} x_{A_{1i}} = 0 \\ y_{A_{1i}} = R_{1i}\sin\beta_{1i} \\ z_{A_{1i}} = R_{1i}\cos\beta_{1i} \end{cases} \tag{6-16}$$

式中，R_{1i}为A_{1i}点到X轴的距离；β_{1i}为平面$A_{1i}OX$与XOZ平面的夹角。

A_{2i}点的坐标为

$$\begin{cases} x_{A_{2i}} = l_0 \\ y_{A_{2i}} = R_{2i}\sin\beta_{2i} \\ z_{A_{2i}} = R_{2i}\cos\beta_{2i} \end{cases} \tag{6-17}$$

式中，R_{2i}为A_{2i}点到X轴的距离；β_{2i}为平面$A_{2i}OX$与XOZ平面的夹角。

记第i根柔爆索所在的直线为L_i，则其方向向量为

$$\boldsymbol{n}_{li} = (n_{1i}, n_{2i}, n_{3i}) = (l_0, R_{2i}\sin\beta_{2i} - R_{1i}\sin\beta_{1i}, R_{2i}\cos\beta_{2i} - R_{1i}\cos\beta_{1i}) \tag{6-18}$$

直线L_i的方程为

$$\frac{x - x_{A_{1i}}}{n_{1i}} = \frac{y - y_{A_{1i}}}{n_{2i}} = \frac{z - z_{A_{1i}}}{n_{3i}} = t_i \tag{6-19}$$

设圆锥壳表面内有任意点P，过点P和X轴的平面与XOZ平面的夹角为θ，

点 P 在 X 轴上的坐标为 a，则点 P 的坐标为

$$\begin{cases} x_P = a \\ y_P = (r_1 + a\tan\alpha)\sin\theta \\ z_P = (r_1 + a\tan\alpha)\cos\theta \end{cases} \tag{6-20}$$

过点 P 与直线 L_i 垂直的平面 S_{1i} 的方程为

$$n_{1i}(x - x_P) + n_{2i}(y - y_P) + n_{3i}(z - z_P) = 0 \tag{6-21}$$

联合式(6-19)和式(6-21)解得直线 L_i 与平面 S_{1i} 的交点 P_i 的坐标为

$$\begin{cases} x_{P_i} = n_{1i}t_i + x_{A_{1i}} \\ y_{P_i} = n_{2i}t_i + y_{A_{1i}} \\ z_{P_i} = n_{3i}t_i + z_{A_{1i}} \end{cases} \tag{6-22}$$

式中，参数 t_i 由下式给出：

$$t_i = \frac{n_{1i}\left(x_P - x_{A_{1i}}\right) + n_{2i}\left(y_P - y_{A_{1i}}\right) + n_{3i}\left(z_P - z_{A_{1i}}\right)}{n_{1i}^2 + n_{2i}^2 + n_{3i}^2} \tag{6-23}$$

圆锥面 S 的方程为

$$y^2 + z^2 = (r_1 + x\tan\alpha)^2 \tag{6-24}$$

若令

$$F(x, y, z) = -(r_1 + x\tan\alpha)^2 + y^2 + z^2 \tag{6-25}$$

则

$$\begin{cases} F'_x = -2(r_1 + x\tan\alpha)\tan\alpha \\ F'_y = 2y \\ F'_z = 2z \end{cases} \tag{6-26}$$

圆锥面 S 过点 P 的切平面 S_2 的方程为

$$-(r_1 + x_P\tan\alpha)\tan\alpha(x - x_P) + y_P(y - y_P) + z_P(z - z_P) = 0 \tag{6-27}$$

切平面 S_2 的法向向量为

$$\boldsymbol{n}_{S_2} = (m_1, m_2, m_3) = \left[-(r_1 + x_P\tan\alpha)\tan\alpha, y_P, z_P\right] \tag{6-28}$$

向量 $\overrightarrow{P_iP}$ 为

$$\overrightarrow{P_iP} = \left(x_P - x_{P_i}, y_P - y_{P_i}, z_P - z_{P_i}\right) \tag{6-29}$$

令

$$\Delta_i = \boldsymbol{n}_{S_2} \cdot \overrightarrow{P_iP} = m_1\left(x_P - x_{P_i}\right) + m_2\left(y_P - y_{P_i}\right) + m_3\left(z_P - z_{P_i}\right) \tag{6-30}$$

根据式(6-30)可判定点 P_i 与切平面 S_2 的关系，以此确定第 i 根柔爆索对点 P 的冲量是否有贡献：

(1) 当 $\Delta_i \leqslant 0$ 时，点 P_i 在切平面 S_2 的上方，第 i 根柔爆索点 P_i 对点 P 的冲量有

贡献。

(2)当$\Delta_i>0$时，点P_i在切平面S_2的下方，第i根柔爆索点P_i对点P的冲量没有贡献。

记平面S_{1i}与锥面S所确定的曲线过点P的切线为L_t，下面阐述点P_i到切线L_t的距离的计算方法。

切线L_t的方向向量为

$$\begin{aligned}\boldsymbol{n}_{L_t}&=\boldsymbol{n}_{L_i}\times\boldsymbol{m}=\left(n_{L_{t1}},n_{L_{t2}},n_{L_{t3}}\right)\\&=\left(n_{2i}m_3-n_{3i}m_2,n_{3i}m_1-n_{1i}m_3,n_{1i}m_2-n_{2i}m_1\right)\end{aligned}\tag{6-31}$$

设向量：

$$\begin{aligned}\boldsymbol{n}_{P_t}&=\boldsymbol{n}_{L_t}\times\overrightarrow{P_iP}=\left(n_{P_{t1}},n_{P_{t2}},n_{P_{t3}}\right)\\&=\left[n_{L_{t2}}(z_P-z_{P_i})-n_{L_{t3}}(y_P-y_{P_i}),n_{L_{t3}}(x_P-x_{P_i})-n_{L_{t1}}(z_P-z_{P_i}),\right.\\&\left.\quad n_{L_{t1}}(y_P-y_{P_i})-n_{L_{t2}}(x_P-x_{P_i})\right]\end{aligned}\tag{6-32}$$

由式(6-31)和式(6-32)可得点P_i到切线L_t的距离为

$$d_{P_i}=\frac{\left|\boldsymbol{n}_{L_t}\times\overrightarrow{P_iP}\right|}{\boldsymbol{n}_{L_t}}=\frac{\sqrt{n_{P_{t1}}^2+n_{P_{t2}}^2+n_{P_{t3}}^2}}{\sqrt{n_{L_{t1}}^2+n_{L_{t2}}^2+n_{L_{t3}}^2}}\tag{6-33}$$

点P_i到切线L_t的垂线与直线P_iP的夹角为

$$\alpha_{P_i}=\arccos\left[\frac{d_{P_i}}{\sqrt{\left(x_P-x_{P_i}\right)^2+\left(y_P-y_{P_i}\right)^2+\left(z_P-z_{P_i}\right)^2}}\right]\tag{6-34}$$

根据式(6-15)、式(6-33)和式(6-34)的结果，第i根柔爆索在锥面点P所产生的单位面积的法向冲量(即比冲量)为

$$I_{P_i}=\begin{cases}\dfrac{mu}{2\pi}\dfrac{\cos^2\alpha_{P_i}\sin\alpha_{S_{1i}S_2}\cos\alpha_{P_{im}}}{d_{P_i}}, & \Delta_i<0\\0, & \Delta_i\geqslant 0\end{cases}\tag{6-35}$$

式中，$\alpha_{S_{1i}S_2}$为平面S_{1i}与切平面S_2的夹角；$\alpha_{P_{im}}$为直线P_iP与切平面法线的夹角。

在单根柔爆索作用于圆锥壳表面的冲量计算的基础上，下面分析多根柔爆索的作用冲量。

根据假定(4)，多根柔爆索爆炸产生的金属碎片运动互不影响，因此它们作用于圆锥壳表面的冲量等于每根柔爆索作用于圆锥壳表面的冲量的叠加。设有N根柔爆索，它们作用于圆锥壳表面点P的比冲量为

$$I_{NP}=\sum_{i=1}^{N}I_{P_i}\tag{6-36}$$

式中，I_{P_i} 为第 i 根柔爆索爆炸作用于圆锥壳表面点 P 的比冲量，由式(6-35)计算得到。

余弦分布载荷沿圆锥壳表面分布的比冲量 $I=I_0\cos\theta$ 仅与角 θ 有关，其中，I_0 为余弦比冲量载荷的峰值。采用 N 根柔爆索爆炸产生余弦分布比冲量载荷需要进行优化设计。下面叙述优化设计方法。

N 根柔爆索爆炸作用于圆锥壳表面点 P 的比冲量由式(6-36)确定。为了使作用于圆锥壳表面各点的比冲量满足余弦分布，根据载荷的对称性可知，N 根柔爆索关于 XOZ 平面对称分布，因此，在优化设计时，只要使爆炸产生的载荷在第一象限的 1/4 圆锥壳表面的比冲量载荷满足余弦分布即可。根据优化方法的原理，设计如下目标函数：

$$f(l,\theta)=\int_0^L\int_0^{\frac{\pi}{2}}\left\{\left[I_{NP}(l,\theta)-I_0\cos\theta\right]\left(r_1+l\sin\alpha\right)\right\}^2\mathrm{d}\theta\,\mathrm{d}l \tag{6-37}$$

式中，L 为圆锥壳的母线长；$\mathrm{d}\theta$、$\mathrm{d}l$ 分别为沿圆锥壳环向夹角及圆锥壳母线方向的微元。

当 $N=2n$（n 为自然数)时，式(6-37)中的设计变量有 R_{11}、β_{11}、R_{21}、β_{21}、R_{12}、β_{12}、R_{22}、β_{22}、…、R_{1n}、β_{1n}、R_{2n}、β_{2n}，共计 $4n$ 个；当 $N=2n+1$ 时，设计变量有 R_{11}、β_{11}、R_{21}、β_{21}、R_{12}、β_{12}、R_{22}、β_{22}、…、R_{1n}、β_{1n}、R_{2n}、β_{2n}、$R_{1(n+1)}$、$\beta_{2(n+1)}$，共计 $4n+2$ 个。上述优化问题是一个无约束的极小值问题。在进行优化设计时，需要计算目标函数的值，但目标函数(6-37)中的积分比较复杂，可以采用数值积分的方法计算。如图 6-7 所示，将原来的积分区域变换成边长为 2 的正方形区域，应用 Gauss 数值积分完成计算。

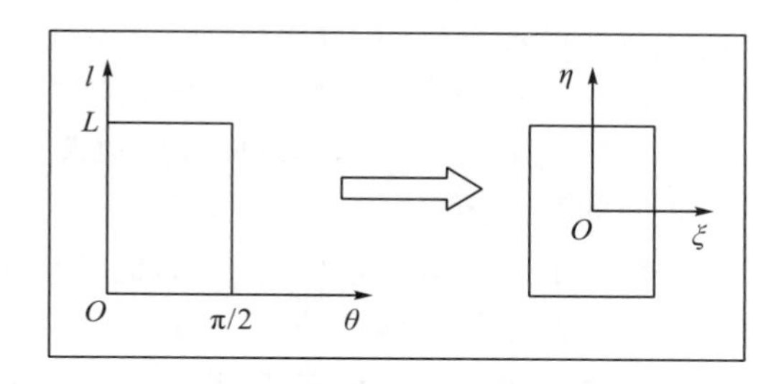

图 6-7　积分区域变换示意图

积分区域变换的插值函数为

$$\begin{cases}\theta=\dfrac{\pi}{4}(\xi+1)\\ l=\dfrac{L}{2}(\eta+1)\end{cases} \tag{6-38}$$

由式(6-37)和式(6-38)可得

$$\begin{aligned} f(l,\theta) &= \int_{-1}^{1}\int_{-1}^{1}\left(\left\{I_{NP}(\xi,\eta)-I_0\cos\left[\frac{\pi}{4}(\xi+1)\right]\right\}(r_1+l\sin\alpha)\right)^2 J(\xi,\eta)\,\mathrm{d}\xi\,\mathrm{d}\eta \\ &= \sum_{k=1}^{K}\sum_{m=1}^{M} w_k w_m\left(\left\{I_{NP}(\xi_k,\eta_m)-I_0\cos\left[\frac{\pi}{4}(\xi_k+1)\right]\right\}(r_1+\eta_k\sin\alpha)J(\xi_k,\eta_m)\right)^2 \end{aligned} \tag{6-39}$$

式中，K、M 分别为相应坐标方向的 Gauss 积分点数；ξ_k、η_m 分别为相应坐标方向的 Gauss 积分点坐标；w_k、w_m 分别为相应 Gauss 积分点的权系数；J 为 Jacobi 行列式。

对于上述优化问题，可采用经改进的变尺度优化方法求解，这里不再赘述。

6.4 柔爆索的排布与引爆技术

由 6.1 节和 6.3 节可知，柔爆索加载的基本思想是在结构的加载面附近排布一定数量的柔爆索，使其爆炸产生的大量高速金属碎片撞击结构表面形成冲击载荷。通过改变柔爆索的间距以及柔爆索与结构之间的距离可使作用在结构表面上的比冲量近似余弦分布。

在柔爆索加载实验的实施中，首先要给出柔爆索在实验件周围的空间分布，具体的设计方法见 6.3 节。通过 6.3 节的方法，以柔爆索作用的比冲量分布与标准余弦分布的差异最小为目标函数，以柔爆索分布坐标为设计变量，建立优化设计的数学模型，求解获得柔爆索的最佳排布。

对于圆柱壳结构，需要通过优化设计，确定柔爆索的数量，确定每条柔爆索所在母线与加载 0° 母线之间的周向夹角(以壳体轴线为中心)，以及柔爆索与圆柱壳表面(或圆柱壳轴线)之间的径向距离。对于圆锥壳结构，需要确定大、小端面每条柔爆索所在母线与加载 0° 母线之间的周向夹角以及端面上柔爆索与圆锥壳表面(或圆锥壳轴线)之间的径向距离。

柔爆索加载圆柱壳结构时的空间排布较为简单，因此本节以圆锥壳结构为例，介绍加载实验的柔爆索安装、排布和实施方法。

图 6-8(a)给出了柔爆索加载圆锥壳结构的实验原理与布局示意图[12]。实验实施时采用柔绳悬吊的方式将实验件悬挂在刚性支架上，模拟其自由状态，一般壳体大端朝上、小端朝下。柔爆索按实验设计要求排布在实验件周围。为了防护柔爆索产生的金属碎片对壳体表面的冲击破坏，在壳体加载表面粘贴防护层，防护层通常为 3mm 真空橡皮和 0.3mm 铜皮的复合层，也可采用 4mm 厚的真空橡皮。加载总冲量采用 3.7 节介绍的高速摄影或激光测速的校核方法。

柔爆索可通过专门设计的安装支架，按照优化设计结果固定在预定的位置上。如图 6-8(b)所示，该安装支架可以调节柔爆索的数量，其滑架可以在滑板上任意滑移、旋转、伸缩，从而自由调整柔爆索的位置，实现柔爆索在实验件周围按载荷设计结果排布。

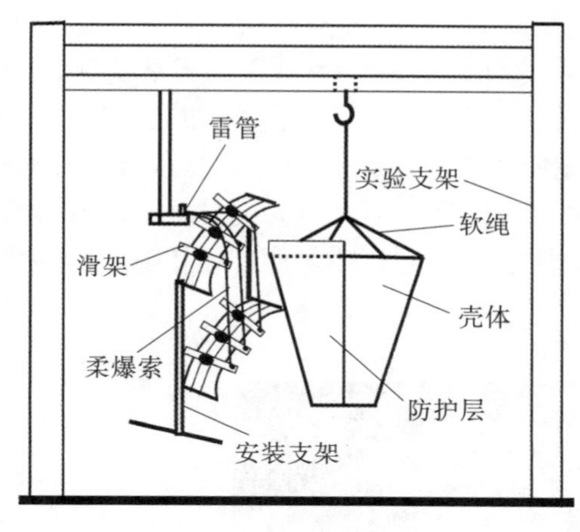

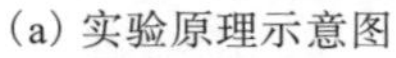
(a) 实验原理示意图

(b) 柔爆索的安装排布状态

图 6-8　圆锥壳的柔爆索加载实验原理与布局[12]

具体安装时，可将柔爆索的设计位置标识在带有壳体端面轮廓的硬纸板上，然后将硬纸板固定在壳体端面上，作为确定滑块上柔爆索固定孔位置的依据。确定好滑块位置后用螺栓固定，再取走硬纸板，最后将剪截好的柔爆索穿入滑块上的安装孔并用医用胶布固定。

上述安装方式可以较好地实现柔爆索的空间排布，但实验实施时，需要对每根柔爆索在壳体上、下端面的位置进行调节，并且要用螺栓锁紧固定，操作较为烦琐。为此对柔爆索的安装方式进行了改进，如图 6-9 所示，将其改为安

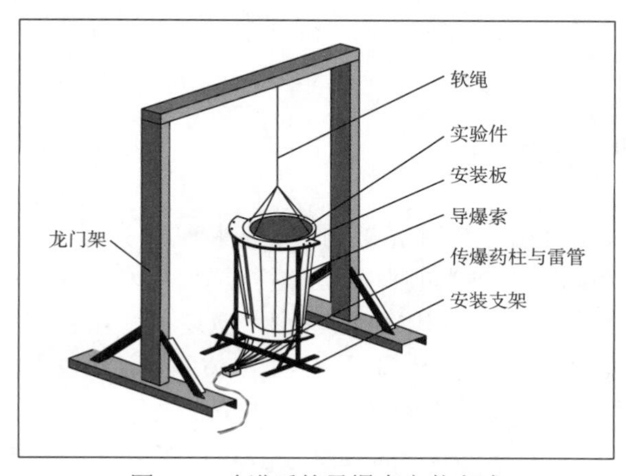

图 6-9　改进后的柔爆索安装方式

装支架和安装板的组合形式。其中，柔爆索的安装采用有机玻璃板或层合木板制作的半圆环形安装板。安装前根据柔爆索的分布设计结果，在安装板相应部位打孔；安装时将安装板固定在安装支架上，并与已经吊装好的实验件确定好相对位置，通过卡口和限位销钉将安装板与防护层卡死，更简单地，也可以将安装板直接固定在圆柱壳或圆锥壳的两个端面，从而不再需要安装支架。然后将柔爆索穿过安装孔，拉直后采用医用胶布固定，完成柔爆索的安装。

柔爆索安装完成后，在圆锥壳小端附近将其引爆段集束、对齐，涂抹黏结剂后捆扎为一圆柱形，并保证端面足够平整，最后采用木质安装夹具，通过传爆药柱与雷管相连接，如图6-10所示。实验实施时，用直流电源起爆雷管，实现柔爆索的引爆和实验加载。

图6-10 柔爆索引爆方式

6.5 应用实例与讨论

采用外径为1.91mm、药芯直径为1.65mm、药芯材料为奥克托金、装药密度为3.3g/m的银壳柔爆索，分别对圆柱壳和圆锥壳进行了加载实验，以下进行简要介绍。

6.5.1 圆柱壳加载实例

为了研究柔爆索加载下圆柱壳结构的响应特征，针对厚度为4mm、外径为260mm、长度为260mm的钢质圆柱壳，进行了柔爆索加载。实验中加载载荷的比冲量峰值为200Pa·s。防护层用3mm厚真空橡皮和0.3mm厚铜皮粘接而成。

依据柔爆索线动量标定结果，采用6.3.1小节的设计方法，应用改进的变尺度优化方法求解，设计了加载比冲量峰值为200Pa·s的柔爆索空间分布。表6-3和图6-11给出了共计14条柔爆索的分布位置。图6-12给出了各横截面设计比冲量与标准余弦载荷的对比。由图可知，设计的比冲量与所要求的标准余弦载荷具有较好的一致性。图 6-13 给出了柔爆索加载圆柱壳实验后的状态。根据实测圆柱壳宏观运动参数分析，实际加载的比冲量峰值约为 210Pa·s。

表 6-3　圆柱壳加载实验的柔爆索分布位置

序号	所在位置半径/mm	所在位置角度/(°)
±1	202.85	±5.39
±2	210.60	±13.87
±3	213.71	±22.66
±4	220.46	±31.51
±5	228.86	±40.36
±6	229.36	±51.82
±7	229.36	±63.93

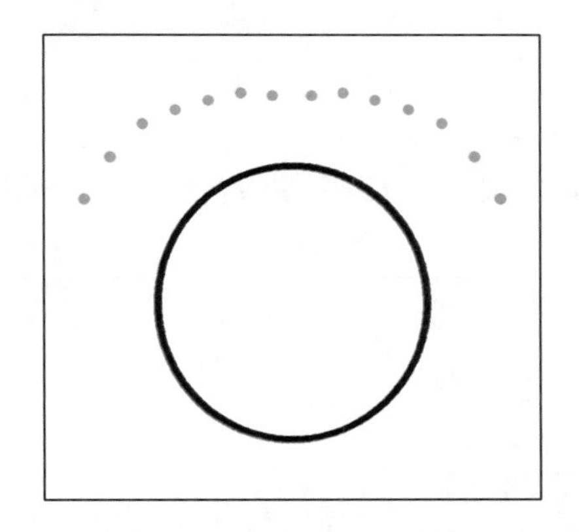

图 6-11　圆柱壳表面柔爆索分布

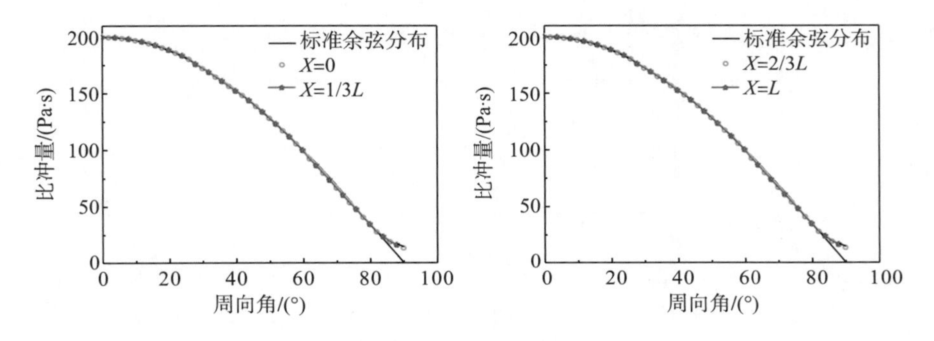

图 6-12　柔爆索加载圆柱壳的设计比冲量与标准余弦载荷对比

图 6-13　柔爆索加载圆柱壳后的状态

图 6-14 和图 6-15 给出了部分实验结果与数值模拟结果的比较。其中，数值模拟施加余弦分布载荷，比冲量峰值为 210Pa·s；对比的响应为位于圆柱壳内部 ±45° 母线中点的环向应变。由图可见，两种载荷(柔爆索加载及余弦载荷)作用下圆柱壳结构的应变波形和幅值基本一致，幅值的最大绝对误差在 200×10^{-6} 内，考虑到测试误差和数值计算误差，可认为二者吻合较好。此例说明，采用柔爆索加载能够较好地模拟圆柱壳在 X 射线余弦载荷作用下的结构响应。

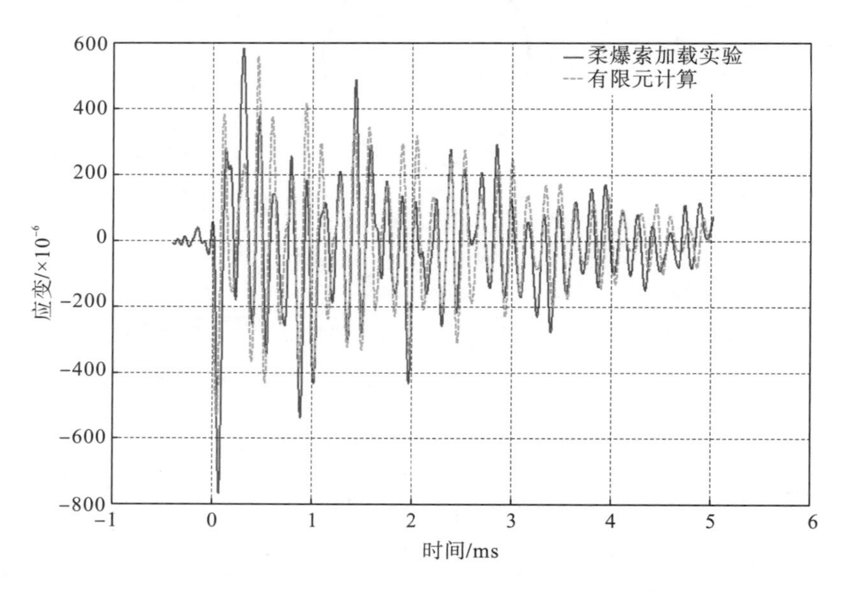

图 6-14　测点 1(45° 内部母线中点)环向应变对比

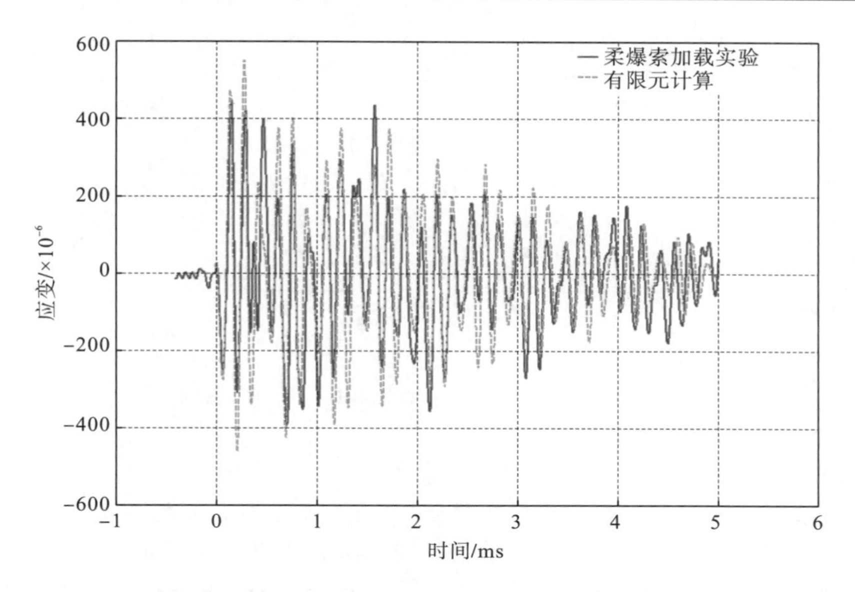

图 6-15　测点 2(−45° 内部母线中点) 环向应变对比

6.5.2　圆锥壳加载实例

本小节介绍一钢质圆锥壳结构的柔爆索加载实验[12]。

根据银壳柔爆索线动量标定结果，采用圆锥壳爆炸加载的柔爆索分布优化设计方法(见 6.3.2 小节)，设计了比冲量峰值为 200Pa·s 的柔爆索分布，加载用的柔爆索共计 22 条，其空间分布见图 6-16。图 6-17 给出了各横截面设计比冲量与标准余弦载荷的对比。由图可见，对于圆锥壳结构，利用柔爆索模拟余弦载荷的空间分布效果也比较好，仅在 90°、−90° 附近的小范围内模拟载荷比余弦载荷稍大。防护层状态同 6.5.1 小节。根据实测宏观运动参数分析，实际加载的比冲量峰值约为 230Pa·s。

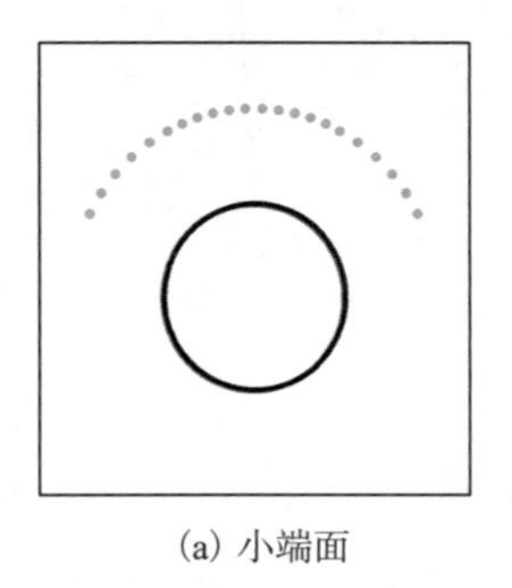

(a) 小端面

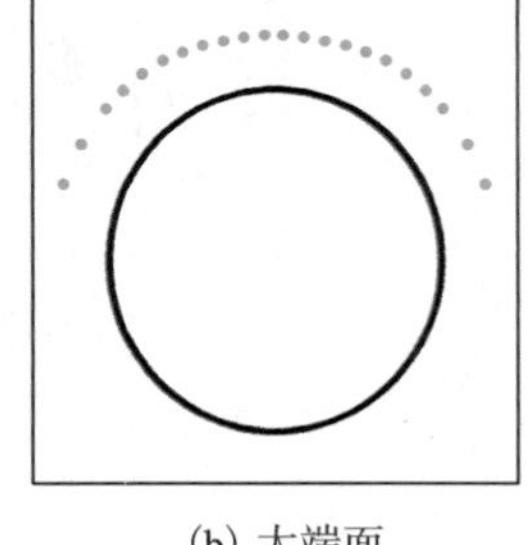

(b) 大端面

图 6-16　圆锥壳表面柔爆索分布

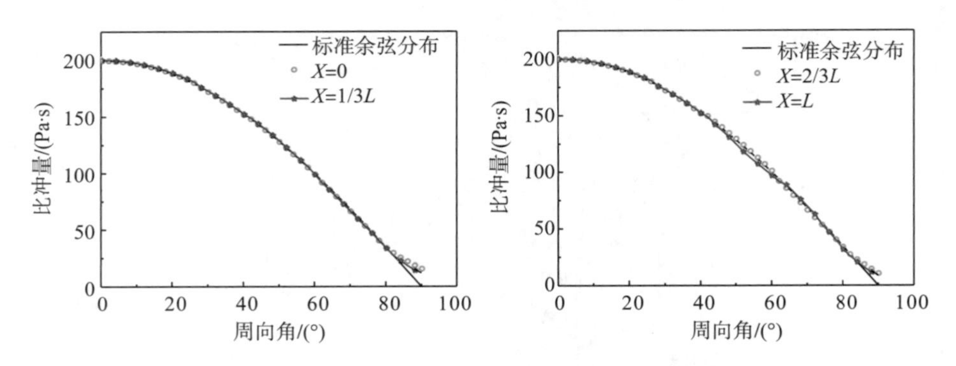

图 6-17 柔爆索加载圆锥壳的设计比冲量与标准余弦载荷对比

图 6-18 和图 6-19 给出了柔爆索加载实验的部分结果与标准余弦载荷作用下计算结果的比较。其中，数值模拟施加余弦分布载荷，比冲量峰值为 230Pa·s；对比的响应为位于圆锥壳内部 0°、180° 母线上距大端面 1/4L 处的环向应变。结果表明：柔爆索加载引起的圆锥壳应变响应波形与标准余弦载荷作用下的特征基本一致，幅值绝对误差大部分在 120×10^{-6} 内，最大约为 200×10^{-6}。而测试系统的本底噪声约为 45×10^{-6}，加上其他干扰，测试系统引起的应变测量绝对误差约在 150×10^{-6} 内，再考虑数值计算误差，可认为两种载荷作用下圆锥壳结构响应的应变波形及幅值基本一致。此例说明，采用柔爆索加载能够较好地模拟圆锥壳在 X 射线余弦载荷作用下的结构响应。

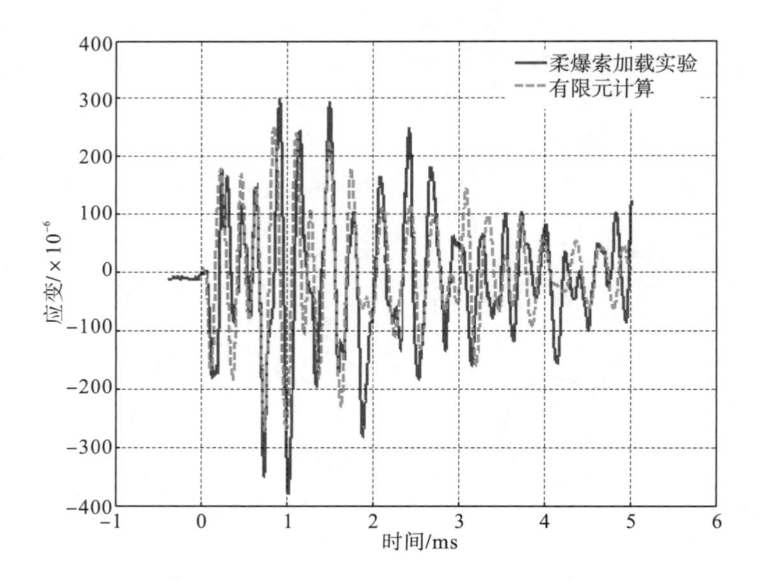

图 6-18 测点 1(0° 内部母线距大端面 1/4L 处)环向应变对比

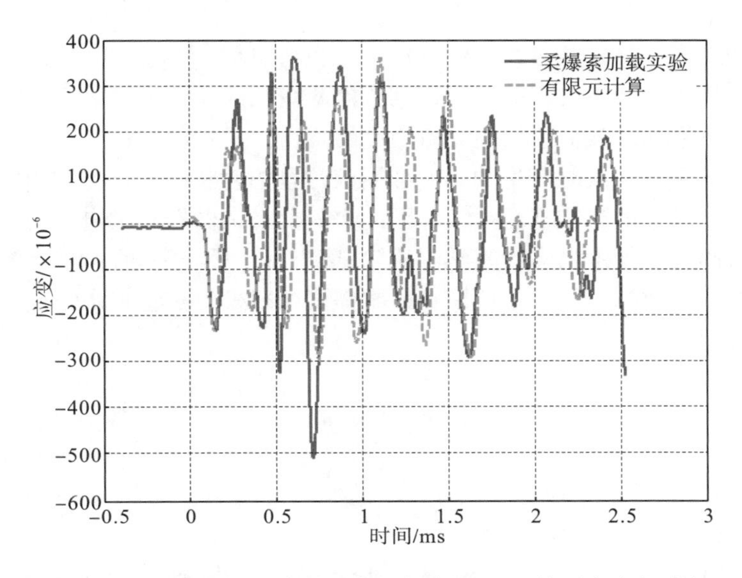

图 6-19　测点 2(180°　内部母线距大端面 1/4*L* 处)环向应变对比

6.5.3　讨论

本小节主要针对柔爆索加载和炸药条加载两种模拟技术的区别和优缺点进行讨论。

炸药条加载的载荷是离散炸药条产生的冲量叠加，其比冲量分布在环向不均匀、不平滑，存在局部效应。柔爆索加载形成的载荷是大量金属碎片的撞击作用形成的冲量叠加，相对于炸药条加载比较平滑，更加接近 X 射线余弦载荷的空间分布，其激起的结构响应也应该更接近于 X 射线作用下的响应。这是柔爆索加载相对于炸药条加载的优势所在。从作者多年的实验研究来看，两种载荷本身的差异导致了实验件应变响应也具有相应的差异。实测表明，对于相同比冲量峰值的模拟载荷，柔爆索加载下壳体上测点的应变响应总体上要小于炸药条加载，这就是因为炸药条加载的载荷环向不均匀，存在局部效应，而柔爆索加载的载荷比较平滑，与 X 射线诱导的余弦载荷比较接近，因此炸药条加载下的壳体应变响应总体上大于柔爆索加载就不难理解了。回顾第 5 章炸药条加载实验的结构响应模拟等效性分析结果，在炸药条数量较少时，激起的结构响应偏大，这也是炸药条载荷环向不均匀、存在局部效应使然。

然而，柔爆索加载的作用方式是碎片撞击结构表面产生冲量，绝大部分碎片以斜碰撞方式作用于壳体表面，其载荷在壳体表面法线和切线方向都有分量。经估算，柔爆索加载的载荷存在约占法向 12%的切向分量，这种切向分量对壳体结构响应影响不明显，但可通过壳体的连接部位传入内部，对内部结构叠加形成横向的冲击载荷。同样，从多次的测试结果中也可发现，对于相同比冲量峰值的模拟载荷，柔爆索加载下的实验件内部结构的应变响应总体上要大于炸药条加载，这正是由柔爆索加载载荷的切向分量引起的。

另外，柔爆索加载时产生的高速金属碎片呈辐射状散射，在实验中必然会对测试电缆带来较大的影响甚至损坏，因此实验前必须做好测试电缆的防护工作；同时，大量碎片和烟尘也会对光学测量(高速摄影、激光测速)产生影响，有时甚至完全获取不到数据。由于上述缺点，柔爆索加载模拟实验技术在要求较高的工程实验中应用并不多见。

参考文献

[1] Gefken P R, Kirkpatrick S W, Holmes B S. Response of impulsively loaded cylindrical shells. International Journal of Impact Engineering, 1988, 7(2): 213-227.

[2] Kirkpatrick S W, Holmes B S. Structural response of thin cylindrical shells subjected to impulsive external loads. AIAA Journal, 1988, 26(1): 96-103.

[3] 赵国民. 强脉冲X光辐照下圆柱壳结构响应的模拟技术研究[博士学位论文]. 长沙: 国防科技大学, 1997.

[4] 赵国民, 张若棋, 陈刚, 等. 铅壳柔爆索爆炸特性实验研究. 高压物理学报, 2001, 15(2): 91-96.

[5] 赵国民, 张若棋, 彭常贤, 等. 铅壳柔爆索爆炸产生冲量的实验. 国防科技大学学报, 2001, 23(6): 58-62.

[6] 赵国民, 张若琪, 彭常贤, 等. 铅壳柔爆索冲量作用下圆柱壳体结构响应实验研究. 爆炸与冲击, 2002, 22(2): 126-131.

[7] 彭常贤. 脉冲X光与其他模拟源的结构响应等效性分析. 高压物理学报, 2002, 16(2): 105-110.

[8] 赵国民, 王占江, 张若棋. 用柔爆索构成沿圆柱壳体周向呈余弦分布的冲量载荷. 爆炸与冲击, 2008, 26(6): 557-560.

[9] 范书群, 李永池, 蒋东, 等. 模拟余弦冲量载荷的柔爆索布局优化和实验验证. 弹道学报, 2008, 20(1): 80-84.

[10] 邓宏见, 田翠英. 柔爆索爆炸粒子加载下的锥壳结构响应数值模拟//宁建国, 黄风雷, 等. 计算爆炸力学理论、方法及工程应用. 北京：北京理工大学出版社，2002: 404-411.

[11] 邓宏见, 周擎, 何荣建, 等. 柔爆索爆炸加载下壳体结构响应的数值模拟与实验研究//中国力学学会学术大会2005论文摘要集(上), 2005: 249.

[12] 邓宏见, 周擎, 何荣建, 等. 柔爆索加载下圆锥壳结构响应分析//第八届全国爆炸力学学术会议论文集, 2007: 202-205.

[13] 孙承纬, 卫玉章, 周之奎. 应用爆轰物理. 北京: 国防工业出版社, 2000.

第7章　光敏炸药加载模拟实验技术

对于大尺寸实验件的结构响应实验研究主要采用炸药条、柔爆索、光敏炸药等加载方式，但正如前面章节所述，前两种加载方式都有一些固有的缺点。光敏炸药(light-initiated high explosive, LIHE)加载是通过控制喷涂在实验件表面的炸药厚度，来模拟X射线喷射冲量的空间分布，因此只要控制好光敏炸药的喷涂厚度，就可以获得较好的载荷空间分布近似。光敏炸药加载形式灵活，既可以对简单外形的实验件进行加载，也可以对复杂外形的实验件加载，既可加载连续分布的比冲量载荷(结构表面材料、几何连续的情况)，也可以加载不连续分布的比冲量载荷(结构表面材料、几何不连续的情况)。此外，光敏炸药加载还具有几乎同时引爆的优点(引爆时差在μs量级)，几乎不存在滑移爆轰时差和引爆时差，从而使其模拟载荷与强脉冲X射线喷射冲量载荷具有更加接近的时域分布。因此，光敏炸药加载是化爆加载模拟实验技术中对X射线喷射冲量载荷及其结构响应的模拟保真度最高的一种。

在国外，光敏炸药加载技术的研究比较系统，应用也比较充分。由于光敏炸药的材料制备、喷涂及引爆等技术难度较高，实验室投入较大，国内对X射线结构响应模拟实验技术的研究选择了相对经济且技术难度相对较低的炸药条和柔爆索加载技术，对光敏炸药加载技术的研究主要集中在一些基础性工作或单元技术方面。

本章将参考国内外相关文献，对光敏炸药加载的基本原理、材料特性、喷涂技术、引爆技术等进行简要介绍。

7.1　基本原理与实验流程

光敏炸药加载是根据喷射冲量载荷的分布(对于圆柱壳、圆锥壳等旋转结构，沿环向近似余弦分布)，在实验件表面喷涂按一定厚度分布的光敏炸药来实现的。光敏炸药喷涂完成后，以瞬时大电流驱动光源阵列发出强光将其引爆，产生作用于结构表面的瞬时冲击载荷[1]。该技术不仅可以高保真(high-fidelity)地模拟载荷的空间分布，还可以实现大面积的同步起爆，并且适用于具有复杂外形的大型结构。对于全尺寸结构抗X射线结构响应的模型确认和系统鉴定，光敏炸药加载是截至目前最理想的加载方式。

光敏炸药加载的基本流程可参考 3.2 节，相对于炸药条加载，其不同之处主要表现在以下几方面。

(1) 基本参数确定及载荷设计。一般先通过一系列的标定实验确定不同面密度的光敏炸药的比冲量，再拟合得到经验公式。标定实验一般采用类似于 3.3.2 小节介绍的弹道摆装置。在得到光敏炸药比冲量参数的基础上，结合极限起爆面密度，通过控制喷涂在结构表面的炸药厚度来模拟载荷的分布。对于余弦分布的载荷，一般以炸药厚度呈阶梯状分布的方式来近似，如图 7-1 所示。

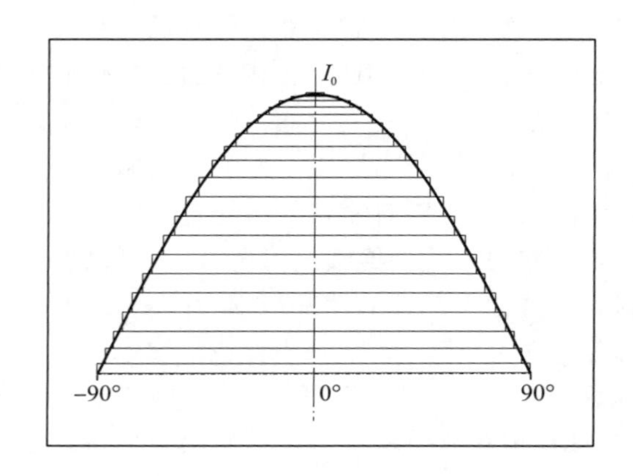

图 7-1　理想余弦分布的阶梯近似[1]

(2) 炸药悬浊液的制备与喷涂。将光敏炸药和相关试剂混合成悬浊液，要求混合用的试剂不能改变光敏炸药的性状，并在浸湿的状态下具有安全保护作用。完成悬浊液的制备后，通过远程控制的喷枪，在实验件表面反复喷涂炸药。

(3) 载荷分布的局部校核。测量结构表面喷涂的炸药的厚度，利用标定数据拟合的经验公式，局部校核载荷在结构表面的分布。对于常用的圆柱壳和圆锥壳结构，需要沿同一截面周向和加载 0° 母线方向测量一系列离散观测区域的厚度或质量分布，从而确认载荷是否符合设计的余弦分布。

(4) 炸药的引爆。通过专用的脉冲闪光光源，加载瞬时大电流，产生强光，引爆光敏炸药，完成对实验件的加载。

7.2　光敏炸药性能及比冲量标定

7.2.1　光敏炸药及其性能

常用的光敏炸药为酸性乙炔银(silver acetylide-silver nitrate, SASN)[2,3]，其分子式为 $Ag_2C_2{\cdot}AgNO_3$。该材料几乎不溶于水、乙醚、丙酮、乙醇等溶剂；对光比较敏感，在强光的照射下会发生爆炸，在阳光的直射下只发生缓慢分解，其他性能比较稳定，可以安全地储存在水或丙酮溶液中。

酸性乙炔银一般用福尔哈德法(Volhard method)制备，在硝酸银乙醇溶液、水溶液或银氨溶液中通入乙炔气体得到。乙炔与硝酸银乙醇溶液或水溶液的化学反应方程式为

$$3AgNO_3 + H_2C_2 \xrightarrow{C_2H_5O或H_2O} Ag_2C_2 \cdot AgNO_3 \downarrow (白) + 2HNO_3 \tag{7-1}$$

采用不同的溶液，在不同的温度及浓度条件下，合成的酸性乙炔银的银含量不同，需具体测定。使用银氨溶液得到的酸性乙炔银中的银含量约为 90%，使用水或乙醇溶液得到的酸性乙炔银中银含量约为 79% [2]。酸性乙炔银在强光照射下，会产生大量的气体，并放热。压密紧实的固体酸性乙炔银的密度为 5.34g/cm^3，爆速为 4.45km/s，释放的热量为 1.67kJ/g；喷涂状态下的密度为 0.6g/cm^3，爆速大致在 1.16km/s～1.2km/s [3]。可见，喷涂状态下酸性乙炔银的密度及爆速远低于压密紧实状态。表 7-1 列出了相关文献测试的安全性能参数。

表 7-1　酸性乙炔银的安全性能参数

性能	文献[3]	文献[4]	文献[5]	测试方法与条件
氙灯光感度	—	0.325J/cm^2	—	用长 600mm、直径为 25mm 的脉冲氙灯
激光感度	—	0.22J/cm^2	—	用钕玻璃激光器
冲击感度	23.9cm	23cm	28.7cm	20mg 药装入火帽内，用弧形落锤(1.2kg)实验
摩擦感度	80%	7.7kg/cm^2	36%	摩擦摆实验：文献[3]为 20mg 药，摆角为 70°；文献[4]为 10mg 药；文献[5]中摆角为 70°，压力为 1.23MPa
热感度	—	290℃	—	5s 延迟期爆发点
火焰感度	23.9cm	18cm	38.7cm	将 20mg 药压装在火帽内，测其 50%的发火感度
电火花感度	$E_{0.01}$=0.27J $E_{99.99}$=0.76J	2.1×10^{-3}J	—	文献[3]：25mg 药置于 0.22μF 平板电容器内，测量其 0.01%发火能量 $E_{0.01}$ 和 99.99%发火能量 $E_{99.99}$；文献[4]：20mg 药置于 0.65μF 的平板电容内
极限药量	—	13mg	—	在 LH-10 雷管壳内压装 0.16g 太安，再装乙炔银，扣加强帽

光敏炸药可以通过电火花及强光起爆，比较常用的是强光起爆方式，其原理主要是强光的热作用机理。酸性乙炔银在强光照射下的化学反应方程式为

$$Ag_2C_2 \cdot AgNO_3 \longrightarrow 3Ag\uparrow + CO_2\uparrow + CO\uparrow + \frac{1}{2}N_2\uparrow + 773kJ \tag{7-2}$$

为了提高光敏炸药对光子能量的吸收效率，常采用在炸药中添加吸光剂的方

法。同时，暴露在阳光中使炸药表面变黑，也有助于增加炸药表面的光吸收性能，一般实验前晒几分钟为宜。

光敏炸药的强光起爆效果主要与光源的强度、光子的波长、光解反应的平衡常数和吉布斯自由能(Gibbs free energy)有关，其反应过程可认为是单向光化学反应。其关系式可表示为[5]

$$\Delta_r G_m^0 + RT\ln K_p^0 = 0.1196\frac{n}{\lambda} \tag{7-3}$$

式中，$\Delta_r G_m^0$ 为吉布斯自由能；R 为理想气体常数；T 为温度；K_p^0 为化学反应常数；n 为摩尔数；λ 为波长。

由式(7-3)可知，光源的强度越高，炸药吸收光子的摩尔数就越多，反应过程就越迅速；光的波长越短，能量越大，则发生爆炸反应的概率就越大。

7.2.2 比冲量标定

光敏炸药加载设计的前提是已知喷涂厚度或者面密度与比冲量的关系，然后通过在实验件表面喷涂厚度变化的炸药来近似模拟 X 射线的喷射冲量载荷分布。所以在载荷设计前需要标定炸药的比冲量。一般采用类似于 3.3.2 小节介绍的弹道摆装置，测试不同厚度的光敏炸药喷涂样片，拟合得到比冲量与厚度或面密度之间的关系。

图 7-2 给出了典型的光敏炸药比冲量标定结果，其中，文献[3]的酸性乙炔银中银含量为 78.8%，文献[6]中的银含量为 79%。

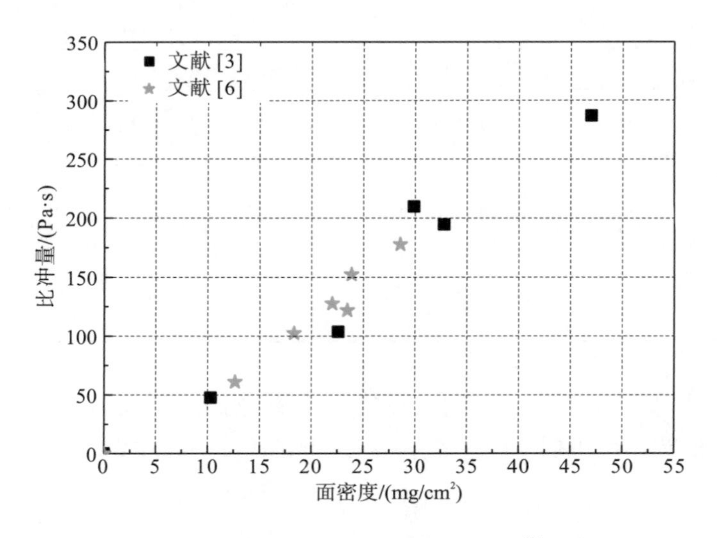

图 7-2 光敏炸药比冲量标定结果[3]

7.3　光敏炸药喷涂与载荷分布校核技术

7.3.1　光敏炸药喷涂技术

1. 实验设备设施及布局

图 7-3 为实验设备设施的布局示意图[7]。光敏炸药加载的实验设施从功能上可分为喷涂与加载控制区、喷涂工作区、加载实验区三部分，三个区域间配有可用于观测的具有防爆功能的窗口。光敏炸药悬浊液的制备及实验件表面炸药的喷涂在喷涂工作间完成。

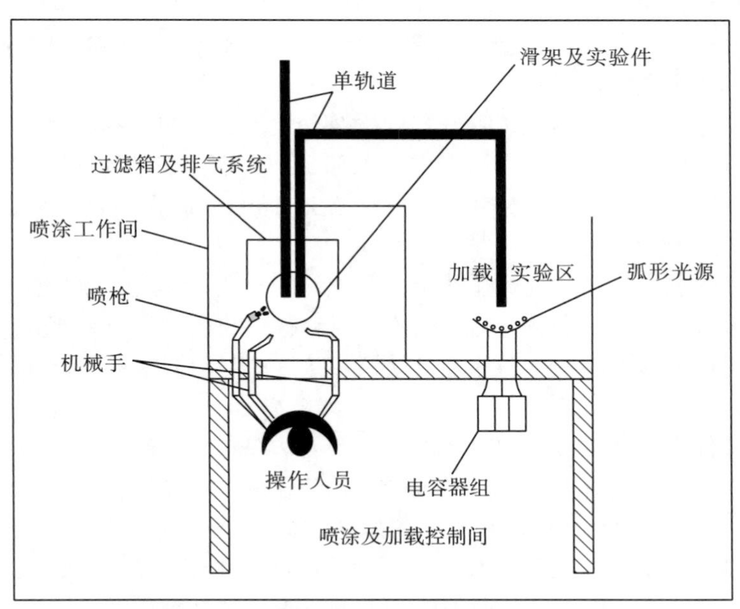

图 7-3　光敏炸药加载实验的设备设施布局[7]

实验设备主要包括机械手、喷枪、排气系统、脉冲闪光引爆系统、轨道及单轨滑架系统。其中，机械手具有远程操作功能，辅助完成喷涂及操作实验件等作业；安装在远控设备上的喷枪用于实验件表面的炸药喷涂作业，喷涂作业一般配有两名操作员；排气系统用于把多余的炸药残留物和喷涂产生的烟雾吸入一次性过滤器，并通过遥控，用单轨道远程运输进焚化炉，进行焚烧。喷涂完毕的实验件也通过轨道运输到实验区。单轨滑架系统用于悬吊、移动及固定实验件。脉冲闪光引爆系统一般由弧形光源和电容器组成，用于提供瞬时的强光。

2. 炸药悬浊液制备与喷涂

喷涂时，对于全尺寸壳体结构，需要根据模拟的场景选择悬吊的方式。例如，模拟侧向脉冲加载，喷涂和实验时壳体结构应竖直悬吊，一般用螺接方式将铝制连接板连接到壳体大端承力结构的后端，连接板与壳体结构的后表面保持一定的距离，以减小对壳体结构响应的影响。正式实验时，实验件一般用尼龙绳悬挂在单轨滑架上。这种安装方式使壳体结构在爆炸加载后像双摆一样摆动，选择尼龙绳主要是防止由悬吊连接引起的局部应力集中，并确保结构运动不受阻碍。如果是轴向加载，一般通过锥面上的若干吊点，横向悬吊实验件。

1) 炸药悬浊液的制备[1,4,7]

把丙酮和酸性乙炔银炸药混合成浆状，强力搅拌，使其均匀混合形成悬浊液，并通过喷枪的液路系统不断循环。炸药和丙酮的混合在喷涂工作间进行，操作人员在控制间远程操作。可在悬浊液中加入赤藓红B(Erythrosin-B)染色剂，以增强光敏炸药的光吸收率，确保起爆效果。

正式喷涂前，需要通过试喷确定丙酮及酸性乙炔银的比例。为了使喷涂的炸药具有更好的附着性，可在悬浊液中加入部分黏合剂。文献[4]中以4%的硝化棉丙酮溶液为黏合剂，炸药、黏合剂、丙酮按1g:1mL:1mL配比，效果良好。

2) 喷涂工艺的确定与实施[1,8]

正式喷涂前，为了确定合适的工艺和喷涂的位置、速度、喷枪压力以及炸药悬浊液配方等相关控制参数，需要用惰性材料代替炸药，反复调整直到最佳。惰性材料应选用颗粒度和密度与酸性乙炔银都接近的材料。滑石粉能满足这两个条件，可作为代用材料。

把实验件安装在可旋转的单轨滑架系统上，在实验件表面一定距离处安装开有窗口的掩护膜，如图7-4所示[1]。图7-5给出了喷嘴、掩护膜及实验件的相对位置俯视图[8]。对于圆锥壳或圆柱壳，喷枪通过掩护膜上的窗口沿其母线方向进行喷涂，窗口的宽度 W 是固定的，在确定喷枪与掩护膜之间的距离 H_1、掩护膜与实验件表面的距离 H_2 以后，在同一压力下喷枪每次喷涂在壳体结构表面的弧宽 W_{arc} 就是一个常数。

通过调节喷枪和掩护膜的位置、喷枪的移动速度、压力以及炸药悬浊液的配方，可获得每一遍喷涂的理想厚度。具体实施时，一般采用电机和凸轮机构驱动的定位装置来控制喷枪，使其相对于实验件的位置、指向和速度保持稳定。为了使炸药沉积均匀，要求喷枪保持常压。一般以压力传感器和位置指示器作为反馈器件，采用机电控制系统，控制蠕动液体泵的变速电机，使其压力保持常值，并能够克服由于竖直方向位置变化而产生的压力变化。

在确定好相关参数后，通过持续不断的搅拌形成均匀悬浊液，并通过蠕动泵使炸药悬浊液得到源源不断的循环补充。通过掩护膜控制每一遍喷涂的区域，使用旋转机构改变实验件的角度并重复喷涂，即可得到目标厚度及分布。

喷涂完成后，采用远程控制的单轨滑架系统把实验件从喷涂室运送到实验间。最后将滑架固定，以便加载时测量壳体结构的刚体运动。

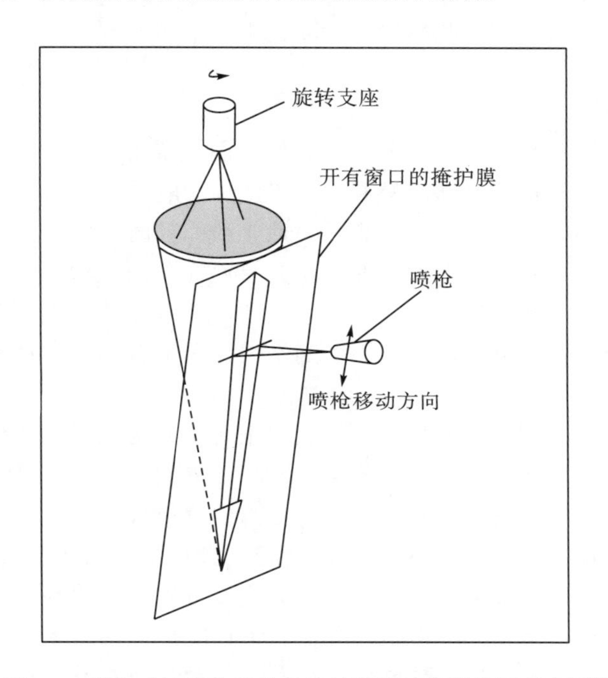

图 7-4　侧向喷涂的实验件、掩护膜及喷枪的位置示意图[1]

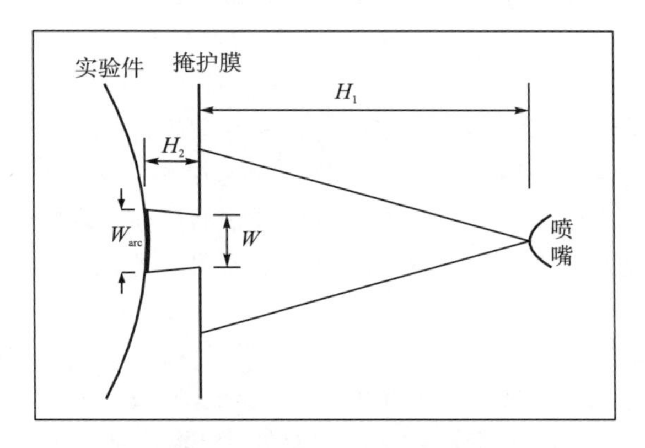

图 7-5　喷嘴、掩护膜及实验件的相对位置俯视图[8]

7.3.2　局部载荷分布校核技术

冲击载荷的量级和分布与结构表面的炸药沉积量直接相关，沉积量的测定是光敏炸药加载的关键技术之一。为了监测和校核炸药涂层是否按设计的载荷要求分布，需在喷涂过程中，多次监测局部区域涂层的面密度或厚度，以便调整喷涂的工艺和程序，达到设计的厚度分布。在喷涂完成后，也需要对最终的载荷分布进行校核。对局部载荷的监测和校核一般使用以下两种方法。

1. 取样称量法

最简单和常用的方法是喷涂前在实验件表面预置可移动的取样片，在喷涂过程中或完成后，取下取样片进行称量[1]。取样片一般通过磁力等方式吸附在结构加载表面或邻近的区域。当对结构表面喷涂光敏炸药时，取样片上会沉积同样厚度的炸药。通过称量取样片的质量即可得到喷涂炸药的沉积量。由于喷涂工艺的复杂性，喷涂过程中需多次称量取样片的质量以获得炸药沉积的面密度，并通过比冲量标定拟合的经验公式，检验喷涂的结果是否符合预期，从而决定后续的喷涂程序。

对于圆锥壳或圆柱壳，一般可在加载面垂直于结构轴线的圆周上设置取样区域，以监测和确认周向载荷的余弦分布；同时在加载面的 0° 母线上均匀布置取样区域，来监测和确认沿母线方向保持不变的载荷分布。

由于喷涂过程中需多次监测各部位的炸药沉积厚度，因此必然会有暂停喷涂、炸药晾干固化、取样片称量和喷涂再启动的反复过程。在此过程中，允许局部喷涂炸药的实验件从喷涂工作室移出，并对它进行防护，然后移走取样片，并在称重后重新安装在原位置，返回喷涂室继续喷涂。显然，喷涂过程非常复杂且费时，对于大尺寸的壳体结构，喷涂时间一般会达到十多小时。

2. 非接触测量法

由于取样称重法操作时必须要有移出和放回取样片的过程，这可能导致喷涂层表面的破损。同时，在局部位置吸附取样片的方式，也会导致实验件表面的炸药涂层在局部位置不连续，从而带来加载过程中的载荷不连续。所以，有些实验中禁止使用这种方式校核载荷。对此，可利用 X 射线荧光光谱仪在原位测量炸药涂层厚度[6]。

这种非接触测量法的原理是，X 射线荧光光谱仪的 X 射线管发射 X 射线照射喷涂在结构表面的炸药涂层。由于光电效应及康普顿散射效应，涂层中的银元素发射荧光 X 射线，再由 X 射线荧光光谱仪的探测器测得荧光 X 射线的光谱，如图 7-6 所示。使用同样的炸药悬浊液在取样片上喷涂不同的厚度，通过称量得到炸药涂层的面密度，再用 X 射线荧光光谱仪测量不同厚度取样片中银元素的荧光 X 射线光谱，得到荧光计数峰值，即可进一步得到光敏炸药涂层中银元素荧光计数值与其面密度的关系，如图 7-7 所示。

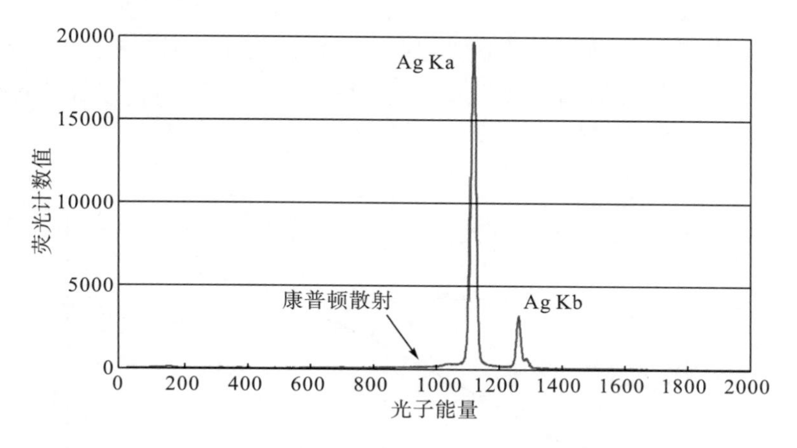

图 7-6　光敏炸药的银元素的典型光谱图[6]

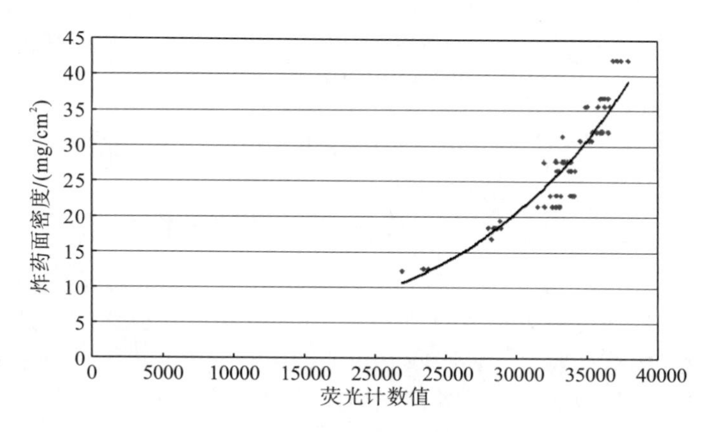

图 7-7　光敏炸药中银元素的荧光计数值与炸药面密度的关系[6]

在正式的喷涂过程中，只需通过 X 射线荧光光谱仪测量各部位涂层中银元素的荧光计数值，就可根据如图 7-7 所示的银元素荧光计数值与炸药面密度的关系得到各部位的面密度。

使用以上方法测得的光敏炸药面密度大约有 15%的误差，这是由于测量中 X 射线光源的扰动以及目标与探测器间的空间误差等因素影响了测量精度。对此，可利用标准参照物，采用相对测量的方法，进一步提高测量精度。在标准参照物上喷涂光敏炸药，使用 X 射线荧光光谱仪，同时测量标准参照物和光敏炸药中银元素的荧光 X 射线计数值，得到炸药面密度与荧光计数比之间的关系，以抵消光源扰动和空间误差带来的影响。标准参照物的选择应考虑三方面的特性：一是柔韧可变形，二是产生的荧光 X 射线能穿透炸药涂层并在光谱仪的测量范围内；三是对炸药性能影响较小，具有良好的相容性。对此，文献[6]选择锡箔为参照物，由于锡与酸性乙炔银的相容性差，会使酸性乙炔银分解，所以在锡箔的表面覆盖了一层铝箔，锡箔与铝箔的厚度分别为 51μm 和 254μm。图 7-8 给出了光敏炸药面密度与银、锡荧光计数比之间的关系。显然，图 7-8 中相对测量法的标定效果明显优于图 7-7 中的绝对测量结果。

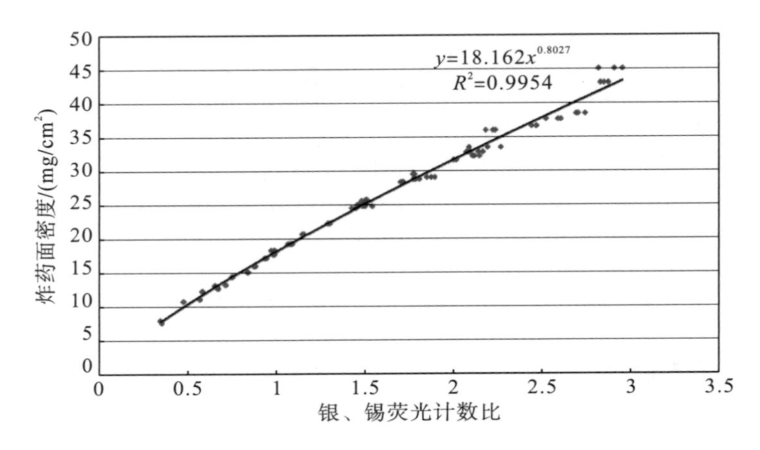

图 7-8 光敏炸药面密度与银、锡荧光计数比的关系[6]

7.4 光敏炸药的引爆技术

光敏炸药可以通过电火花及强光引爆。本节主要介绍强光引爆技术。

强光照射光敏炸药时，炸药吸收光子的能量后温度升高，达到临界温度时，炸药分解并放热，释放的热量和外部光源提供的能量使反应进一步加剧，导致炸药发生自持反应并进一步转化为爆炸。

脉冲闪光引爆系统的构成及其与实验件的相对位置见图 7-9[9]。引爆系统由电源、电容器组、开关及光源组成。光源一般用氙气灯或钨丝。光源与圆锥壳或圆柱壳的母线平行排布，与结构的间距一般为 10～14cm。

引爆系统的开关闭合后，高压电容放电，高电压使氙气电离产生强光，从而引爆结构表面的炸药涂层。据文献[10]的报道，由一组 300μF、充电电压为 3000V 的电容器组供电的氙气闪光灯可实现 10in^2 (1in=2.54cm) 的炸药同时起爆，每平方英寸的爆点可达 100 个，引爆时差约 1μs，可满足大尺寸结构同步起爆的需求。

但由氙气灯组成的光源阵列在引爆光敏炸药后，会被冲击波破坏。对于大尺寸实验件，每次实验大约需要 15 个氙气闪光灯[9]，如果需要完成多次实验，会导致较高的实验成本。由钨丝组成的光源相对氙气闪光灯更为经济，并且钨丝还可以组成适应各种实验件外形的丝阵。在电容器快速放电时，排布在实验件周围的钨丝同样可以产生强光，引爆光敏炸药。当钨丝的排布与实验件外形配合不良时，还可采用玻璃纤维织布进行反射补偿。

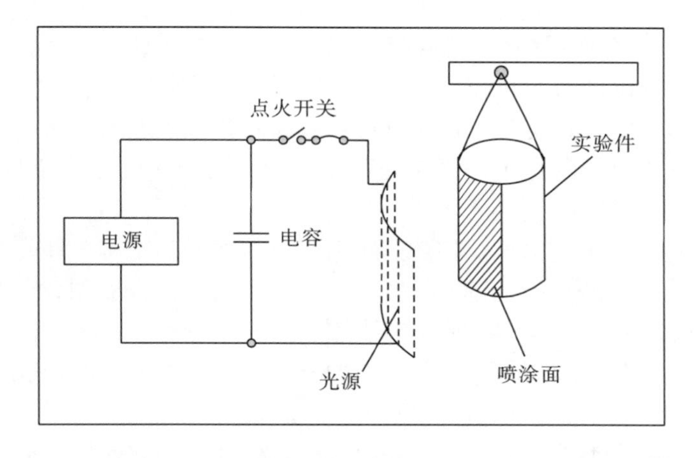

图 7-9　脉冲闪光引爆系统的构成及其与实验件的相对位置[9]

当实验件的外形复杂，由多个锥段组成时，丝阵可以根据其外形分段排布[1]。结构表面与丝阵的距离约为 10cm。起爆时，上、下锥段光源的放电应有一定的时差设置，确保在接近这两段中点位置的炸药几乎同时起爆。

7.5　光敏炸药与其他加载技术的比较与发展趋势讨论

至此，我们已经全部介绍了适用于大尺寸实验件的三种 X 射线结构响应模拟实验技术，即炸药条加载、柔爆索加载和光敏炸药加载模拟实验技术。

前面已经零散地介绍了各种模拟实验技术的优缺点，这里进行系统的总结和讨论。

7.5.1　三种模拟实验技术的比较

三种模拟实验技术的比较如表 7-2 所示。

表 7-2　三种模拟实验技术比较

种类	炸药条加载	柔爆索加载	光敏炸药加载
载荷空间分布等效性	★★★	★★★★	★★★★★
载荷时域分布等效性	★★★	★★★★	★★★★★
经济性	★★★★★	★★★★	★★★
技术易达性	★★★★★	★★★★	★★★
测试可靠性	★★★★★	★★	★★★★★
结构响应等效性认识及其可应用性	★★★★★	★★	★★

(1) 载荷空间分布等效性。就载荷的空间分布等效性(即沿环向与余弦分布的接近程度以及载荷作用方向)而言，炸药条加载技术因其载荷的离散性而居于最差位置；柔爆索加载的载荷环向分布较接近余弦分布，但因其切向分量的影响，其载荷空间分布等效性居中；光敏炸药加载的载荷在环向分布和载荷作用方向两个方面都堪称最佳。

(2) 载荷时域分布等效性。炸药条加载因其缓冲层(海绵橡胶和真空橡胶)的使用，拉宽了载荷的脉宽，故载荷时域分布等效性较差；柔爆索加载使用了防护层，但与炸药条加载相比，其厚度较薄、刚度较高，载荷脉宽拉宽情况不及炸药条加载严重，因此其载荷的时域分布等效性要好一些；光敏炸药加载几乎不用额外添加缓冲或防护结构，因此其载荷时域分布等效性最高。

(3) 经济性。从耗材、设备设施角度比较，炸药条加载的炸药耗材最为低廉，经济性最佳；柔爆索加载的柔爆索成本较高，经济性次之；光敏炸药加载的炸药本身以及必要的设备设施比较昂贵，经济性最差。

(4) 技术易达性。根据前面的介绍可知，炸药条加载的技术难度最低、技术易达性最高，柔爆索加载次之，光敏炸药加载最低。

(5) 测试可靠性。炸药条加载和光敏炸药加载的测试风险较小、测试可靠性较高；柔爆索加载因其爆炸碎片对测试电缆和光学测量都具有较大的影响，测试风险较大、测试可靠性较低。

(6) 结构响应等效性认识及其可应用性。对于炸药条加载的结构响应模拟等效性，本书已经介绍了较为系统、透彻的研究成果，相关认识能够很好地用于实验设计与评价；而柔爆索加载和光敏炸药加载的结构响应等效性研究尚未见到系统的文献报道，只有一些个例认识。必须再次强调，结构响应是模拟实验的落脚点，因此，尽管前面对载荷的空间分布和时域分布等效性进行了比较，但相对而言，结构响应等效性处于更加重要的位置。

不过，三种模拟实验技术总体上都是可用的。相比之下，炸药条加载的载荷相对粗糙一些，但从经济性、技术易达性、测试可靠性、结构响应等效性认识及其可应用性等方面都表现突出，不失为一种较好的工程评估实验技术；柔爆索加载的载荷空间分布、时域分布等效性，以及其经济性、技术易达性都居于炸药条加载与光敏炸药加载之间，但其致命缺点是测试可靠性低，影响了它的应用，特别是工程评估实验中的应用；光敏炸药加载的载荷是最真实的，只是其经济性和技术易达性较低，影响了推广使用。

7.5.2 模拟实验技术的发展趋势

根据前面的比较分析和总结，易见强脉冲 X 射线诱导结构响应的模拟实验技术具有如下发展趋势。

(1) 炸药条加载模拟实验技术的发展已经日臻完善，但其载荷等效性是固有的短板，因此如果还需发展，只能从其他各环节的精细化方面入手，提高精细程度，从而进一步提高结构响应模拟等效性。另外，在结构响应等效性研究成果的基础上，形成标准规范，也是非常必要的。

(2) 对于柔爆索加载模拟实验技术，首先需要解决爆炸碎片对测试的影响问题，然后才能广泛应用；且结构响应模拟等效性的系统研究也需深入开展。

(3) 光敏炸药加载模拟实验技术总体上是三种加载技术中最好的，其进一步的研究方向包括如何推广应用，实验实施的自动化、智能化，结构响应等效性及其受各种因素的影响规律研究和认识等。

参 考 文 献

[1] Benham R A, Mathews F H, Higgins P B. Application of light-initiated explosive for simulating X-ray blow-off impulse effects on a full scale reentry vehicle. SAND-76-9019, 1976.

[2] 秦丙昌, 荣亚丽, 张俊峰. 乙炔银试验的研究和改进. 大学化学, 2002, 17(4): 42, 43.

[3] 裴明敬, 徐海斌, 王等旺, 等. 酸性乙炔银的光起爆特性. 高压物理学报, 2017, 31(6): 813-819.

[4] 胡明志. 锥壳承受短脉冲载荷的实验研究. 宇航学报, 1986, (3): 54-60.

[5] 朱亚红, 盛涤纶, 徐珉昊. 硝酸银合乙炔银起爆药的合成和特性. 陕西省兵工学会学术年会, 2015: 11-16.

[6] Cover T T. In-situ silver acetylide silver nitrate explosive deposition measurements using X-ray fluorescence. SAND2014-17448, 2014.

[7] Benham R A, Mathew F H. X-ray simulation with light-initiated explosive//The Shock and Vibration Bulletin, 1975: 87-91.

[8] Benham R A. Light-initiated explosive for impulse experiments on structural members. SAND-75-0516,1976.

[9] Higgins P B. An arc source for initiating light-sensitive explosives // The Shock and Vibration Bulletin, 1975: 191-195.

[10] Hoese F O, Langner C G, Banker W E. Simultaneous initiation over large areas of a spray-deposited explosive. Experimental Mechanics, 1968, 8(9): 392-397.

第 8 章　模拟实验中的测试分析技术

前面主要针对模拟实验的加载技术进行介绍和讨论。然而，模拟实验只有加载技术还不可能完成。一方面，实验目的首先是研究结构响应，因此必须对结构响应进行测试分析，才能达到研究其规律、评估结构强度刚度、获得重要组件的力学环境、验证和修正数值计算方法与模型等目的。另一方面，模拟实验还必须通过测试分析，回答载荷施加的正确性和精确性。再者，通过压力等测试手段，还可了解加载的压力载荷特征。因此，测试分析技术在结构响应模拟实验以及实验技术研究中扮演了不可或缺的重要角色。

然而，在片炸药、炸药条、柔爆索以及光敏炸药等化爆类加载实验中，测试有其自身的特点和难度，主要表现在以下几个方面。一是在爆炸冲击载荷作用下，结构响应具有短历时、高量级、高频率和宽频带等特点，测试信号极易受到内外部干扰，混入非目标信号；二是测试系统本身处于恶劣的环境中，如炸药爆炸产生的冲击波、气体电离辐射、碎片和烟雾以及点火电流通断产生的电磁干扰等，这些因素都可能对测试造成影响。因此，化爆类加载实验除了要采用传统的测试分析技术外，还要在此基础上采取一些特殊的技术或手段，确保测试结果的准确、稳定、可靠。

本章主要在作者团队多年测试技术研究和应用实践基础上，结合相关文献，对化爆类加载实验的测试分析技术进行总结和介绍，主要内容包括应变、加速度、位移、压力、高速摄影以及速度等测试与数据分析技术。本章主要偏重于适合化爆加载实验测试的技术和经验介绍，对通用性、基础性的知识阐述较少，读者若有需要，可参考相关专业书籍。

8.1　动态应变测试与分析技术

动态应变测试是化爆加载模拟实验中最重要，同时也是使用最多的测试项目，其测试数据反映了实验件的结构动态变形情况，可为实验件结构完整性、功能有效性判断以及理论或数值计算模型的验证、修正提供实验依据。因此，获得准确、可靠的动态应变响应数据对化爆加载实验具有重要的意义。

在化爆加载实验中，加载的冲击载荷一般具有宽频带、高频率、高幅值等特点；并且往往测点较多，所配套的仪器设备较多，为了安全防护，其测试距离较长。因此在测试过程中，有很多测量环节都可能引入一些干扰因素，从而直接影响测量结果。例如，电离、电磁、冲击波、碎片等外界干扰因素，均可能引起系统间的干扰，对测试系统造成影响。此外，尽管在前端的测试系统中采取了若干措施，但实际采集到的数据也会不同程度地存在着干扰，使响应信号中叠加了多种频率成分的噪声，甚至出现噪声淹没大部分信号的情况，这对希望获取的响应特征都是非常不利的，需要对数据进行降噪处理。

本节将结合作者团队的相关工作及国内外的研究成果[1-6]，对应变测试的基本原理、干扰抑制与冲击防护、测试信号的处理等方面进行简要介绍。

8.1.1　测试原理

应变测试一般采用电阻应变片半桥单臂测试方法。桥路由一个粘贴在实验件上的工作片和一个粘贴在与实验件相同材料的温度补偿片以及桥盒中的两个固定电阻组成，如图 8-1 所示。当测试位置出现应变响应时，工作应变片 R_1 的阻值将发生变化，从而导致桥路不平衡，输出的电压信号ΔU_g 经动态应变仪放大后进入高速数据采集分析系统，测试原理如图 8-2 所示。需要注意的是，由于数据量较大，一般需要采用同步点火装置在引爆雷管时启动高速数据采集分析系统；同时为了防止冲击波作用下系统掉电，还需配置一台不间断电源(uninterruptible power system，UPS)作为备用电源。

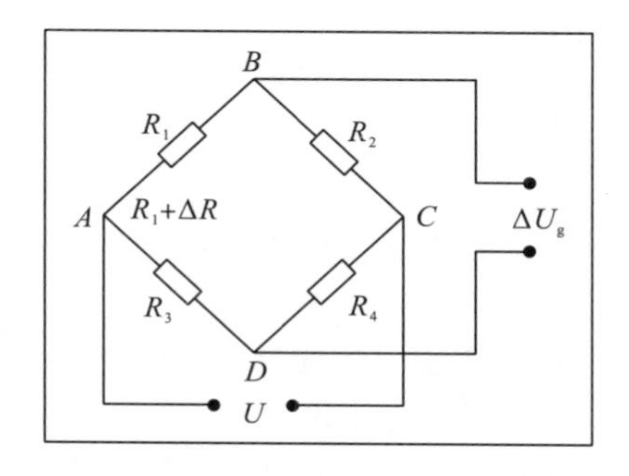

图 8-1　应变半桥单臂测试原理示意图

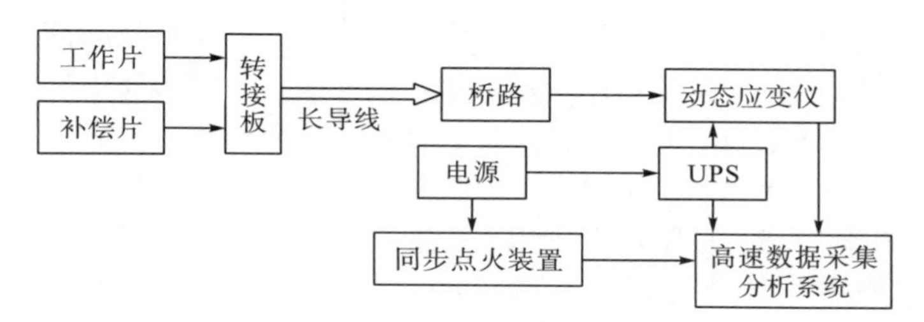

图 8-2　应变测试系统原理框图

8.1.2 测试系统搭建

应变测试系统的一般构成和外部连接线路如图 8-3 所示。图中 KA1 是计算机程序控制系统的输出接点。该接点接通时，交流接触器 KM1 动作，其触点 KM11 闭合，接通+15V 点火电源，同时将经过电阻分压后得到的+7V 电压作为同步信号输送到每台高速数据采集分析系统的 1 号通道(即同步通道)。雷管引爆炸药或柔爆索，粘贴在实验件上的应变片感受到信号，经过应变放大器放大输出到高速数据采集分析系统进行采集和处理。

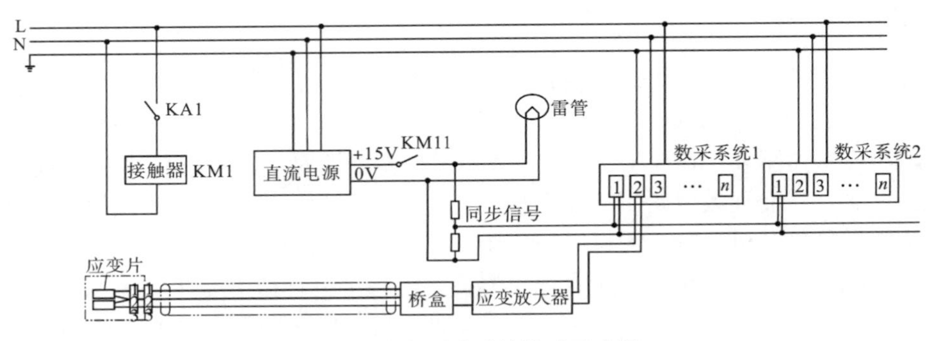

图 8-3　应变测试系统构成示意图

8.1.3 干扰抑制与冲击防护

1. 干扰源的分析

在化爆加载实验中，干扰源主要有以下三种。

1) 点火信号干扰 [1]

如图 8-4 所示，当同步信号发生突变时，应变测试信号会出现振荡衰减型干扰，且各通道的干扰波形基本相同。由图 8-3 可知，同步信号和点火信号是相互关联的。分析认为，点火信号的干扰一般由以下原因造成。

(1) 化爆加载实验中，同步信号不但与点火电路共用一个直流电源，而且是用点火电压通过电阻分压而来。所以在雷管的点火过程中，产生的冲击电流直接耦合到高速数据采集分析系统的同步通道中，使同步信号波形发生畸变；同时，通过同步电路耦合或电源线路可能将干扰耦合到各信号通道。

(2) 实验中，多台测试仪器由同一个电源供电，当各部分电路的电流通过公共地线时，会在其中产生压降，形成相互影响的噪声干扰信号。

(3) 实验的点火控制是由一个交流接触器实现的。该交流接触器又受计算机输出的接点控制。对于计算机输出接点来说，交流接触器线圈是一个感性负载，当感性负载上的电流突然中断时，瞬间会在电感中产生与原来电流相位相同的电流，如果没有泄放回路，则会在电感两端形成一个很高的反冲电压(浪涌电压)[2]，形成强烈的干扰源。

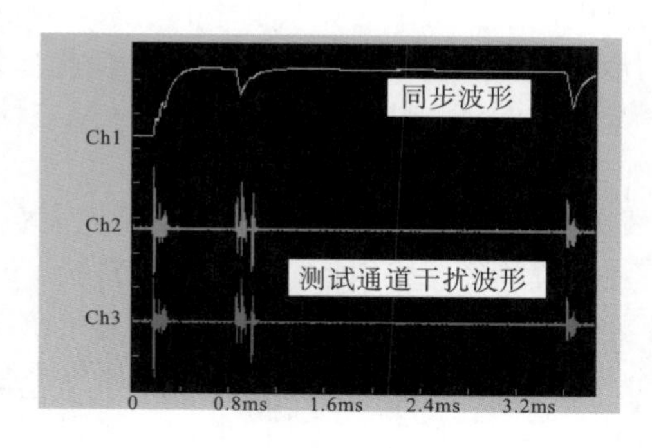

图 8-4　实测同步信号和测试通道干扰情况

2) 传导耦合噪声

当导线经过电磁干扰环境时，可能拾取噪声并传到电路中，形成传导耦合噪声干扰。

3) 电磁耦合

在爆炸瞬间，强电磁辐射、热、力学效应的影响都很复杂，强电磁脉冲带来的瞬间气体电离等效应作用到应变片及相关电路上，产生干扰。

2. 干扰源的抑制

1) 点火信号干扰的抑制方法[1]

(1) 点火电路的改进。采用稳压元件改进直流电源分压电路，如图 8-5 所示。D_1 选用稳压值为 7V 的单向或双向半导体稳压管。设稳压电流 I=10mA，则可选

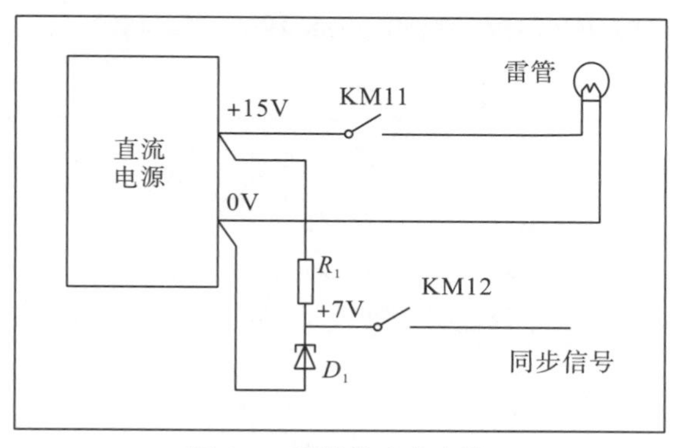

图 8-5　改进的点火电路

用电阻为 800Ω、功率为 0.25～0.5W 的金属膜电阻。7V 同步信号由交流接触器 KM1 的另一个触点 KM12 传输到各高速数据采集分析系统的同步通道。如果直流电源内部噪声过大，采用改进电路仍不理想，可以进一步考虑使用独立的净化电源或电池给同步电路供电，完全切断与点火电路的联系。

为了尽量减少同步信号在应变信号采集过程中的影响，还可以用微分电路，将同步电平转变成一个脉冲信号。最简单的方法是在 KM12 之后串联一个适当的电容。

(2) 采用公共母线单点接地系统。如图 8-6 所示，将点火系统与测试系统隔离，不共用电源，切断干扰传播途径。采用近似单点接地系统，即采用公共母线的单点接地系统，有助于控制共阻抗耦合干扰，不但可以避免在信号接地网络中形成干扰电流的闭合环路，而且设备接地系统中的干扰电压也不会通过信号接地网络以传导方式耦合至信号电路。在化爆加载实验的应变测试系统中，应将应变放大器和高速数据采集分析系统的信号地线可靠地接到与大地电极系统相连的同一公共母线上。高速数据采集分析系统的信号地线与 Q9 型插座的外壳相连，而 Q9 型插座外壳是安装在仪器壳体上的，因此可用粗导线分别将各台系统的机壳公共母线连接起来。

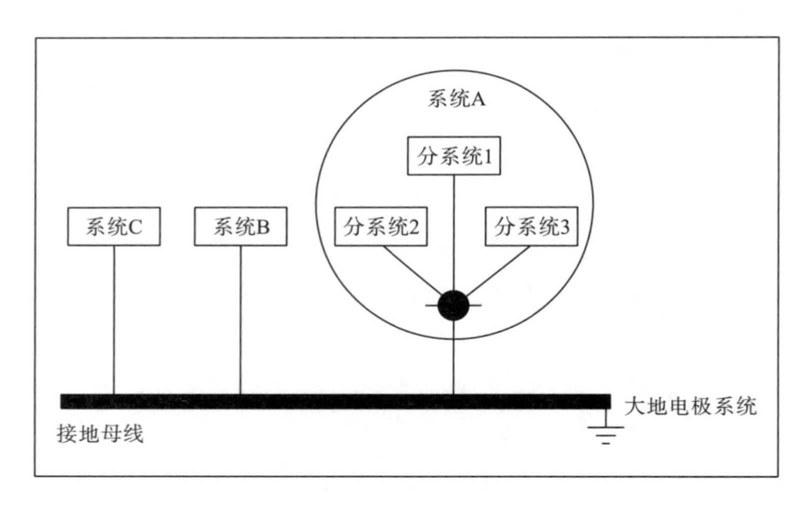

图 8-6 单点接地系统示意图

(3) 交流接触器上并联 RC 电路抑制。通过对交流继电器或接触器使用电阻 (R)、电容 (C) 构成的抑制电路并联在线圈两端，以消除干扰。R 和 C 的取值一般可根据经验公式来估算。

2) 传导耦合噪声抑制方法

应变测试系统的敏感元件，即应变片，是通过长导线和桥盒连接的，很容易通过电磁感应和静电感应将干扰耦合到系统输入端。当放大器与传感器距离较远时，信号传输应采用屏蔽导线，屏蔽层应良好接地，以防外界干扰。当频率低于 1MHz 时，屏蔽层应一端接地，以防止电流在屏蔽层传输造成对信号的干扰，同时可避免屏蔽层与大地形成回路，防止磁场干扰。采用屏蔽双绞线进行信号传输可以更有效地抑制磁场耦合产生的串模干扰。化爆加载实验的长导线传输屏蔽层接地情况如图 8-7 所示。

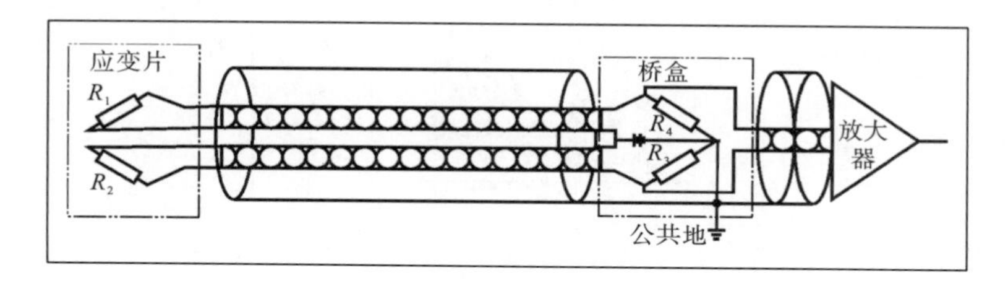

图 8-7　长导线传输屏蔽层接地示意图

3) 爆炸产生的电磁干扰抑制方法

主要考虑从敏感元件结构及测量电路的设计两方面来抑制干扰。一般采用三种抗干扰测试方法：单臂双敏感栅半桥应变测试、双臂双敏感栅半桥应变测试和屏蔽敏感栅半桥应变测试。

(1) 单臂双敏感栅半桥应变测试方法。在半桥测量电路的一个桥臂采用特殊的双栅应变片作为工作应变片 R_1，另一个桥臂采用同等电阻的温度补偿片 R_3，如图 8-8 所示。当有一个电磁干扰发生时，根据电磁感应定律，在两个敏感栅产生的感应电流方向相反，使电磁干扰产生的等效电阻 Δr_1 和 $\Delta r_1'$ 相互抵消，从而削弱磁场干扰的影响。

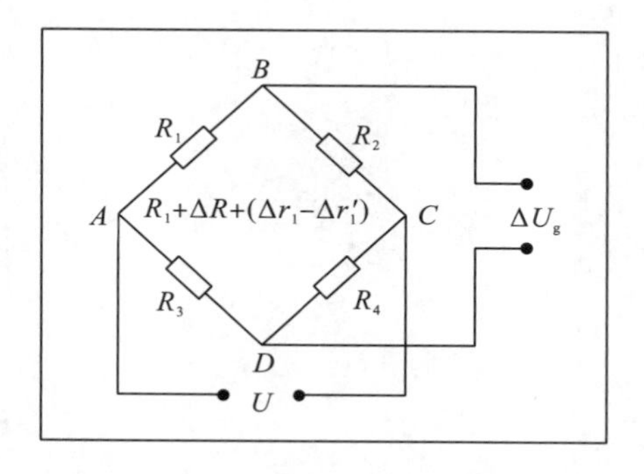

图 8-8　单臂双敏感栅半桥应变测试原理

(2) 双臂双敏感栅半桥应变测试方法。将叠加安装的双应变片[3-5]中的工作应变片 R_1 接入一个桥臂，叠加的应变片 R_3 接入另一个桥臂，在应变测试时干扰信号通过桥路相互抵消，从而达到抗干扰的目的，如图 8-9 所示。

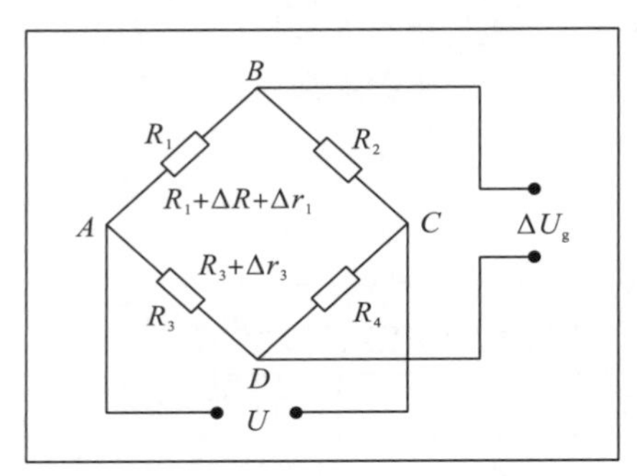

图 8-9 双臂双敏感栅半桥应变测试原理[4]

(3) 屏蔽敏感栅半桥应变测试方法。用导体或导磁体制成外壳，将干扰源或信号电路屏蔽起来，使电磁场的耦合得到较大程度的衰减。这种抑制干扰的方法称为电磁屏蔽。

半桥测量电路中的一个桥臂采用带屏蔽抗磁式应变片作为工作应变片 R_1，另一个桥臂采用同等电阻的温度补偿片 R_3。带屏蔽抗磁式应变片在设计时在其敏感栅区域增加了金属屏蔽层，在应变片粘贴完成后，需要将导线焊点处进行绝缘处理，然后用铜(铝)箔覆盖应变片屏蔽层和测试导线的屏蔽层，使整个屏蔽层接地。

图 8-10 给出了三种形式的应变片实物照片，分别适用于前述三种应变测试方法。图 8-11 给出了采用三种方法测得的同一位置的应变时间历程曲线。

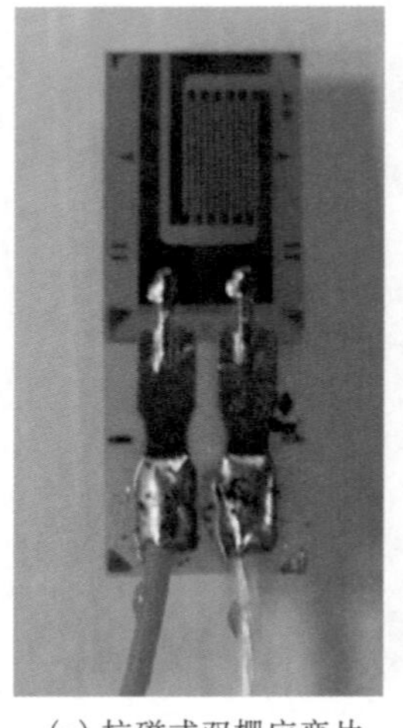

(a) 抗磁式双栅应变片

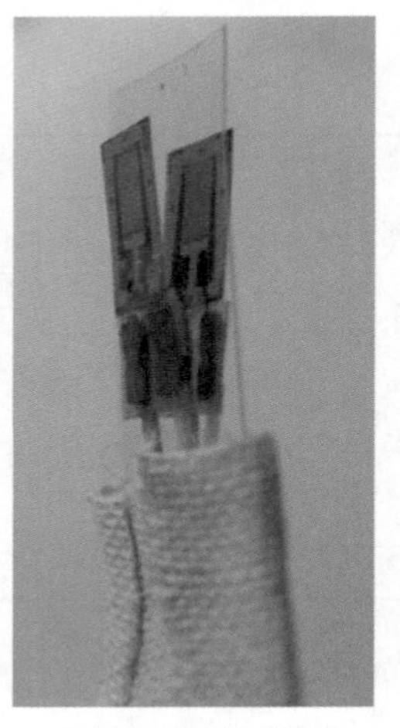

(b) 自制叠加式双片

(c) 带屏蔽抗磁式应变片

图 8-10 三种特殊形式应变片实物图

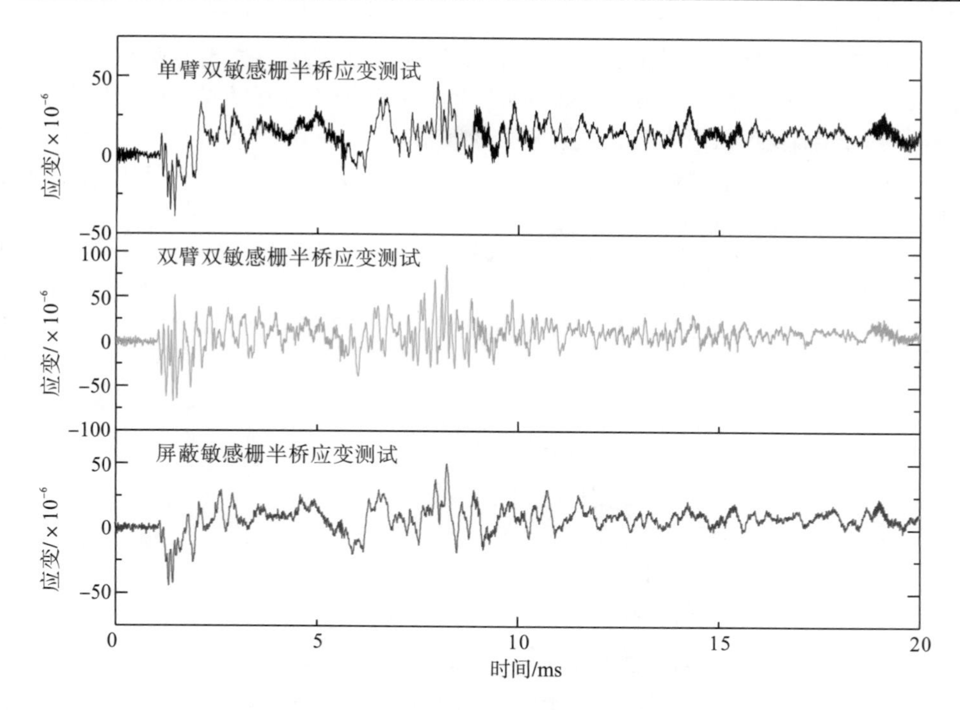

图 8-11　三种方法对同一位置的应变测试结果

从测试数据来看，三种抗干扰方法均能有效抑制噪声。但双臂双敏感栅半桥应变测试方法与另外两种方法在波形上存在一定差异。通过频域分析发现，该方法在高频段的能量比另外两种方法更大，另外两种方法测量的数据在时域和频域上都基本一致。这主要是由于双臂双敏感栅应变片在制作时，两个应变片很难完全重叠，工艺上的不确定性导致了双片感应到的干扰信号的相位不一致，即使有微小的错位，也会导致信号频率和幅值发生变化，从而使测试信号发生一定程度的失真。在实验使用中发现，单臂双敏感栅抗磁式应变片存在工艺鲁棒性不够的缺点，可以进行单次或少量次数的使用，但不能重复多次使用。相对来说，屏蔽敏感栅半桥应变测试方法的测试稳定性好且抗干扰能力强，可以多次重复使用，在化爆加载实验的抗电磁干扰测试中更具有优势。

3. 冲击防护

测试、供电以及控制电缆的敷设应远离实验支架，尽量在飞溅物不能到达的空间布线，防止冲击波及飞溅物对测试电缆的破坏。对于柔爆索加载实验还应该进一步采取以下措施。

(1) 对于裸露在地面的测试、供电以及控制线路，使用胶合板或橡胶板覆盖，确保其不会被飞散的柔爆索爆炸碎片损伤。

(2) 对于裸露在空中的测试线路，如果在柔爆索爆炸碎片飞散范围之内，须使用 3～8mm 厚的橡胶板或 0.3～0.5mm 厚的铜箔包扎进行防护。如果线路距离柔爆索加载支架较近，则可以包扎多层橡胶板。

(3) 为防止柔爆索爆炸碎片从壳体下端飞入损伤测试电缆，在壳体下方放置防护挡板进行遮挡。

导线敷设途径及线路防护措施如图 8-12 所示。

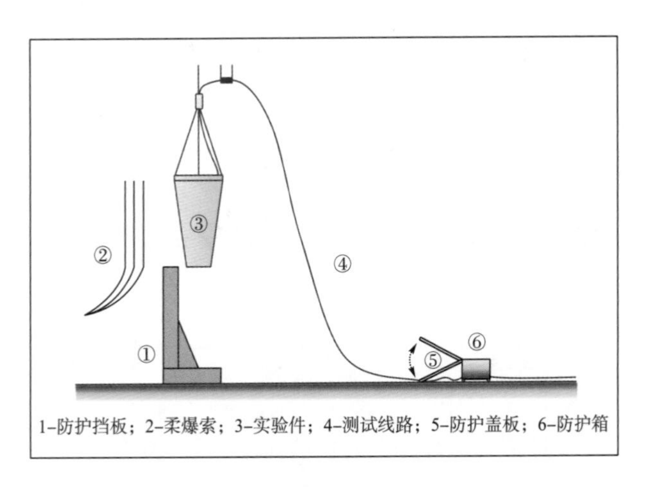

图 8-12　导线敷设与防护示意图

8.1.4　测试数据的降噪处理

前面针对信号受到的主要干扰进行了分析并介绍了相应的解决方法。但是在实际采集到的信号中仍会不可避免地含有噪声，这对准确分析和提取有用信号造成较大困难。在实际应用中，需要针对不同性质的信号和干扰寻找最佳的处理方法，降低噪声的影响，这是信号处理领域广泛关注的问题。本小节将介绍采用数字滤波方法和小波分析降噪方法对测试信号的处理分析。

1. 数字滤波方法

Butterworth 和 Chebyshev 数字滤波器比较适合爆炸类实验数据的降噪处理[1]。在对含噪声信号进行滤波处理时，应选择较低的阶数，尽量减少波形的延迟，以便准确判读和分析。

2. 小波分析降噪方法

小波分析降噪方法[6]是一种窗口大小(即窗口面积)固定但形状可改变、时间窗和频率窗都可改变的时频局部化分析方法。它将由不同频率成分组成的混合信号分解到不同的频率段上，可以有效地用于信号滤波和信噪分离。小波处理的过程如图 8-13 所示。根据小波只对低频进行分解的特性，首先对原始信号进行多次单级小波分解，当频率接近预计的频率时，再采用二分法分别对高频或低频小波系数进一步分解，直至分解后的频率小于给定误差；最后根据得到的小波系数及分解路径，将包含在设计频域内所有满足要求的小波分解系数进行重构，得到所需频带内的信号特征。典型的化爆加载实验应变响应信号小波降噪处理结果如图 8-14 所示。

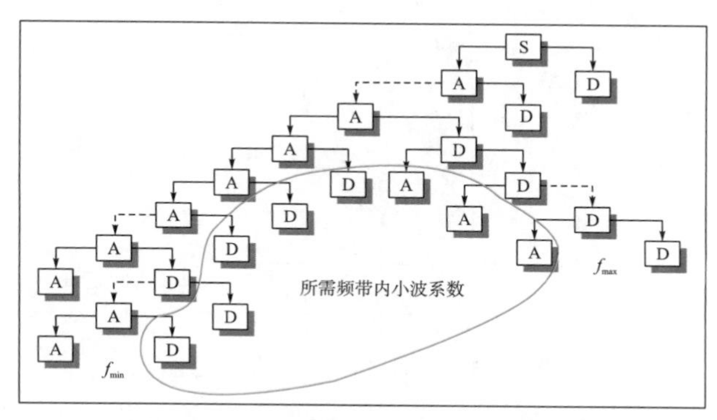

图 8-13　信号的小波分解与重构示意图

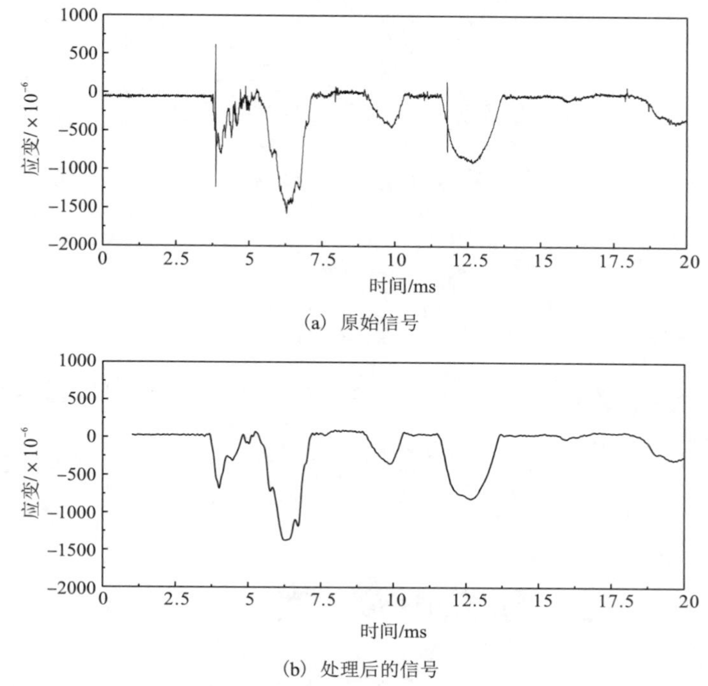

(a) 原始信号

(b) 处理后的信号

图 8-14　典型信号的小波降噪处理

8.1.5　等效应力分析

在化爆加载实验中，一般通过测量典型或关键位置的应变，通过等效应力分析来判断结构是否进入塑性变形或破坏。实验中一般采用应变花测试，应变花有多种形式，如三轴 45°、三轴 60°、四轴 45°、四轴 60° 等。本小节以图 8-15 中的三轴 45° 应变花为例，简要介绍平面应力状态下的应力分析过程。

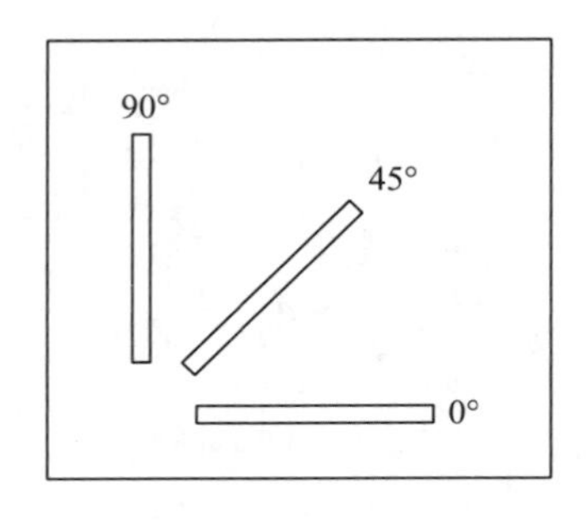

图 8-15　三轴 45° 应变花示意图

三个方向的线应变记为 ε_0、ε_{45}、ε_{90}，第一主应变和第二主应变分别表示为

$$\varepsilon_1 = \frac{\varepsilon_0 + \varepsilon_{90}}{2} + \sqrt{\frac{(\varepsilon_0 - \varepsilon_{45})^2 + (\varepsilon_{45} - \varepsilon_{90})^2}{2}} \tag{8-1}$$

$$\varepsilon_2 = \frac{\varepsilon_0 + \varepsilon_{90}}{2} - \sqrt{\frac{(\varepsilon_0 - \varepsilon_{45})^2 + (\varepsilon_{45} - \varepsilon_{90})^2}{2}} \tag{8-2}$$

根据 Poisson 效应和叠加原理可建立主应力和主应变间的关系，由式(8-3)和式(8-4)确定：

$$\sigma_1 = \frac{E}{1-\nu^2}\left(\varepsilon_1 + \nu\varepsilon_2\right) \tag{8-3}$$

$$\sigma_2 = \frac{E}{1-\nu^2}\left(\varepsilon_2 + \nu\varepsilon_1\right) \tag{8-4}$$

式中，σ_1 和 σ_2 分别为第一主应力和第二主应力；E 为弹性模量；ν 为 Poisson 比。等效应力由式(8-5)确定：

$$\overline{\sigma} = \frac{1}{\sqrt{2}}\sqrt{\left(\sigma_1 - \sigma_2\right)^2 + \sigma_1^{\ 2} + \sigma_2^{\ 2}} \tag{8-5}$$

8.2　动态加速度测试与分析技术

化爆加载实验的冲击加速度响应信号同样具有短历时、高量级、高频率和宽频带等特点。高频、高量级冲击载荷作用可能会导致继电器抖动、电子学系统失效、螺栓松动等效应。加速度响应信息是结构和电子学系统环境适应性考核与评估的重要参数，特别是一些重要的电子学部组件，需要在研发的不同阶段开展单件的冲击环境适应性研究、评估或验证，其安装位置的冲击环境测试是单件环境实验条件制定的重要依据。因此，加速度响应测试在化爆加载实验中也应用较多，以下就相关技术和应用经验进行介绍。

8.2.1　测试原理

常见的加速度传感器有压电式、压阻式、电容式等。由于化爆加载产生的加速度频谱较宽，峰值较高，作用时间较短，因此要求传感器频响范围足够宽和高，并且必须具有足够的冲击环境适应能力。目前，在化爆加载实验中最常使用的加速度传感器，是压电(piezoelectric，PE)式加速度传感器和压阻(piezoresistive，PR)式加速度传感器两种。

压电式加速度传感器[7,8]是一种机电换能器件，它的核心部件是具有压电效应的单晶或多晶敏感元件，通常由人工极化的压电陶瓷或石英晶片制成。在加速度载荷作用下，晶体受到压力变形，其相对运动的两个面上产生正负电荷。压电元件上的电荷量与作用力成正比，即与加速度成正比。压电式加速度传感器一般可分成两种：一种是电荷输出传感器(PE 型加速度传感器)，另一种是电压输出传感器(IEPE①型加速度传感器)。两种传感器的主要特点如表 8-1 所示。

表 8-1　PE 型和 IEPE 型加速度传感器的特点

PE 型加速度传感器	IEPE 型加速度传感器
1. 输出电荷信号，配合电荷放大器使用； 2. 系统动态范围可以动态调整； 3. 适合高温环境(最高可达 700℃)； 4. 测试电缆要求高，且不宜太长，长导线的额外电容会影响信噪比(一般不超过 100m)； 5. 传感器和放大器分离，传感器抗干扰能力较强	1. 输出电压信号，可以和带有恒流源的数据采集系统直接连接使用； 2. 系统动态范围不可动态调整； 3. 不适合高温环境(最高一般不超过 125℃)； 4. 普通同轴电缆，长电缆不会降低信噪比； 5. 传感器自带调理电路，容易在复杂环境中受到干扰

压阻式加速度传感器[7,9]的硅微结构中，惯性质量块由悬臂梁支撑，悬臂梁上制作了应变扩散电阻。当被测物体有加速度作用时，硅微结构会随之产生惯性力，悬臂梁在惯性力的作用下产生应力和弹性形变，悬臂梁上的扩散电阻会产生压阻效应，可变的 4 个扩散电阻连接为 Wheatstone 电桥，通过电桥输出电压的变化，即可将加速度信号转变为电信号输出。压电式加速度传感器与压阻式加速度传感器的特点如表 8-2 所示。

① IEPE 是 Integrated Electonics Piezoelectric 的缩写。

表 8-2 压电式和压阻式加速度传感器的特点

压电式加速度传感器	压阻式加速度传感器
1. 灵敏度高、动态线性范围大； 2. 在较高 g 值时，存在零漂和滞后的现象； 3. 频响范围较小，一般为 0.5Hz～10kHz； 4. 使用简单，操作方便； 5. 导线对测试系统影响较小； 6. 三轴向传感器的测试量程存在局限，目前一般最高为 10000g； 7. PE 型加速度传感器适用于高温环境	1. 灵敏度小，尺寸小，重量轻； 2. 在高 g 值测试中几乎没有零漂和滞后的问题； 3. 频响范围宽，一般为 0～100kHz，适合瞬态测量； 4. 使用时传感器安装及与二次仪表的连接较为复杂； 5. 导线电阻对传感器灵敏度的影响较大，需要带线标定； 6. 三轴向传感器的测试量程已经达到 60000g； 7. 不适用于高温环境

8.2.2 测试系统搭建

加速度测量系统框图如图 8-16 所示，它由加速度传感器、信号调理器及数据采集器组成。

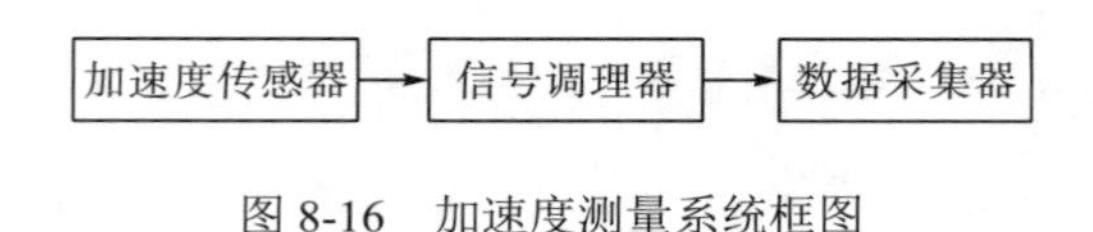

图 8-16 加速度测量系统框图

PE 型加速度传感器和电荷放大器及数据采集器组成测试系统；IEPE 型加速度传感器和信号调理器(恒流源)或者和带有恒流源的数据采集器直接连接组成测试系统；PR 型加速度传感器和桥路放大器及数据采集器组成测试系统，有些数据采集器带有桥路模块，也可直接组桥连接。

在化爆加载实验中，由于信号的频率较高，爆炸环境下干扰较强，因此采用 PE 或者 PR 两种类型的加速度传感器比较适合，如果要求两向或三向测试则宜采用 PR 型加速度传感器。

8.2.3 传感器安装方式对频响特性的影响

在加速度测试过程中，通常会在传感器与被测对象之间安装绝缘过渡结构。加速度传感器的安装方式及过渡结构的特性，对测试信号的频率及幅值均有明显影响。

对于冲击响应测试，一般要求过渡结构的频率要远远高于被测信号的频率，否则就可能造成响应的失真。化爆加载形成的爆炸冲击环境的响应频率可能高达 1MHz，但就目前的测试手段来说，很难达到如此高的频率。事实上，对于常用的实验件而言，并不需要关心如此高的频率范围，只需测到结构响应主要能量的频率范围以及对电子元器件关心的频率范围。

加速度传感器的安装一般采用三种方式：螺钉连接、胶粘连接和螺钉胶粘混合连接。连接的方式和被测位置加速度响应的量级相关。加速度响应量级较高时一般选择螺钉连接或螺钉胶粘混合连接两种方式。

加速度传感器安装前，需要根据具体情况确定是否使用过渡结构。如果安装的位置、表面情况和方向允许，传感器一般直接安装到被测部位；但当安装部位较小、表面为圆弧面等非平面或方向与所测方向不一致时，安装部位与传感器之间需要加装过渡结构。而过渡结构的传递频率是关键，传递频率与过渡结构的固有频率正相关。同时，传感器与过渡结构的组合体对于所测部位来说，具有附加质量，也会对响应测试产生影响。为了保证测试信号质量，附加质量越轻越好。在传感器确定后，就要求过渡结构越轻越好。具有更高固有频率的过渡结构，要求其材质轻、刚度高；而由金属材料(如铝、铝合金等)制成的过渡结构，由于金属的导电性，需要进行绝缘处理。

表 8-3 给出了不同的过渡块的可信频率范围，其中测试所用的传感器包括压电传感器和压阻传感器，频响上限均不低于 10kHz。图 8-17～图 8-21 为几种情况的计量测试结果。结合表 8-3 和图 8-17～图 8-19 可知，对于同一种过渡结构形式和连接方式，测试数据的加速度频响与过渡块的材料密切相关，金属过渡块的频响最高，可达到 7kHz。对比图 8-19 和图 8-20 可知，只要连接强度能经受测试部位的冲击载荷，502 粘接和螺钉连接的差异并不显著，可认为在连接强度及刚度足够的情况下，连接方式的影响较小。

表 8-3　不同过渡块的可信频率范围

序号	过渡块的材料	结构形式	尺寸	可信频率
1	酚醛玻璃	方块	边长 15mm	4kHz
2	金属过渡块	方块	边长 15mm	7kHz
3	聚酰亚胺	方块	边长 15mm	3kHz
4	聚酰亚胺	垫片	厚 4mm	8kHz

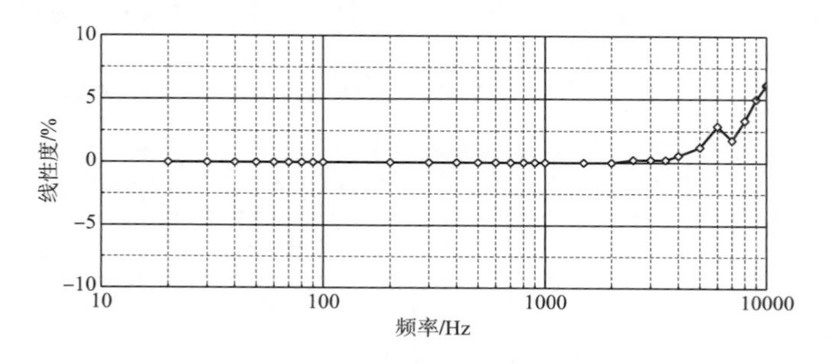

图 8-17　某压电传感器(频响上限 25kHz)带酚醛玻璃过渡块螺钉连接的频响曲线

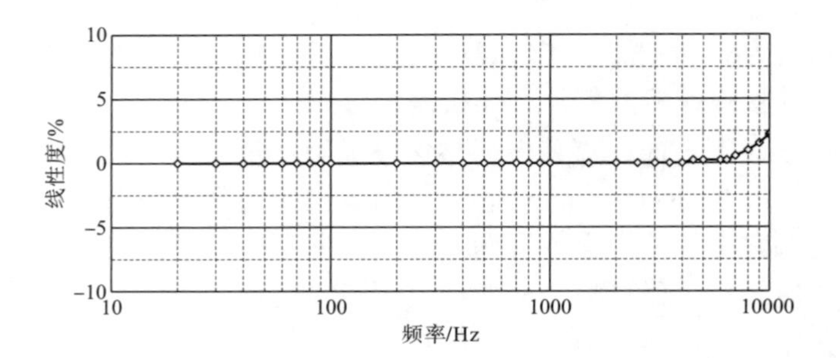

图 8-18　某压阻传感器(频响上限 20kHz)带金属过渡块螺钉连接的频响曲线

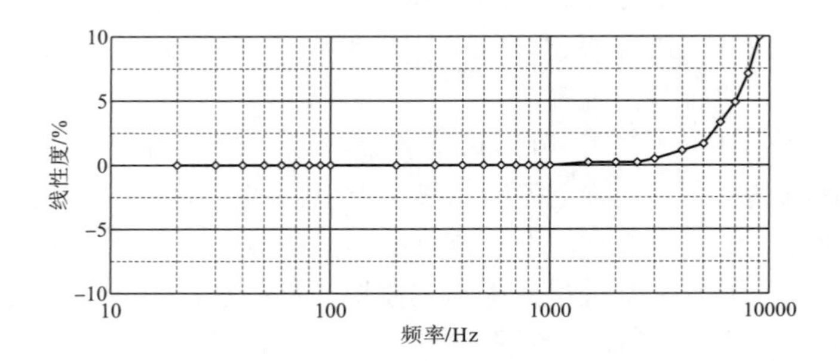

图 8-19　某压阻传感器(频响上限 20kHz)带聚酰亚胺过渡块螺钉连接的频响曲线

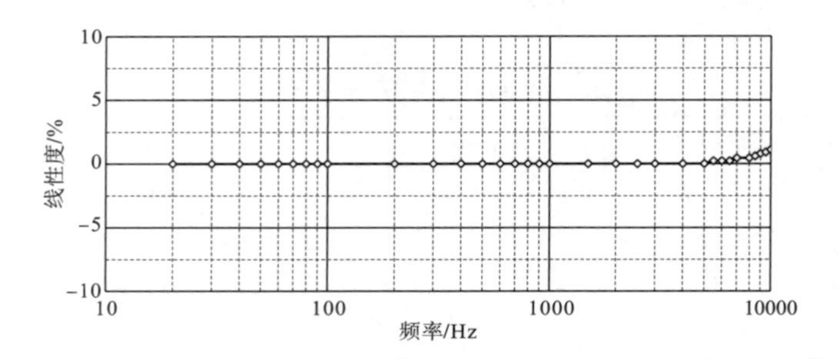

图 8-20　某压阻传感器(频响上限 20kHz)带聚酰亚胺垫片 502 粘接的频响曲线

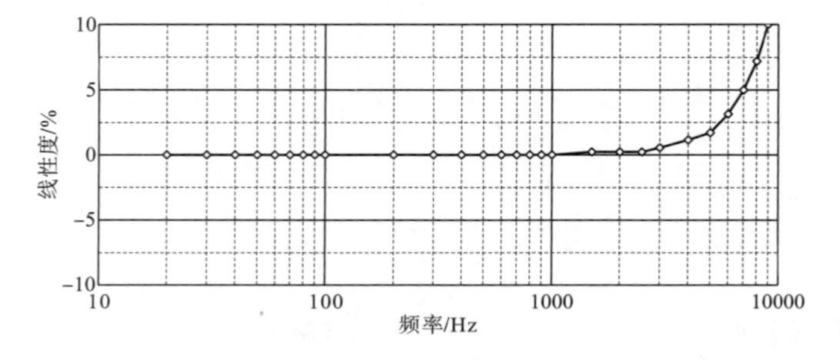

图 8-21　某压阻传感器(频响上限 10kHz)带聚酰亚胺过渡块 502 粘接的频响曲线[10]

由图 8-20 和图 8-21 可见，对于同种材料的过渡结构，结构形式对测试数据频响的影响相对于材料和连接方式更显著。聚酰亚胺过渡块的可信频响约为 3kHz，垫片则高达 8kHz。

综上所述，在化爆加载形成的冲击载荷环境下，加速度传感器的使用应尽量减少传感器与被测部位之间的过渡。必须过渡时，应选用刚度较大的过渡结构。在与被测部位进行连接时，连接强度应尽量大，具体需要根据测试部位的加速度量级来选择不同的连接方式，量级较小的可采用胶粘连接，中等量级的可采用螺栓连接或高强度胶粘接，强冲击需采取螺钉加胶接的混合连接方式，以提高传感器与被测部位的连接强度。就作者经验而言，2000g 以下的加速度一般用 502 粘接，2000～20000g 一般用 AB 胶①粘接或螺栓连接，20000g 以上一般用螺钉加胶接。

8.2.4　冲击响应谱分析

1. 冲击响应谱的原理

冲击响应谱(shock response spectrum, SRS)又称为冲击谱，它反映了一系列单自由度系统在同一冲击激励的作用下，其冲击响应最大值(位移、速度或加速度)与系统固有频率之间的关系。冲击谱只是表达结构响应幅值，不包含相位信息，因此，理论上有无穷多个冲击激励对应相同的冲击响应谱。在化爆加载实验中，一般常用加速度谱来描述爆炸冲击环境。

图 8-22 给出了冲击响应谱的概念和原理示意图。考虑一系列不同固有频率的单自由度质量弹簧振子安装在基础上，并假设质量弹簧振子运动对基础运动不产生任何影响。将质量弹簧振子的固有频率从低到高依次排列，对基础加载瞬时加速度冲击，得到每个质量弹簧振子的最大响应幅值，然后绘制出质量弹簧振子最大响应幅值与固有频率之间的关系曲线，便得到质量弹簧振子系统在此瞬时加速度冲击下的冲击响应谱。

冲击响应谱可分为如下三种。

(1) 初始响应谱：在冲击激励持续时间内，单自由度振动系统最大响应峰值与系统固有频率之间的关系，也称主冲击谱。

(2) 剩余响应谱：在冲击激励完结之后，单自由度振动系统最大响应峰值与系统固有频率之间的关系，也称残余冲击谱。

(3) 最大响应谱：在整个响应过程中的最大响应峰值与系统固有频率之间的关系，也即初始响应谱和剩余响应谱的最大包络。

以上三种冲击响应谱中，常用的是最大响应谱。

① AB 胶只是一种叫法，又称混合型胶。

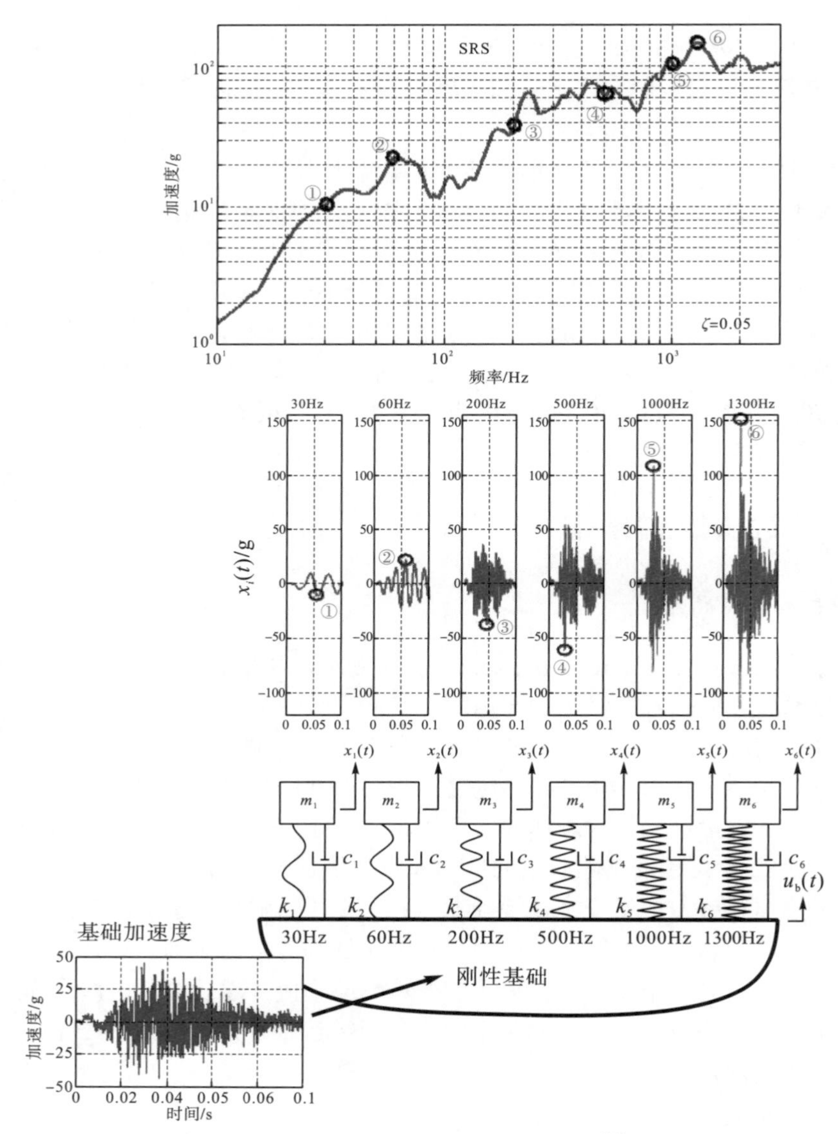

图 8-22 冲击响应谱的概念和原理示意图[11]

2. 趋势项(零漂)的处理方法

化爆加载形成的爆炸冲击加速度载荷具有短历时、高量级、高频率和宽频带的特征。对于这种高频及高幅值的冲击响应信号的测量，测试系统往往会受到较强的干扰，因此测试难度较大。在进行爆炸冲击加速度信号测试时，可能会遇到传感器本身的谐振、测量系统饱和或数据混叠等问题，导致信号出现零漂趋势项，影响积分运算和频谱分析结果的有效性[12]，严重干扰冲击响应谱对冲击动力学环境的描述。

本小节结合文献[13]～文献[17]，简要介绍爆炸冲击加速度测试数据有效性的判定方法及零漂趋势项校正方法。

1) 爆炸冲击加速度测试数据有效性的判定方法

一般采用零漂法和正、负冲击响应谱对比法[13,14]对冲击加速度测试信号的有效性进行判定。针对某一“问题”信号，图 8-23 给出了爆炸冲击加速度实测信号以及据此计算得到的速度、位移曲线。由图可见，由加速度曲线计算得到的速度和位移曲线未归零，这意味着冲击结束后所测部位仍然存在速度和位移，与实际情况不符。图 8-24 给出了实测加速度信号的正、负冲击响应谱。由图可见，根据加速度曲线计算得到的正、负冲击响应谱也不相同，与爆炸冲击响应的瞬态衰减震荡特性不符。

通过以上两种判定方法，若发现存在速度和位移不归零以及正、负冲击响应谱不一致的现象，则说明数据存在零漂趋势项，需要校正。否则，通过此数据计算的冲击谱会存在低频偏高的问题，据此制定的冲击环境实验条件存在低频过考核的风险。

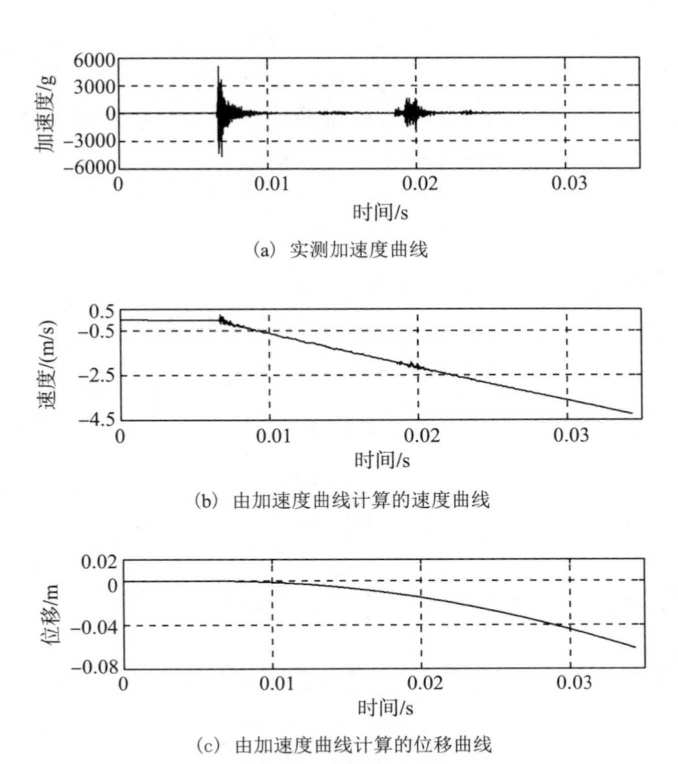

(a) 实测加速度曲线

(b) 由加速度曲线计算的速度曲线

(c) 由加速度曲线计算的位移曲线

图 8-23　实测加速度及计算的速度、位移曲线

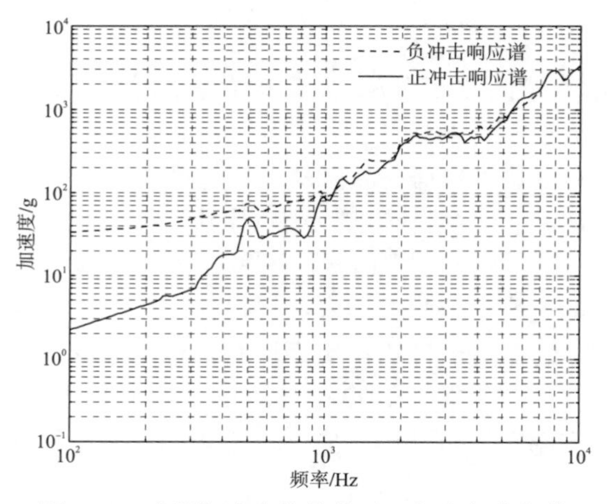

图 8-24 实测加速度信号的正、负冲击响应谱

2) 零漂趋势项校正方法

目前，零漂趋势项校正的主要方法有低通滤波法、最小二乘法、离散小波变换、经验模态分解及分段线性拟合法等[15,16]。低通滤波法是以 Fourier 分析为基础，实现剔除低频信号的目的。该方法适用于处理各频率能量成分稳定的信号且使用前对系统的频率结构应有预先了解，对爆炸冲击响应这类短时非平稳信号并不适用。最小二乘法同样不适用于非稳态信号的处理[15]。离散小波变换、经验模态分解及分段线性拟合都具备处理非平稳信号的能力，目前已经应用于冲击信号零漂的处理[15-18]。这里主要对离散小波变换、经验模态分解及分段线性拟合法进行简要介绍。

(1) 离散小波变换。首先得到小波系数：

$$d_{j,k} = a_0^{-j/2} \int f(t)\, \psi(a_0^{-j} t - k b_0)\, \mathrm{d} t \tag{8-6}$$

式中，a_0^{-j} 为尺度因子；kb_0 为时间尺度因子；$\psi(t)$ 为小波基函数。

然后将原始信号表示为不同尺度因子和时间尺度因子的小波基函数的线性组合：

$$f(x) = \sum_{j=1}^{N} \sum_{k} d_{j,k} \psi_{j,k}(x) + \sum_{k} c_{N,k} \varphi_{N,k}(x) \tag{8-7}$$

式中，$\sum_{j=1}^{N} \sum_{k} d_{j,k} \psi_{j,k}(x)$ 为高频分量；$\sum_{k} c_{N,k} \varphi_{N,k}(x)$ 为最后一次分解的低频分量。

令 $D_j = \sum_{k} d_{j,k} \psi_{j,k}(x)$，$A_N = \sum_{k} c_{N,k} \varphi_{N,k}(x)$，则式 (8-7) 可表示为

$$f(x) = \sum_{j=1}^{N} D_j + A_N \tag{8-8}$$

式中，A_N 为第 N 次分解的近似量，即需剔除的趋势项 f_{a}；$\sum_{j=1}^{N} D_j$ 为各阶细节分量之和，即校正后的信号 f_{d}。

根据 Nyquist 频率 f_{re_N} 与分解层数 N，可估算趋势项 f_{a} 的频率范围为

$$f_{\mathrm{re}}\left(f_{\mathrm{a}}\right) \in \left[0, f_{\mathrm{re}_N} / 2^N\right] \tag{8-9}$$

离散小波变换的效果主要取决于分解层数 N 和小波基函数。

分解层数可以通过频谱并结合文献[15]定义的校正相关系数、残余相关系数和位移零漂相关系数确定其范围。

校正相关系数为

$$\mathrm{Xor}_{f_{\mathrm{a}}} = \frac{\mathrm{cov}(f, f_{\mathrm{a}})}{\sigma_f \sigma_{f_{\mathrm{a}}}} \tag{8-10}$$

残余相关系数为

$$\mathrm{Xor}_{f_{\mathrm{d}}} = \frac{\mathrm{cov}(f, f_{\mathrm{d}})}{\sigma_f \sigma_{f_{\mathrm{d}}}} \tag{8-11}$$

位移零漂相关系数为

$$\mathrm{Xor}_Z = \frac{\mathrm{cov}(\iint f, \iint f_{\mathrm{d}})}{\sigma \iint f \cdot \sigma \iint f_{\mathrm{d}}} \tag{8-12}$$

通过设定阈值 $\mathrm{Xor}_{f_{\mathrm{a}}} > 0.9$ 及 $\mathrm{Xor}_{f_{\mathrm{d}}} < 0.1$ 确定分解层数下限。再取 Xor_Z 开始减小的分解层数为分解层数的上限。

小波基函数一般采用 DB 小波（Daubechies wavelet），基函数的选取则转化为 DB 小波消失矩的确定，通常取值不小于 3。

(2) 经验模态分解。经验模态分解是将信号进行平稳化处理，逐级分解出每一个序列的本征模函数。原始信号最终表示为有限个本征模函数与趋势项之和：

$$x(t) = \sum_{j=1}^{N} c_j(t) + r_N(t) \tag{8-13}$$

式中，$c_j(t)$ 为本征模函数；$r_N(t)$ 为趋势项。

由于信号的趋势项一般都是变化缓慢的低频成分，因此可以利用信号零漂的特点，通过经验模态分解，分解到本征模函数的均值不为 0，即可得到趋势项。

通过经验模态分解得到趋势项后，一般还需要结合最小二乘法作进一步处理。最小二乘法可以有效提取趋势项，但需要对趋势项的特征有一定的先验认识，通常冲击信号的趋势项可按指数趋势拟合[18]。

(3) 分段线性拟合。分段线性拟合的基本思想[16]是将原始信号划分为不同阶段，每个阶段内假设零漂满足线性分布，即利用多个线性函数去逼近各自区间内的零漂趋势项。分段后的趋势项去除步骤如下。

①将时间序列 $x(t_i)$等分成 N_s 个不重叠的窗口，则每个分段窗口内含有的采样点数 $s=[N/N_s]$(取整)；

②对于第 j 段区间内信号的采样时间序列 $\{x^j(t_i)\}(i=1,2,3,\cdots,s)$，设定一次函数 $x_{\mathrm{a}}^j(t)$ 去逼近，即逼近函数：

$$x_{\mathrm{a}}^j(t)=a_0+a_1t \tag{8-14}$$

当逼近函数值 $x_{\mathrm{a}}^j(t)$ 与原始数据 $x^j(t_i)$ 差的平方和最小时，得到系数 a_0 与 a_1；

③采用多点平均方式对趋势项进行平滑降噪处理，平滑时左右的点数取 $s/10$；

④得到所有窗口区间内的逼近函数后，就得到了整个时间序列上的拟合趋势项数据 $\{x_{\mathrm{a}}(t)\}$，消除时间序列的趋势项便可得到校正后的信号 $x_{\mathrm{d}}(t)$：

$$x_{\mathrm{d}}(t)=x(t)-x_{\mathrm{a}}(t) \tag{8-15}$$

通过速度零漂的相关系数确定分段窗口数的下限；再通过冲击响应谱和傅里叶谱的能量分布特征，在需消除的零漂频率范围内给出每段的最小长度，即可由原始信号的总长度计算出分段窗口数的上限。

8.3 电涡流式动态位移测试技术

在化爆加载实验中，动态位移参数可以直观地反映冲击载荷条件下结构的相对位移。

位移传感器的种类很多，按照工作原理可分为应变式、电容式、霍尔式、差动式、光纤式、电涡流式等。其中，电涡流式位移传感器是利用涡流效应原理的一种电感式位移传感器，对被测体与传感器探头间的距离，能够实现静态或动态的非接触、高线性度、高分辨率测量。电涡流式位移传感器具有很多优点，如长期工作可靠性高、测量范围宽、灵敏度高、分辨率高、响应速度快、抗干扰力强、不受油污等介质的影响、结构简单、体积小等，非常适合内部结构的动态位移监测，在化爆加载实验中得到了广泛应用。本节针对电涡流式位移传感器介绍相应的测试技术。

8.3.1 测试原理

电涡流式位移传感器由探头(含延伸电缆)、前置器以及被测体构成基本工作系统[19]，如图 8-25 所示。

前置器中高频振荡电流通过延伸电缆流入探头线圈，在探头头部的线圈中产生交变磁场。当被测金属体靠近这一磁场时，在其表面产生感应电流，称为电涡流。与此同时，该电涡流场也产生一个方向与头部线圈磁场方向相反的交变磁场。

其反作用使头部线圈高频电流的幅度和相位发生改变，这种变化与金属体磁导率、电导率、线圈的几何形状、几何尺寸、电流频率以及头部线圈到金属导体表面的距离等参数都有关。

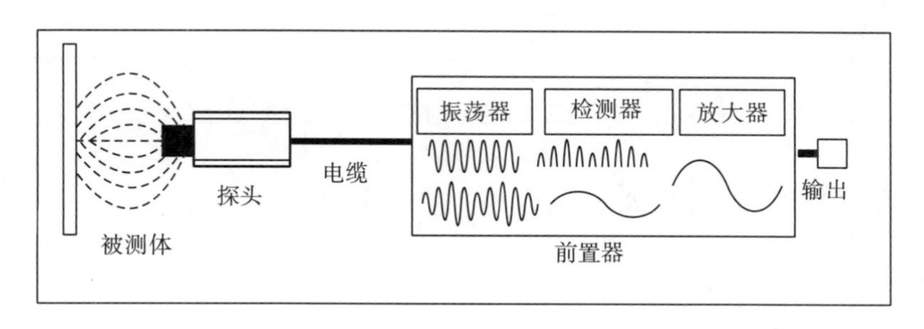

图 8-25　电涡流式位移测试原理及系统构成示意图[19]

通常假定金属导体材质均匀且性能是线性和各向同性的，则线圈和金属导体系统的物理性质可由金属导体的电导率 σ、磁导率 ξ、尺寸因子 τ、头部线圈与金属导体表面的距离 d、电流强度 i、频率 ω 等若干参数来描述。线圈特征阻抗可用函数 $Z=F(\tau, \xi, \sigma, d, i, \omega)$来表示。如果能控制 τ、ξ、σ、i、ω 这几个参数在一定范围内不变，则线圈的特征阻抗 Z 就成为距离 d 的单值函数。虽然整个函数是非线性的(表现为 S 形曲线)，但可以选取其近似为线性的一段使用。这样，就可以通过前置器电路的处理，将线圈阻抗 Z 的变化即头部线圈与金属导体距离 d 的变化转化成电压或电流的变化。

另一方面，也可以将探头线圈的品质因素 Q 作为距离变化的检测变量。在上述其他参数固定的情况下，当被测金属与探头之间的距离发生变化时，探头中线圈的 Q 值也发生变化，Q 值的变化引起振荡电压幅度的变化，而这个随距离变化的振荡电压经过检波、滤波、放大处理转化成电压（电流）变化，最终将机械位移（间隙）量转换成电压（电流）量。

综上所述，电涡流式位移传感器工作系统中被测体可看作其系统的一部分，即电涡流式位移传感器的性能与被测体有关。

8.3.2　测试系统搭建

电涡流式位移测试系统由探头(包含延伸电缆)、前置器、电源以及监测仪表组成，如图 8-26 所示。在连接前置器和监测仪表时，应注意屏蔽线只能一端接地，不可同时将屏蔽线一端接前置器的信号地，另一端接到仪表的信号地，通常建议屏蔽线接到仪表端的信号地。必须注意，位移传感器探头和位移传感器前置器应一对一配套使用。

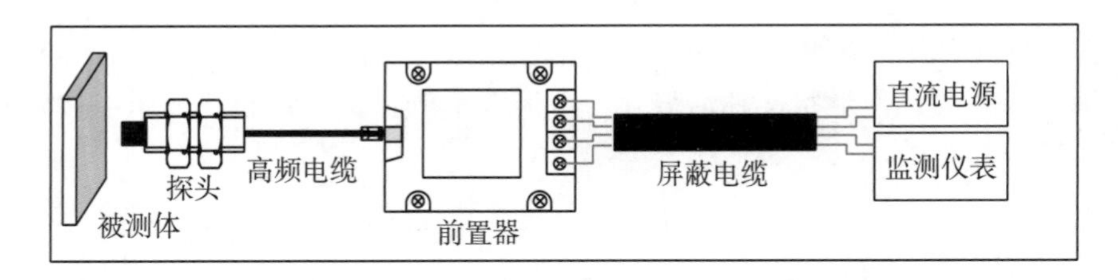

图 8-26 电涡流式位移测试系统的连接示意图

8.3.3 电涡流位移测试要求

1. 位移传感器的标定

被测体材料对电涡流式位移传感器的特性影响较大。电涡流式位移传感器的特性与被测体的电导率 σ、磁导率 ξ 有关，当被测体为导磁材料(如普通钢、结构钢等)时，由于涡流效应和磁效应同时存在，磁效应反作用于涡流效应，使涡流效应减弱，即电涡流式位移传感器的灵敏度降低。而当被测体为弱导磁材料(如铜、铝、合金钢等)时，相对来说涡流效应要表现得强一些，此时电涡流式位移传感器的感应灵敏度更高。

一般电涡流式位移传感器的标定需要结合被测体材料一起开展。如果被测体材料比较特殊，可以在被测位置安装涡流板进行测试。目前一些高端电涡流式位移传感器带有自标定的功能。

图 8-27 列出了某 Φ8mm 电涡流式位移传感器测量几种典型材料时的输出特性曲线。

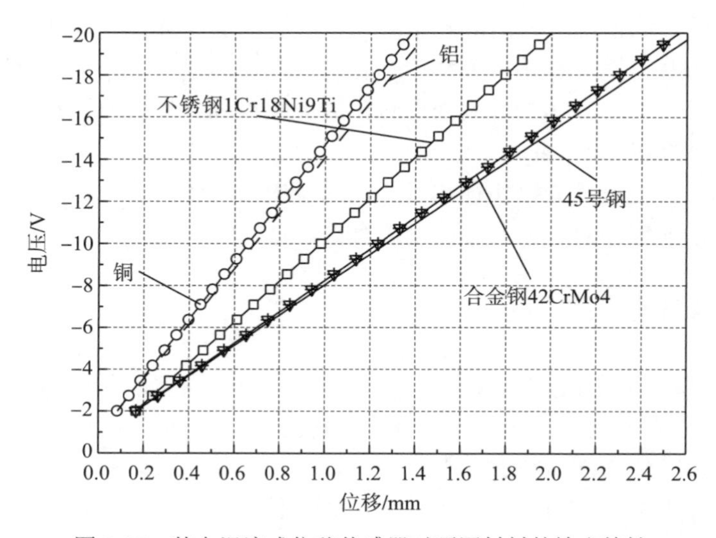

图 8-27 某电涡流式位移传感器对不同材料的输出特性

2. 被测体表面平整度要求

不规则的被测体表面会给测量带来附加的误差，因此被测体表面应该平整光滑，不应存在凸起、孔洞、刻痕、凹槽等缺陷。一般要求被测表面的粗糙度为 0.4～1.6μm。

3. 被测体表面磁效应要求

电涡流效应主要集中在被测体表面。如果加工过程中形成残磁效应，以及淬火不均匀、硬度不均匀、金相组织不均匀、晶体结构不均匀等都会影响位移传感器的特性。在进行测量时，如果被测体表面的残磁效应过大，则会使测量波形发生畸变。一般推荐被测体表面的残磁不超过 0.5μT。

4. 位移传感器安装要求

由于探头线圈产生的磁场范围是一定的，而被测体表面形成的涡流场也是一定的，这样就对被测体表面大小有一定的要求。通常，当被测体表面为平面时，以正对探头中心线的点为中心，被测面直径应大于探头头部直径的 2.5 倍；当被测体为圆柱且探头中心线与轴心线正交时，一般要求被测圆柱直径为探头头部直径的 3.5 倍以上，否则位移传感器的灵敏度会下降。被测体表面越小，灵敏度下降越多。有研究表明，当被测体表面大小与探头头部直径相同时，其灵敏度会下降到原来的 72%左右。另外，被测体的厚度也会影响测量结果。被测体中电涡流场作用的深度由频率、材料导电率、磁导率决定。因此，如果被测体太薄，会造成电涡流作用不够，使位移传感器灵敏度下降。一般要求为：对于钢等导磁材料，厚度应大于 0.1mm；对于铜、铝等弱导磁材料，厚度应大于 0.5mm。这样，位移传感器的灵敏度才不受被测物体厚度的影响。

标准电涡流式位移传感器探头的敏感元件(即线圈)一般由骨架支撑，并突出于安装杆。测试时必须保证探头附近一定空间内无金属材料，或在探头处开倒角孔或平底孔，孔径为探头直径的 3 倍，如图 8-28 所示。

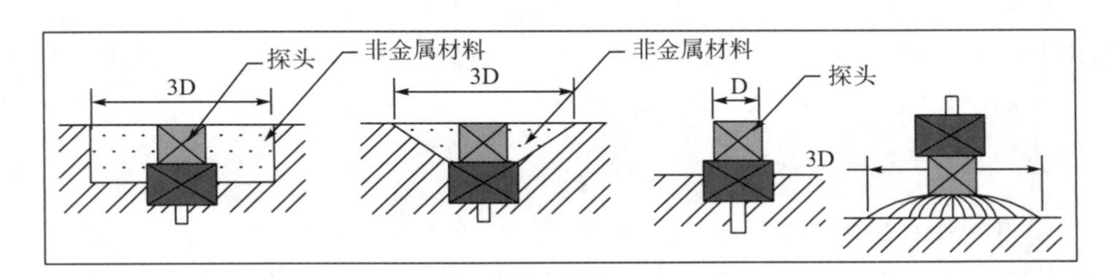

图 8-28　标准电涡流式位移传感器的安装测试要求[19]

8.4 PVDF动态压力测试与分析技术

在化爆加载实验技术研究中，很多时候需要了解作用于缓冲层或实验件表面的压力载荷，从而为模拟载荷的特性研究以及数值计算方法与模型的验证、修正提供参考。这就需要在某些实验中对关心部位的压力进行测量。本节简要介绍适用于动态压力测试的PVDF(polyvinylidene fluoride)测试技术。

8.4.1 测试原理

1. 基本原理

在化爆加载冲击载荷测试中，因其压力载荷持续时间短(通常在μs或10μs量级)、强度高(通常从MPa到GPa量级)，要求传感器的频带宽、量程大、响应速度快、结构合理。并且，由于爆炸冲击具有一定的破坏性，传感器在实验后一般不再重复使用，因此要求传感器成本不能太高。PVDF因其压电性能好(高灵敏、高频响)、机械柔韧性优、厚度薄、成本低等特点，而成为一种理想的压电转换材料，广泛应用于动态压力测试。

PVDF压电传感器的压电敏感元件是PVDF压电薄膜，它是一种聚乙二烯氟化物，可以做得很薄，从几十微米到几百微米，具有良好的压电特性。PVDF压电薄膜在周围无电场时的压电方程为

$$\boldsymbol{D} = \boldsymbol{d\sigma} \tag{8-16}$$

式中，$\boldsymbol{d}$为压电常数矩阵；$\boldsymbol{\sigma}$为应力张量；$\boldsymbol{D}$为电荷面密度矩阵。

在单向应力条件下，当薄膜主要承受极化方向的压力时，可以很方便地得到单向电荷面密度D，此时PVDF压电薄膜产生的电荷为

$$Q = DA \tag{8-17}$$

式中，A为PVDF压电薄膜工作面积。

可见，PVDF压电薄膜表面输出的电荷量与垂直于表面的压力呈正比关系。利用PVDF压电效应，可以把薄膜上的压力变化通过外接电路线性地转换成电荷量的变化，并最终转化为电压量进行测量。

2. 测试电路

利用PVDF压电薄膜测量动态压力可以有两种不同的配置方式：电荷模式和电流模式。在电荷模式下，传感器经过电荷积分器，其输出可以直接送到示波器，由此测量与压力成比例的电压，从而得到压力随时间的变化，如图8-29所示。在电流模式下，一个电阻器横跨传感器的两根引线随时放电，电路中的电流反映该

时刻的电荷强度，通过测量电阻 R 两端的电压来进行测试，如图 8-30 所示。这种情况下测得的是压力的导数，必须进行时间积分以恢复压力信号。由于硬件积分器的带宽原因，常采用电流模式，经积分后得到电荷信号。

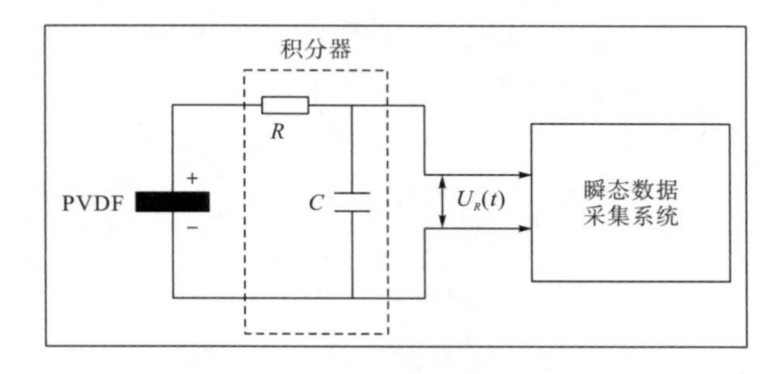

图 8-29　电荷模式测量电路

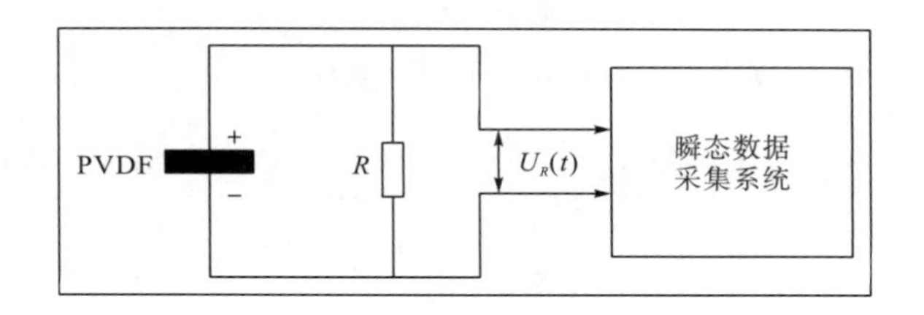

图 8-30　电流模式测量电路

PVDF 薄膜内存在动态应力时，产生的电荷量 $Q(t)$经电阻 R 放电形成电流回路 $i(t)$后，用瞬态数据采集系统测得电阻 R 上的电压 $U_R(t)$，则可由下式计算 PVDF 释放的总电荷量：

$$Q(t)=\int_0^t i(\tau)\mathrm{d}\tau=\int_0^t \frac{U_R(\tau)}{R}\mathrm{d}\tau \tag{8-18}$$

则 PVDF 薄膜中的动态应力为

$$\sigma(t)=\frac{Q(t)/A}{K} \tag{8-19}$$

式中，K 为 PVDF 压力传感器的动态灵敏度系数，实际上就是单向应力状态下的压电常数。

PVDF 压力传感器可以采购成品直接使用，其输出特性及动态灵敏度系数 K 一般由厂家随产品提供。也可以采购 PVDF 薄膜，根据需求自制压力传感器，但在使用前需要通过 Hopkinson 压杆装置进行标定，获取应力σ与 PVDF 薄膜表面电荷面密度 D 之间的关系，即 PVDF 压力传感器的动态灵敏度系数 K。

8.4.2 测量结果修正

PVDF 薄膜中的动态应力可通过式(8-19)得到，但要得到薄膜与被侧体界面的压力，还需通过应力波透射、反射理论进行修正。具体可分以下两种情形。

1) 实验件和 PVDF 薄膜都处于弹性变形

压力的修正公式为[20]

$$p(t)=\frac{\sigma(t)}{2}\left(1+\frac{\rho_{\mathrm{a}}c_{\mathrm{a}}}{\rho_{\mathrm{p}}c_{\mathrm{p}}}\right) \tag{8-20}$$

式中，$\rho_{\mathrm{a}}c_{\mathrm{a}}$、$\rho_{\mathrm{p}}c_{\mathrm{p}}$ 分别为实验件和 PVDF 薄膜的波阻抗。

2) 实验件处于塑性状态，PVDF 薄膜处于弹性或塑性变形状态

压力的修正公式为[20]

$$p(t)=\rho_{\mathrm{a}}D_{\mathrm{a}}u_{\mathrm{a}} \tag{8-21}$$

式中，$D_{\mathrm{a}}=a_{\mathrm{a}}+S_{\mathrm{a}}u_{\mathrm{a}}$，$a_{\mathrm{a}}$ 和 S_{a} 为实验件的 Hugoniot 常数，u_{a} 的表达式为

$$u_{\mathrm{a}}=\frac{-2a_{\mathrm{a}}+4S_{\mathrm{a}}u_{\mathrm{p}}\pm\sqrt{4\left(a_{\mathrm{a}}-2S_{\mathrm{a}}u_{\mathrm{p}}\right)^{2}-16S_{\mathrm{a}}\left[S_{\mathrm{a}}u_{\mathrm{p}}^{2}-a_{\mathrm{a}}u_{\mathrm{p}}-\sigma(t)/\rho_{\mathrm{a}}\right]}}{8S_{\mathrm{a}}} \tag{8-22}$$

式中，$u_{\mathrm{p}}=\sigma(t)/\left(\rho_{\mathrm{p}}c_{\mathrm{p}}\right)$。

8.4.3 应用实例

在炸药条加载圆柱壳的实验中，采用电流模式，通过 PVDF 压力传感器测量缓冲层与圆柱壳之间的压力时间历程曲线，测点位置位于炸药条正下方、缓冲层与圆柱壳表面之间。为了验证测试数据的有效性，与流固耦合数值模拟结果(PVDF 敏感区域内的平均值)进行了比较，如图 8-31 所示。

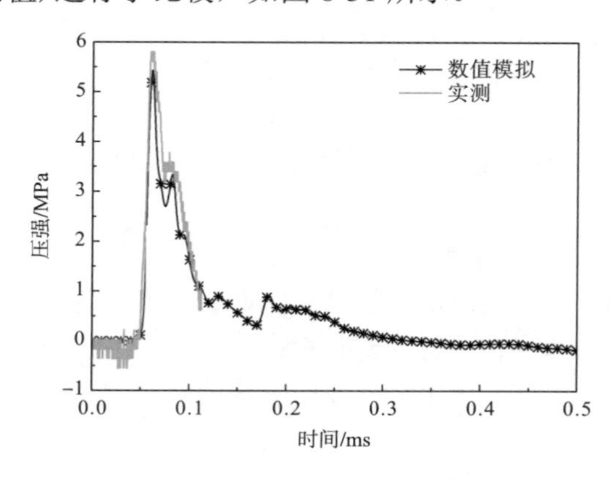

图 8-31 炸药条加载实验中实测的动态压力与数值模拟结果的比较

由图 8-31 可见，实测的压力时间历程曲线与数值模拟结果吻合较好；在炸药条爆炸加载的初始阶段，压力曲线在 11μs 内上升到峰值顶点，然后开始卸载，并在卸载过程中，形成了一个压力平台，持续时间约为 16μs，随后再次卸载。

8.5　高速摄影与分析技术

化爆加载实验中，实际加载的冲量载荷大小是验证载荷设计的重要参数。对此，国内外一般采用高速摄影的方法判读实验件的刚体运动特征参数，由此计算实际加载的载荷。具体地，采用高速摄影记录实验件的运动过程，测量实验件在瞬态冲击载荷作用下摆动的最大角度或质心的最大升高量，从而计算出实际加载到实验件上的比冲量峰值大小，达到校核载荷设计的目的。

具体的校核计算方法已经在 3.7.1 小节介绍，这里只讨论参数的测量问题。

8.5.1　测试原理与设备

高速摄影测试系统主要由高速相机及记录设备组成，典型的测试系统如图 8-32 所示。利用高速相机对化爆加载实验过程进行拍摄，拍摄的图片信息暂存于高速相机中，然后通过安装在计算机上的专用软件对拍摄的图片进行储存。

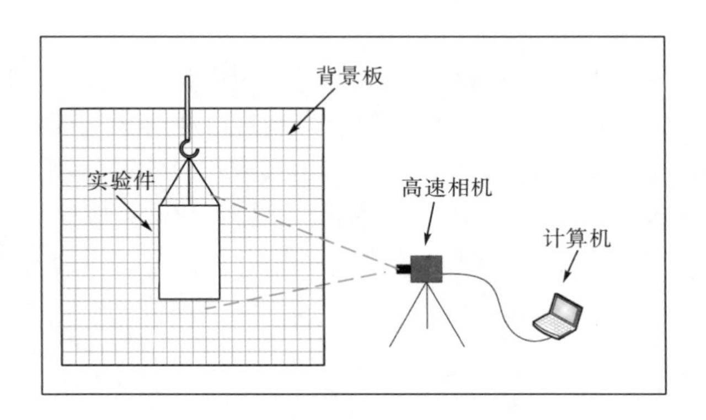

图 8-32　典型高速摄影测试系统示意图

为了获得实验件的摆动过程，一般在实验件的一侧设置一个背景板。背景板距实验件轴线的距离为 1m 左右，在背景板上绘制均匀网格，以便识别实验件的运动参数。在实验件的另一侧，距离实验件 5m 左右的位置安放高速相机，要求其镜头的光轴线通过实验件的轴线并与背景板垂直，这样就可以较清晰地在背景板上辨识出网格和实验件的运动情况。

高速相机的幅频选择应根据现场的实际情况和加载冲量载荷的大小调整，同时设置相机在实验件受载前 1s 左右启动，这样可以保证获得实验件在静止和受载后摆动的序列照片。通过对序列照片进行分析，就可以得到实验件质心的升高量和最大摆角等重要信息。

8.5.2 图像处理与关键参数的提取

实验件质心最大升高量和最大摆角等关键参数的提取一般可通过两种方法：一种是通过人工判读计算；一种是数字图像处理方法。

1. 人工判读计算

正式实验前，需要对实验件尺寸进行标定，确定标定系数 k(即图片中以像素为单位的尺寸与实际尺寸的比值)，实验后对测试的原始图像进行分析，找出在实验过程中质心升高量最大时的图片，读取质心升高量的像素值，然后通过标定系数 k，获取质心实际升高量的大小。事实上，标定系数 k 的确定除采用上述方法外，还可以采用自标定方法，即通过实验件的特征尺寸与像素之间的比例获得。

由于角度的大小与绝对尺寸无关，因此若要读取实验件的最大摆角，只需从序列图片中找出摆角最大时的图片，直接通过特征点的像素坐标，即可计算出此时的摆角，而不需要采用标定系数 k 进行转换。

2. 数字图像处理方法

数字图像处理流程如图 8-33 所示。该方法应用数字图像处理技术对实验件运动过程的图像进行降噪、分块和特征提取，获得图像坐标系下的特征点坐标，并通过对序列图片的搜索比较，找到质心升高量最大或(和)实验件摆角最大的照片，然后根据标定系数 k，计算得到物理坐标系下的特征参数，完成计算。

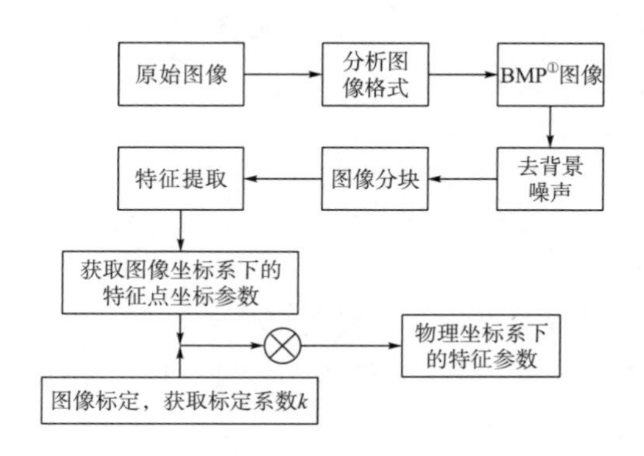

图 8-33 数字图像处理流程

8.6 LDV 速度测试与分析技术

8.5 节已介绍过，为校核化爆加载实验中实际加载的总冲量，一般采用高速摄影测量手段，但正如 3.7.2 小节所述，其计算方法和数据判读误差较大，为此又发展了基于激光测速的校核方法作为补充。本节结合作者团队的工作[21]，介绍采用激光多普勒测振仪(laser Doppler vibrometer, LDV)测速的原理及其数据处理方法。

8.6.1 测试原理

激光多普勒测振仪测速的基本原理为：由探头向被测目标发射一定频率的激光束，激光束在目标表面发生反射，其中一部分反射光被探头接收，由于存在多普勒效应，反射光束的频率将随目标沿入射光束方向的运动而发生变化，采用速度解码器根据入射光束和反射光束的频率差异，计算出每个时刻目标沿入射光束方向的速度值，从而得到其速度的时间历程曲线。

8.6.2 数据分析方法

1. 速度曲线及其分析

测得的典型速度时间历程曲线如图 8-34 所示。显然，图 8-34 所示曲线并非我们期望的刚体运动速度曲线，它具有振荡衰减的特征。通过对比测量点附近的应变时间历程曲线，发现速度曲线与应变曲线的时频特征具有相似之处。考虑到激光光束直径为 1～2mm，可以推测，激光多普勒测振仪测得的速度曲线反映了光斑覆盖范围内质点组的运动特征，即包含了测量点的结构响应，甚至材料响应信息。

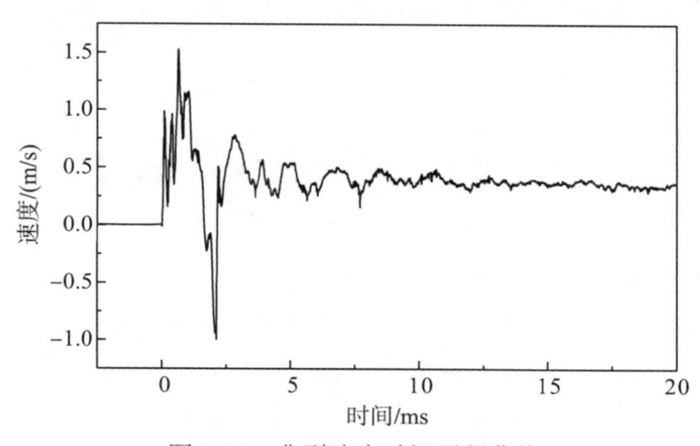

图 8-34 典型速度时间历程曲线

上述推测得到了简单结构的冲击实验验证。采用炸药加载弹道摆，测量了摆锤的加载背面的速度曲线，并采用理论方法分析了摆锤结构的刚体运动、结构响应和材料响应。对比分析发现：测得的速度曲线中主要包含了三种频率成分的信息，其中高频部分与材料响应主频一致，中频部分与结构响应主频一致，低频部分与摆锤刚体运动的特征吻合，从而印证了上述推测。

2. 刚体运动初速的提取

为了提取图 8-34 所示曲线中的刚体运动初速，先后考虑和摸索了如下三种数据处理方法。

首先，考虑低通滤波。但通过分析，认为存在两方面的困难：一方面理论计算与高速摄影测量表明，刚体运动周期较长，在 3s 左右，而采集的有效信号仅在 20ms 左右(之后因实验件的空间位置变化而逐渐失真)；另一方面是信号起始是一个短暂的突变(刚体运动初速在加载后瞬间便可形成)，具有较高的频率，滤掉后不能真实反映刚体的运动。

其次，考虑对整段曲线作算术平均。但又发现所测信号为一衰减振荡曲线，其平均值不能完全代表其基线数值。以一简单的衰减正弦信号(相当于低频分量为 0)为例来说明上述观点，如图 8-35 所示。衰减正弦波的每个波幅所包络的面积是不同的，前一波幅总是大于后一波幅，因此其积分曲线除在起始点外均不为 0(也即其正、负波幅所包络的面积不能相互抵消)，其算术平均曲线并不在 0 线上。因此，对整段曲线作算术平均不能得到准确的刚体运动初速值。

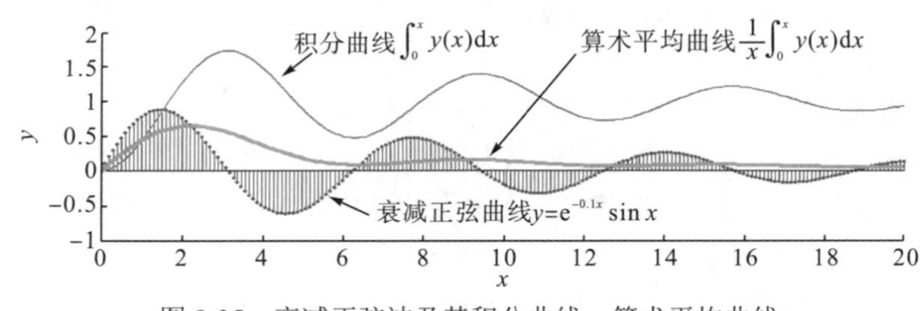

图 8-35 衰减正弦波及其积分曲线、算术平均曲线

最后，通过与应变信号的对比分析发现，在同一实验状态下，结构响应总是在一段时间后基本消失，因此可以取结构响应信号衰减后的一段曲线 $v(t)$ ($t\in[t_1,t_2]$)进行算术平均，用以代表 $t=(t_1+t_2)/2$ 时的刚体运动速度。进一步的刚体运动分析表明，在 20ms 内，实验件姿态改变不明显(质心升高在 1mm 以内，横向位移不足 10mm)，因此，20ms 内的测量曲线(外壳表面的测量点)可以代表实验件质心的刚体运动。同时还表明，在所测的载荷范围内，对于一定的实验状

态，实验件质心刚体运动初速 v_{cx} 与 $t=(t_1+t_2)/2$ 时刻的速度 $v[(t_1+t_2)/2]$ 的比值是恒定的。若令其比值为 k，则可利用 $v(t)$（$t\in[t_1,t_2]$）的平均速度 $\overline{v}[(t_1+t_2)/2]$ 修正得到实验件刚体的运动初速：

$$v_{cx}=k\cdot\overline{v}\left(\frac{t_1+t_2}{2}\right)=k\cdot\frac{1}{t_2-t_1}\int_{t_1}^{t_2}v(t)\,\mathrm{d}t \tag{8-23}$$

3．测量结果及应用

对 6 次实验进行了测量。其中，实验 I-01～I-04 为状态 I；实验 II-01 和 II-02 为状态 II，二者的实验件外形有一定区别。采用上述第三种数据处理方法进行计算。其中，对于状态 I，取 t_1=8ms，t_2=15ms，理论计算得修正系数 k=1.003；对于状态 II，取 t_1=12ms，t_2=19ms，理论计算得修正系数 k=1.008。图 8-36 给出了激光多普勒测振仪和高速相机测量值与设计值的比值，其中高速相机测量值由数值图像处理方法得到。

由图 8-36 可见，两种测试方法得到的结果差异不大，在实验应用中可以互为补充、验证。

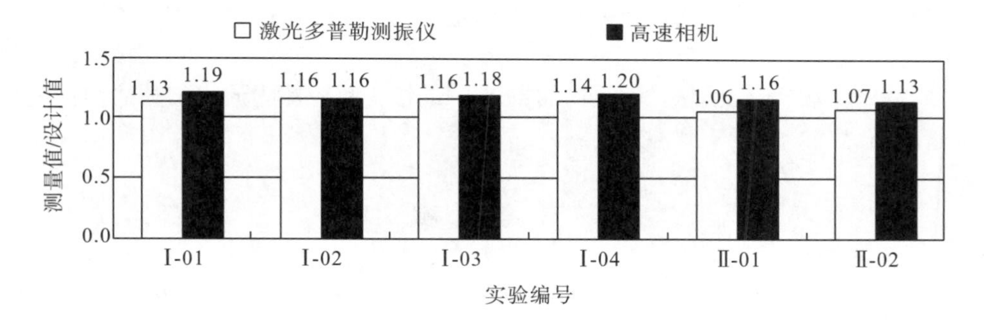

图 8-36　测量值与设计值的比较

8.7　测试分析技术发展趋势

本章介绍了 X 射线结构响应模拟实验中的应变、加速度、位移、压力、高速摄影和速度的测试分析技术研究成果和应用经验。根据目前存在的问题，作者认为今后的进一步发展趋势和研究方向主要集中在以下几个方面。

1）测试系统的抗干扰及数据降噪处理技术

对于爆炸冲击环境下的结构响应测试，由于测试系统内外部都面临较强的电磁、机械等环境干扰，加上多台测试设备、多种参数的测试系统同时使用，要想测得高质量的数据实属不易。尽管本书介绍了在实践中总结的一些抗干扰经验和技术，但效果还是有限的，在实验实践中仍然存在一些问题。可以说，爆炸冲击环境下结构响应测试的抗干扰技术的研究是无止境的。

同时，既然干扰不可绝对消除，那么对于混入干扰信号的测试数据，研究其降噪处理技术就非常必要了。需要指出的是，这里的“噪声”并非随机噪声，而是其特征与干扰源相关的噪声，处理难度较大，需要不断努力提升处理的技术水平和效果。

2) 测试数据的分析技术

如何从测试数据中认识、提取有用的信息，也是测试分析技术领域的一个永恒话题。例如，前面介绍的通过高速摄影、激光测速提取实验件刚体运动特征量，用于加载总冲量的校核，但目前的处理方法，不论是人工处理还是计算机自动处理，都还稍显粗糙，有分析表明处理结果的不确定度还处于一个较高水平。如何实现刚体运动特征的精确测试与识别，是今后的一个努力方向。

同样，对于结构响应数据的分析技术，也需要不断发展。

3) 更加先进的测试技术应用

当前，随着计算机技术、人工智能技术以及材料科学技术的进步，测试技术的发展也是日新月异，各种先进的测试技术层出不穷。为此，X射线结构响应模拟实验测试应该与时俱进，不断引入更加先进、智能的新技术和新方法。

特别是针对实际装备的工程研究实验，更需要引入一些新的测试技术，观测更多、更有用的响应信息，为结构的抗X射线结构响应能力研究与评估提供更加丰富的信息。

参考文献

[1] 黄海莹，黎启胜，何荣建. 降噪技术在瞬态应变测试中的应用研究. 宇航计测技术, 2007, 27(5): 31-36.

[2] 李成斌，胡生清. 测控系统中的抗干扰方法. 实用测试技术, 2000, (1): 38-40.

[3] 马良程. 应变电测与传感技术. 北京：中国计量出版社, 1993.

[4] 胡八一，刘仓理，刘宇，等. 强电磁干扰环境下的爆炸容器动态应变测试系统. 测试技术学报，2005，19(1): 30-32.

[5] 张从和，王军. 爆轰条件下应变测量抗干扰技术研究. 自动检测技术, 2001, 20(2): 33-35.

[6] Daubechies I. Ten Lectures on Wavelets. Philadelphia: Society for Industrial and Applied Mathematics，1992.

[7] 黄贤武，郑筱霞. 传感器原理与应用. 成都：电子科技大学出版社, 2005.

[8] 陆兆峰，秦旻，陈禾，等. 压电式加速度传感器在振动测量系统的应用研究. 仪表技术与传感器，2007, (7):3-4,9.

[9] 孙剑，赵玉龙，苑国英，等. 一种压阻式三轴加速度传感器的设计. 传感技术学报, 2006, 19(5): 2197-2199.

[10] 郑星，黄海莹. 加速度传感器安装方式的理论建模与响应分析. 传感器与微系统, 2016, 35(11): 61-63.

[11] Alexander J E. A new method to synthesize a shock response spectrum compatible base acceleration to improve

multi-degree of freedom system response. Minneapolis：University of Minnesota, 2015.

[12] Walter P L. Accelerometer limitations for pyroshock measurements. Minneapolis Sound & Vibration, 2009, 43(6): 17-19.

[13] MIL-STD-810G Committee. Environmental test methods and engineering guides. 2009.

[14] Mulville D R. Pyroshock test criteria, NASA technical standard. Report NASA-STD-7003A, 2010.

[15] 王锡雄, 秦朝烨, 丁继锋, 等. 基于离散小波分解的火工冲击数据有效性分析与校正方法. 振动与冲击, 2016, 35(14): 1-6.

[16] 张军, 牛宝良, 黄含军, 等. 爆炸分离冲击数据的零漂校正. 装备环境工程, 2018,15(5): 6-9.

[17] 张胜, 凌同华, 曹峰, 等. 模式自适应连续小波去除趋势项方法在爆破振动信号分析中的应用. 爆炸与冲击, 2017, 37(2): 255-261.

[18] 王燕, 薛云朝, 马铁华. 基于 EMD 和最小二乘法的零漂处理方法研究. 北京理工大学学报, 2015, 35(2): 118-122.

[19] 王毅, 汤紫峰, 曾永菊. 一种屏蔽式电涡流传感器的研制. 太赫兹科学与电子信息学报, 2015, 13(2): 347-351.

[20] 彭常贤, 林鹏, 谭红梅, 等. PVDF 在电子束辐射材料产生的热激波测量中的应用. 高压物理学报, 2002, 16(1): 7-16.

[21] 毛勇建, 李春枝, 王懋礼, 等. 激光多普勒测振仪在炸药加载冲量测量中的应用. 实验力学, 2005, 20(增刊): 114-118.

第 9 章 炸药条、柔爆索加载实验安全管理与技术

本书介绍的几种模拟实验技术都是基于爆炸冲击加载的，实验实施中涉及炸药、火工品(柔爆索、电雷管)等爆炸类危险源，安全风险突出。为此，本章专门就实验中的安全管理与技术进行介绍，目的在于提高读者的安全意识与技术能力，确保相关实验的安全、顺利实施，保护实验人员的生命健康安全。

本章主要介绍作者团队具有一定实践经验的炸药条、柔爆索加载实验的安全管理与技术，其他类似实验也可参考。

必须指出，本书作者并非安全生产方面的专家，因此后面的相关内容仅供参考，读者在类似爆炸加载实验中应遵循的安全管理与操作技术的依据，应以国家及各级政府、各单位相关法律法规以及相关专业标准、规范为准。

9.1 实验安全的重要性

表 9-1 是从 2007 年全国安全事故统计结果[1-6]中摘出的爆炸类事故的相关数据。由表中数据可见，全国仅 2007 年一年，发生爆炸类事故 122 起，死亡人数 387 人，受伤人数 676 人；在所有事故中，爆炸类事故数量占比为 5.38%，死亡人数占比为 5.15%，受伤人数占比为 10.17%。由此可见，爆炸类事故及其死亡人数、受伤人数在全国各行各业安全生产事故中占有较高的比例。

表 9-1 2007 年全国安全事故统计结果中爆炸类事故相关数据

统计区间	事故数量/起	死亡人数/人	受伤人数/人	事故数量占比/%	死亡人数占比/%	受伤人数占比/%
1～2 月	21	59	50	6.18	5.06	4.04
3～4 月	22	47	56	5.51	3.38	3.23
5～6 月	22	51	198	5.13	4.20	17.55
7～8 月	19	85	63	3.83	5.60	5.51
9～10 月	15	50	170	4.13	4.55	13.99
11～12 月	23	95	139	7.47	8.09	16.71
合计	122	387	676	—	—	—
平均	20.33	64.50	112.67	5.38	5.15	10.17

注：事故数量、死亡人数、受伤人数平均占比为表中所列数据的算术平均。

李志红[7]对 2001～2013 年全国高等院校、科研院所 100 起实验室安全事故进行了统计分析，其中爆炸事故 44 起，占比为 44%。分析表明，实验室管理机制不健全、不完善、执行力度不够是事故的首要原因。

每一起事故都意味着血淋淋的教训，都意味着美好生活与幸福家庭的终结。人命关天，警钟长鸣，涉及爆炸类危险源的实验活动，必须从意识上高度重视，在实施中慎之又慎。

9.2　爆炸加载实验相关安全生产法律法规要求

近年来，为保护人民群众的生命健康和财产安全，国家对安全生产越来越重视，各种法律法规不断出台或更新。表 9-2 列出了部分(而不是全部)与爆炸加载实验相关的法律法规清单，供需要开展相关实验的读者参考。

表 9-2　部分与爆炸加载实验相关的法律法规

序号	法律法规名称	发布部门	编号	备注
1	民用爆炸物品安全管理条件	中华人民共和国国务院	国务院令第 466 号	2006-05-10 公布，2006-09-01 执行
2	民用爆炸物品储存库治安防范要求	中华人民共和国公安部	GA 837—2009	2009-06-29 发布，2009-08-01 实施
3	小型民用爆炸物品储存库安全规范	中华人民共和国公安部	GA 838—2009	2009-06-29 发布，2009-08-01 实施
4	系统接地的型式及安全技术要求	中华人民共和国国家质量监督检验检疫总局、中国国家标准化管理委员会	GB 14050—2008	2008-09-24 发布，2009-08-01 实施
5	爆炸危险环境电力装置设计规范	中华人民共和国住房和城乡建设部	GB 50058—2014	2014-01-29 发布，2014-10-01 实施
6	危险场所电气防爆安全规范	国家安全生产监督管理总局	AQ 3009—2007	2007-10-22 发布，2008-01-01 实施
7	常规兵器发射或爆炸时脉冲噪声和冲击波对人员听觉器官损伤的安全限值	中华人民共和国国防科学技术工业委员会	GJB 2A—1996	1996-06-04 发布，1996-12-01 实施
8	火工品包装、运输、贮存安全要求	中华人民共和国国防科学技术工业委员会	GJB 2001—1994	1994-09-12 发布，1995-04-01 实施
9	火炸药贮存安全规程	中华人民共和国国防科学技术工业委员会	GJB 1054A—2006	2006-12-15 发布，2007-05-01 实施
10	废火药、炸药、弹药、引信及火工品处理、销毁与贮运安全技术要求	中华人民共和国国防科学技术工业委员会	GJB 5120—2002	2002-11-18 发布，2003-02-01 实施
11	火工品作业安全防护要求	中国兵器工业总公司	WJ 2053—1991	1992-03-19 发布，1992-07-01 实施
12	弹药装药装配生产安全要求	中国兵器工业总公司	WJ 2404—1997	1997-02-28 发布，1997-08-01 实施
13	弹药包装、装卸、运输和贮存安全要求	中国兵器工业总公司	WJ 2405—1997	1997-02-28 发布，1997-08-01 实施

必须注意，安全生产的法律法规在适用范围内是强制要求，开展相关作业时必须遵守；不在适用范围内的，可作为参考。同时，法律法规可能会不定期更新，必须以现行有效版本作为执行依据。

9.3 炸药条、柔爆索加载实验安全技术要点

本节主要针对炸药条、柔爆索加载实验中的重点环节，介绍炸药条、柔爆索、电雷管操作与使用的安全技术要点。

由于炸药、火工品的安全性能各异，本节不讨论具体的参数，读者可自行参阅相关专业书籍或产品说明书。

9.3.1 炸药条安全切割技术

实验所用的炸药条，需要从其原材料——炸药片上切割(裁取)，这是一项安全风险较高的工作。我们知道，容易引起炸药爆炸的因素包括静电、摩擦、撞击、火花和热等，因此必须避免这几个方面的因素，防止炸药的意外爆炸。在炸药条的切割过程中，为了减少静电，操作人员除了需要触摸接地棒消除静电外，还要将导电橡胶板垫在炸药片下面操作，以便及时导走摩擦产生的静电。为了减小刀具与炸药片之间的摩擦，应使用锋利的刀具(如手术刀、裁纸刀等)，并且要及时更换，保持刀尖锋利；同时要求走刀缓慢，避免摩擦剧烈，特别要杜绝来回反复走刀。为了防止意外撞击，操作时应该小心谨慎，避免炸药片或其他物体跌落、碰撞。为了防止火花和热，操作人员应禁止携带火种，同时也应确保操作场所的电气安全(电气设备满足防爆要求)；用于刀具导向的直尺，最好选用铜尺，以免在摩擦、撞击时产生火花。

9.3.2 柔爆索安全切割技术

柔爆索的切割方法是使用锋利刀具(如裁纸刀等)在拟截断位置进行环向切割，利用切割形成的缺陷，轻轻用力折断即可。其中，需要注意的安全事项，除和炸药条切割相同外，还要注意以下几点：

(1)切割时要缓慢、均匀，刀口与柔爆索外壳之间以“切”为主，尽量避免来回“割”的动作，以免产生不必要的摩擦和热量。

(2)注意控制好切割深度，以恰好容易折断为宜，切忌不能伤到药芯，以免刀口与炸药直接摩擦。

(3)必须采用锋利的刀口切割，严禁采用克丝钳、剪刀等直接剪断，以免摩擦、

挤压药芯发生危险。

9.3.3　电雷管安全使用技术

电雷管是采用电流起爆的雷管，其内部的电阻丝在通电时发热并引爆炸药。从电雷管的起爆机理可见，电雷管最怕电和热，因此其安全操作要点如下：

(1) 防止静电，一方面是要控制环境和人体的静电(操作场所内应有满足要求的防雷接地和静电防护设施)；另一方面，对于电雷管的两根引线，除必须断开的情况外，任何时候都必须保持短接，以免外界电场导致电雷管的意外加电。

(2) 防止人为意外加电，除在接线过程中要采取措施防止意外加电外，还要特别注意电雷管电阻(判断电雷管状态是否正常的主要指标)的检测，必须使用专业的电雷管检测仪(检测前要认真阅读使用说明书)，这种仪器能够将电流限制在安全范围内，切记不可使用一般的万用表测量。

(3) 注意防火，包括周围环境的防火，以及操作人员身上禁止火种等。

(4) 避免跌落、碰撞等机械冲击。

9.4　炸药条、柔爆索加载实验安全操作规程要点

本节给出炸药条、柔爆索加载实验中与炸药、火工品相关的安全操作规程要点(注意不是严格按时间顺序的操作流程)，供读者参考。作为实验安全操作的依据，实验前应由实验负责人编写完整的安全操作规程，经单位批准后作为实施的依据。

9.4.1　人员和场地要求

(1) 炸药条/柔爆索操作人员应具有炸药及其制品操作的能力和资质，并在操作前经专门培训并考核合格，单位授权后方可进行炸药条/柔爆索操作。

(2) 炸药条/柔爆索操作与爆炸加载的场地及设施应符合相关安全管理要求，如配置满足要求的静电消除装置、防雷接地设施，电气满足防爆要求，场地具备爆炸作业许可，起重设备检验合格，等等。

9.4.2　炸药片/柔爆索的取用和运输

(1) 必须两人以上领取炸药片/柔爆索、雷管，严禁携带火柴、打火机或其他易燃易爆物品，禁止穿带钉的鞋入库。

(2) 在开箱接触炸药片/柔爆索或雷管之前必须消除人身静电，领取后必须对

出入库情况进行准确登记。

(3) 领取的炸药片/柔爆索或雷管应放入专用包装箱内，运送到炸药操作间或火工品存放间后要妥善保存，其中炸药片、柔爆索采用木盒包装，雷管采用防爆盒包装。

(4) 炸药片/柔爆索应与雷管分开运输，厂区内运输车速一般不超过15km/h。

9.4.3 炸药条/柔爆索切割

(1) 进入炸药/火工品操作间，先触摸接地棒，消除人身静电后方可接触炸药、火工品。

(2) 操作人员在移动炸药片(炸药条)或柔爆索时应轻拿轻放，避免冲击、敲打、摩擦和意外跌落。在操作炸药片(炸药条)前应先触摸接地棒、消除静电，并在操作过程中每隔5min左右消除一次静电，条件允许时应尽量佩戴防静电手环，以便持续消除静电，防止静电积累。

(3) 切割炸药片之前必须检查和确认桌面的清洁及炸药片的均匀性，防止刀具切割大颗粒物质。

(4) 炸药片切割工具为医用手术刀或裁纸刀，刀片应及时更新以保持刀尖锋利，减小与炸药片的摩擦；切割时应走刀缓慢，只允许一次走刀，不能反复摩擦。

(5) 柔爆索截取工具一般为裁纸刀，切忌用克丝钳、剪刀等工具强行剪断；刀片应及时更新以保持锋利，环切时用力适当、均匀，深度不及药芯，环切后轻轻折断。

(6) 切割完毕，将实验所需炸药条/柔爆索放入专门的木质包装盒内，并放置在安全的地方备用；剩余的炸药片/柔爆索应放入专用运输箱内运输至库房，登记入库。

9.4.4 炸药条粘贴/柔爆索安装

(1) 实验件吊装完毕后，由实验负责人发出指令，方可开始炸药条粘贴/柔爆索安装作业。

(2) 实验现场清场，其他岗位(测试、控制等)人员停止作业，实验件电气系统(如有)以及测试、控制系统处于断电状态，确认实验件和安装支架等已可靠接地。

(3) 操作人员触摸接地棒、确认身上无任何火种后，将切割、包装好的炸药条/柔爆索运至实验现场。

(4) 操作人员开始炸药条粘贴/柔爆索安装作业。

(5) 炸药条粘贴/柔爆索安装应该缓慢、有序进行，不可发生跌落、碰撞等危险事件。

9.4.5　雷管安装与点火电缆连接

(1) 雷管操作人员作业前应触摸接地棒消除静电，身上禁止携带任何火种。

(2) 雷管必须放置在专用的防爆盒中，每次实验只允许将一发雷管带至实验现场进行安装。

(3) 安装前使用专用的雷管检测仪对其电阻值进行检测以确认其状态正常，检测时人员与雷管之间必须有坚固的障碍物，周围无人员或易燃易爆物品。

(4) 根据雷管电阻、导线电阻、电源内阻等参数，计算、确认电源的电压和电流设置是否满足雷管起爆要求，避免因起爆电流不足引起哑火、起爆不正常等问题，这会给后续处置带来风险。

(5) 除检测和点火线连接外，任何时候都必须保持雷管引线短接。

(6) 雷管进入现场前应保持清场状态，安装时应小心谨慎，防止碰撞、跌落。

(7) 雷管与点火电缆连接前，点火电缆输入端应保持短接，直至起爆前；点火系统钥匙交由雷管操作人员随身保管。

(8) 雷管与点火电缆连接时，引线必须保持短接，两根引线连接完毕后，再将其分开，并用绝缘胶布分别包扎，防止短路。

(9) 点火电缆与雷管连接完成后，操作人员向实验负责人汇报，并将点火系统钥匙交还点火操作人员。

9.4.6　起爆加载

(1) 实验负责人确认所有实验准备工作就绪、清场完毕后，发令将点火电缆与起爆电源连接。

(2) 点火岗位人员关闭点火系统，连接点火电缆，确认线路无误后向实验负责人汇报。

(3) 实验负责人下令，点火起爆，完成加载实验。

(4) 若发生雷管未被引爆的情况，可在确认电路正常后再次点火，若仍然不能引爆，应在切断电源至少 5min 后，短接点火电缆，并由专人进入实验现场拆除雷管。

9.4.7　实验后检查和处理

(1) 实验负责人下令，由操作人员对实验现场进行检查，重点检查炸药条/柔爆索的传爆情况。若有部分炸药条或柔爆索熄爆，则需对残余的炸药条/柔爆索进行收集，放入专门的木质包装盒内。

(2)将实验剩余的炸药片/柔爆索、雷管，按安全运输要求运回库房并登记。实验残余的不再使用的炸药条/柔爆索统一由专人在专门场所进行销毁，若无销毁条件，则送至专业单位销毁。

参考文献

[1] 王亚军, 黄平, 李生才. 2007年1-2月国内安全事故统计分析. 安全与环境学报, 2007, 7(2): 154-157.

[2] 王亚军, 黄平, 李生才. 2007年3-4月国内安全事故统计分析. 安全与环境学报, 2007, 7(3): 153-156.

[3] 王亚军, 黄平, 李生才. 2007年5-6月国内安全事故统计分析. 安全与环境学报, 2007, 7(4): 152-155.

[4] 王亚军, 黄平, 李生才. 2007年7-8月国内安全事故统计分析. 安全与环境学报, 2007, 7(5): 142-145.

[5] 王亚军, 黄平, 李生才. 2007年9-10月国内安全事故统计分析. 安全与环境学报, 2007, 7(6): 127-130.

[6] 王亚军, 黄平, 李生才. 2007年11-12月国内安全事故统计分析. 安全与环境学报, 2008, 8(1): 173-176.

[7] 李志红. 100起实验室安全事故统计分析及对策研究. 实验技术与管理, 2014, 31(4): 210-213, 216.

结　束　语

强脉冲X射线诱导结构响应的模拟实验技术，是抗辐射加固技术的重要分支，是航天科技与装备工程技术的重要支撑，同时对冲击动力学等基础学科的发展也具有重要的推动作用。数十年来，国内外在该领域开展了大量的研究和应用并持续至今，这充分体现了该领域的重要性。

本书作为国内关于强脉冲X射线诱导结构响应模拟实验技术的首部专著，主要介绍了4个方面的内容。第一部分是背景知识，包括研究背景和国内外发展概况、强脉冲X射线的热-力学效应及其实验方法概述。第二部分是本书的核心，系统介绍了强脉冲X射线诱导结构响应的几种模拟实验技术，包括炸药条模拟技术、柔爆索模拟技术、光敏炸药模拟技术。其中，在介绍炸药条模拟技术的同时，还系统阐述了炸药条加载实验的数值模拟方法，包括流固耦合方法、解耦分析方法、快速分析方法(即旋转叠加法)，在此基础上给出了炸药条加载实验的结构响应模拟等效性分析方法与实例。第三部分为模拟实验中的测试分析技术，介绍了动态应变、动态加速度、动态位移、动态压力、高速摄影与速度的测试与分析技术。最后，考虑到相关实验实施的危险性，本书特别介绍了炸药条、柔爆索加载实验中的安全管理与技术，目的是让读者了解相关安全常识，提高安全意识和能力。

从本书介绍容易看出，经过几十年的发展，国内外对强脉冲X射线热-力学效应的实验室模拟，发展了多种方法。其中，以软X射线、电子束、离子束、激光束为代表的脉冲束辐照模拟方法，以轻气炮、磁加载飞片为代表的高速撞击模拟方法，以磁压力、爆炸箔加载为代表的瞬态载荷模拟方法，均只能适用于材料响应或小尺寸实验件结构响应的实验室模拟；光敏炸药加载、柔爆索加载、片炸药加载和炸药条加载等4种化爆类实验模拟方法，总体上均适用于大尺寸实验件的结构响应模拟实验研究需求。这4种方法中，片炸药加载方法是炸药条加载方法的早期存在形式，近年来已经不再使用。剩下的三种方法中，光敏炸药加载的载荷空间分布和时域分布的等效性都表现最佳，但经济性差、技术难度大；柔爆索加载的载荷分布等效性次之，经济性和技术难度一般，但实验中的爆炸碎片、烟尘等对测试有较大干扰，从而影响了这种方法的应用推广；炸药条加载经济实用、技术门槛相对较低，应用较为广泛，尽管其载荷等效性较差，但通过长期研究，对其结构响应等效性的认识和理解较为深刻，在应用中能够比较有效地规避其载荷等效性差的缺点。

通过本书的介绍和讨论，结合作者在长期研究和应用中的理解和认识，可将该领域相关发展趋势总结如下。

(1) 总体上，航天科技与装备工程技术发展对抗强脉冲X射线诱导结构响应的设计、验证和评估需求将长期存在；在现实条件下，以实验室模拟与数值模拟相结合的研究方法也必将长期存在，二者相互支持、相互补充，共同发展。

(2) 关于模拟实验技术的发展，将主要集中在精细化方面，目的是能够在实验室里更加精细地模拟真实强脉冲X射线辐照的力学效应，为结构响应规律研究、抗X射线能力验证和评估等提供更加有效的手段。具体讲，可能的发展方向有：炸药条加载技术各环节的进一步精细化、等效性的进一步认识与提升、实验方法的标准化等；柔爆索加载技术的爆炸碎片和烟尘对测试的影响抑制、模拟等效性的系统认识与提升等；光敏炸药加载技术的进一步自动化和智能化、模拟等效性的系统认识、推广应用等。

(3) 关于测试分析技术，可能的发展方向有：进一步发展测试系统的抗干扰技术和测试数据的降噪处理技术，以便获得更加准确、“干净”的测试数据；进一步发展先进的测试分析技术，以便能够深入挖掘，从测试数据中认识、提取更多的有用信息；充分利用其他学科领域的发展成果，不断引入更加先进、智能的新技术和新方法，以便能够观测更多、更加有用的实验信息。

(4) 关于数值模拟技术，鉴于实验成本、测试能力限制以及其他一些客观条件的原因，人们很自然地希望数值模拟能够尽可能多地代替实验，因此在后续的研究和应用中，数值模拟将扮演越来越重要的角色。具体而言，数值模拟在该领域的发展方向包括：进一步发展针对实验状态和真实状态的数值模拟技术，一方面支持实验技术的发展，另一方面为装备抗X射线能力的验证、评估服务；加深对瞬态载荷作用下典型连接结构的动力学行为认识，不断提升数值建模与模拟能力；加强非确定性数值模拟技术的研究和应用，提升计算结果的置信水平；加强大规模并行计算技术的发展与应用，解决全物理过程流固耦合模拟的效率问题。

索　引

B

比冲量 ………………… 14, 22, 26

C

材料响应 ………………… 1, 14, 17

D

动态加速度测试 ……………… 172

动态位移测试 ………………… 182

动态应变测试 ………………… 162

G

光敏炸药 ………………… 18, 149

J

加载总冲量 …………………… 38

结构响应 ……………………… 15

解耦分析方法 ………………… 74

L

流固耦合 ……………………… 58

LDV 速度测试 ……………… 191

M

模拟等效性 ………………… 103

P

喷射冲量 …………………… 14

PVDF 动态压力测试……… 186

Q

强脉冲 X 射线 ……………… 6

R

热-力学效应………………… 13

热-力学效应的实验方法……… 17

柔爆索 ………………… 18, 128

X

旋转叠加法 ………………… 82

Z

炸药条加载模拟实验技术 ‥ 19, 22